Michael Köhler

Vom Urknall zum Cyberspace

Weitere Titel aus der Reihe Erlebnis Wissenschaft

Groß, Michael
Der Kuss des Schnabeltiers
und 60 weitere irrwitzige Geschichten aus Natur und Wissenschaft
2009
ISBN: 978-3-527-32490-3

Helmers, Eckard
Spaß am Fahren... und am Sparen
Das Auto der Zukunft
2009
ISBN: 978-3-527-32648-8

Schwedt, Georg
Chemie und Literatur – ein ungewöhnlicher Flirt
2009
ISBN: 978-3-527-32481-1

Synwoldt, Christian
Alles über Strom
Vom Kraftwerk bis zum Internet
2009
ISBN: 978-3-527-32373-9

Bell, Hubertus P./Feuerstein, Tim/Güntner, Carlos E./Hölsken, Sören/Lohmann, Jan Klaas (Hrsg.)
What's Cooking in Chemistry?
How Leading Chemists Succeed in the Kitchen
2009
ISBN: 978-3-527-32621-1

Emsley, John
Fritten, Fett und Faltencreme
Noch mehr Chemie im Alltag
2009
ISBN: 978-3-527-32620-4

Froböse, Rolf
Wenn Frösche vom Himmel fallen
Die verrücktesten Naturphänomene
2009
ISBN: 978-3-527-32619-8

Koolman, Jan/Moeller, Hans/Röhm, K. H. (Hrsg.)
Kaffee, Käse, Karies ...
Biochemie im Alltag
2009
ISBN: 978-3-527-32622-8

Voss-de Haan, Patrick
Physik auf der Spur
Kriminaltechnik heute
2009
ISBN: 978-3-527-40944-0

Emsley, John
Leben, lieben, liften
Rundum wohlfühlen mit Chemie
2008
ISBN: 978-3-527-31880-3

Glaser, Roland
Heilende Magnete – strahlende Handys
Bioelektromagnetismus: Fakten und Legenden
2008
ISBN: 978-3-527-40753-8

Groß, Michael
The Birds, the Bees and the Platypuses
Crazy, Sexy and Cool Stories from Science
2008
ISBN: 978-3-527-32287-9

Schwedt, Georg
Betörende Düfte, sinnliche Aromen
2008
ISBN: 978-3-527-32045-5

Schwedt, Georg
Wenn das Gelbe vom Ei blau macht
Sprüche mit versteckter Chemie
2008
ISBN: 978-3-527-32258-9

Synwoldt, Christian
Mehr als Sonne, Wind und Wasser
Energie für eine neue Ära
2008
ISBN: 978-3-527-40829-0

Zankl, Heinrich
Irrwitziges aus der Wissenschaft
Von Leuchtkaninchen bis Dunkelbirnen
2008
ISBN: 978-3-527-32114-8

Ball, Philip
Brillante Denker, kühne Pioniere
Zehn bahnbrechende Entdeckungen
2007
ISBN: 978-3-527-31680-9

Salzmann, Wiebke
Der Urknall und andere Katastrophen
2007
ISBN: 978-3-527-31870-4

Schuster, Heinz Georg
Bewusst oder unbewusst?
2007
ISBN: 978-3-527-31883-4

Michael Köhler

Vom Urknall zum Cyberspace

Fast alles über Mensch, Natur und Universum

WILEY-VCH

WILEY-VCH Verlag GmbH & Co. KGaA

1. Auflage 2009

Autor

Prof. Dr. Michael Köhler
Technische Universität Ilmenau
Institut für Physik
Weimarer Str. 32
98693 Ilmenau

Bibliografische Information der Deutschen Nationalbibliothek
Die Deutsche Nationalbibliothek verzeichnet diese Publikation in der Deutschen Nationalbibliografie; detaillierte bibliografische Daten sind im Internet über http://dnb.d-nb.de abrufbar.

Printed in the Federal Republic of Germany

Gedruckt auf säurefreiem Papier

Satz TypoDesign Hecker GmbH, Leimen
Druck und Bindung Ebner & Spiegel GmbH, Ulm
Umschlaggestaltung Bluesea Design, Vancouver Island BC

ISBN 978-3-527-32577-1

Brigitte Köhler, geb. Asperger, in Dankbarkeit gewidmet

Inhalt

Vom Urknall zum Cyberspace. Michael Köhler

ISBN 978-3-527-32577-1

Vorwort

Mit diesem Buch wird der Versuch unternommen, die Entwicklung unserer Welt von der Entstehung der Grundbausteine der Materie bis zur modernen technischen Kultur in einem einheitlichen Rahmen darzustellen. Dieser Versuch ist durch die Überzeugung motiviert, dass die unterschiedlichen Strukturen der Natur – und darin eingeschlossen auch die menschliche Gesellschaft – einheitlichen Gesetzen gehorchen und als Ergebnis eines einheitlichen, gerichteten Prozesses aufzufassen sind. Auch wenn die verschiedenen Wissenschaftsgebiete unterschiedliche Begriffe, Methoden und Instrumentarien in ihrer jeweiligen fachspezifischen Forschung gebrauchen, so untersuchen und beschreiben sie doch gemeinsam die Zusammenhänge einer Welt und sind sie deshalb als Komponenten einer einheitlichen Wissenschaft von der Natur zu verstehen.

Die notwendigermaßen straffe Darstellung einzelner Sachverhalte, die Beschränkung auf wenige Beispiele und der Verzicht auf Herleitungen sollen es dem Leser ermöglichen, sich in kurzer Zeit einen Überblick über besonders wichtige Aspekte der Entwicklung der Welt und der komplexen Strukturen in ihr zu verschaffen. Die Beschränkung in der Darstellung bedeutet aber auch, dass keines der behandelten Gebiete in fachlicher Tiefe behandelt wird und die Lektüre des Buches demzufolge in keiner Weise die Beschäftigung mit der Fachliteratur ersetzen kann. Wegen der Breite der behandelten Themen und der großen Zahl von Arbeiten, auf deren Erkenntnisse direkt oder indirekt zurückgegriffen wurde, wird auf eine Angabe von Literaturstellen verzichtet.

Für vielfältige und sich über viele Jahre hinweg verteilende Ermutigung zur Beschäftigung mit einzelnen Themen des Buches bin ich ganz besonders Helmut Köhler, Ludwig Pohlmann, Rolf-Dieter Recknagel, Klausdieter Weller und Hans-Peter Saluz dankbar. Für wichtige

Vom Urknall zum Cyberspace. Michael Köhler

ISBN 978-3-527-32577-1

Diskussionen und Hinweise zum Manuskript möchte ich vor allem Wieland Dietel und Cornelius Schilling danken. Martin Preuss und Valentin Köhler danke ich herzlich für die Erstellung der druckfähigen Abbildungsvorlagen

Ilmenau, Mai 2009 *Michael Köhler*

1 Einleitung

Die Frage nach dem Ursprung und dem Ziel des Lebens ist wahrscheinlich so alt wie das Nachdenken des Menschen über sich selbst und leitet sich ganz selbstverständlich aus der Erkenntnis der Endlichkeit des persönlichen Schicksals ab. Das intuitive Begreifen des alltäglichen Werdens und Wachsens in der Natur und der allmählichen Veränderungen am einzelnen Menschen – Wachsen, Altern und Tod – ging dabei der Einsicht in die Veränderlichkeit des Kosmos im Allgemeinen und der biologischen Typen im Speziellen weit voraus.

Die Naturerkenntnis brauchte Renaissance und Aufklärung, um mit den ursprünglich verbreiteten Vorstellungen einer statischen Welt aufzuräumen. Die Astronomie und die mit ihr früher verbundene Astrologie als Scheinwissenschaft vom Einfluss der Bewegung der Wandelsterne auf das menschliche Schicksal machten den Weg für die Erkenntnis der Bewegung der vorher als absoluter Fixpunkt verstandenen Erde in der Himmelsmechanik frei. Kopernikus, Galilei, Newton, Kepler und anderen verdanken wir die Vorstellung von einer Erde, die in ein größeres dynamisches System eingebettet ist, das sich mit physikalischen Gesetzen beschreiben lässt. Erst das 18. Jahrhundert stellte mit der Linné'schen Systematik die Einsicht in die Verwandtschaft der Arten auf eine solide methodische Grundlage, erst das 19. Jahrhundert brachte mit Lamarck, Darwin, Haeckel und Mendel den Durchbruch im naturwissenschaftlichen Begreifen der Entwicklung des Lebens. Die Einsichten der Naturwissenschaften führten so zunächst von der Vorstellung eines einmal und für alle Zeiten fest gefügten Zustandes zu einer in Veränderung befindlichen Welt. Doch während noch Goethe trotz allen entwicklungsorientierten Gedankenguts von der unendlichen Reihe der Generationen in dieser scheinbar offenen Zeitlinie spricht, machte über die Evolutionstheorie hinaus die physikalische und die chemische Thermo-

Vom Urknall zum Cyberspace. Michael Köhler

ISBN 978-3-527-32577-1

dynamik mit Clausius deutlich, dass alle spontan ablaufenden Vorgänge einen Richtungssinn haben. Daraus leitete sich die ganz allgemeine Erkenntnis ab, dass – ganz in Übereinstimmung mit den Einsichten in die biologische und die geologische Evolution – auch die Entwicklung über lange Zeiträume einen Richtungssinn besitzt.

Noch fehlte aber der Welt, die nun in ihrem stetigen Wandel begriffen war, ein zeitlicher Rahmen. Der Anfangspunkt im Verständnis des kosmischen Werdens wurde vor dem Hintergrund der theoretischen Grundlagen mehr oder weniger überraschend als Zufallsfund der Astronomie gesetzt. Mit der Interpretation der bei der Beobachtung ferner Galaxien entdeckten Rotverschiebung der Spektrallinien als Ausdruck einer allgemeinen Expansionsbewegung konnte auf eine »Stunde Null« für die Entwicklung des Kosmos als Ganzem zurückextrapoliert werden. Diese Erkenntnis setzte den experimentellen Zugang zur Welt der Bausteine der Materie, den Aufbau der Atome und Moleküle und die Einsicht in die Allgemeingültigkeit der physikalischen und chemischen Gesetze für diese kleinen Teilchen voraus. Aus dem Zusammenfügen der Kenntnisse des Kleinsten, der Atome und Elementarteilchen, mit der modernen Astronomie ergab sich eine Vorstellung vom Kosmos, die seine Entwicklung in ein festes zeitliches Schema brachte. In dieses konnten auch die Beobachtungen zur geologischen und biologischen Entwicklung auf der Erde bis hin zur Menschwerdung eingeordnet werden.

Um den Rahmen der zeitlichen Entwicklung zu komplettieren, bedurfte es schließlich noch der Ableitung der weiteren Entwicklung aus der bisherigen. Aus Sicht der fundamentalen physikalischen Gesetze stellte sich die Alternative eines für alle Zeiten expandierenden oder nach Erreichen einer maximalen Ausdehnung wieder in sich selbst zusammenstürzenden Universums. Seltsamerweise liegt die aus der Himmelsmechanik und theoretischen Überlegungen abgeschätzte Massendichte des Universums so nahe am kritischen Wert, dass in absehbarer Zeit keine Entscheidung über eine der beiden Richtungen für die zu erwartende kosmische Entwicklung – Expansion oder Kontraktion – zu treffen ist. Da schon in dieser sehr grundsätzlichen Frage keine Lösung durch die Physik gegeben werden kann, ist der zeitliche Rahmen unseres Weltmodells in der Richtung, in der wir gehen, viel, viel unsicherer gespannt als in der Richtung, aus der die Welt kommt. Praktisch alle naturwissenschaftlich be-

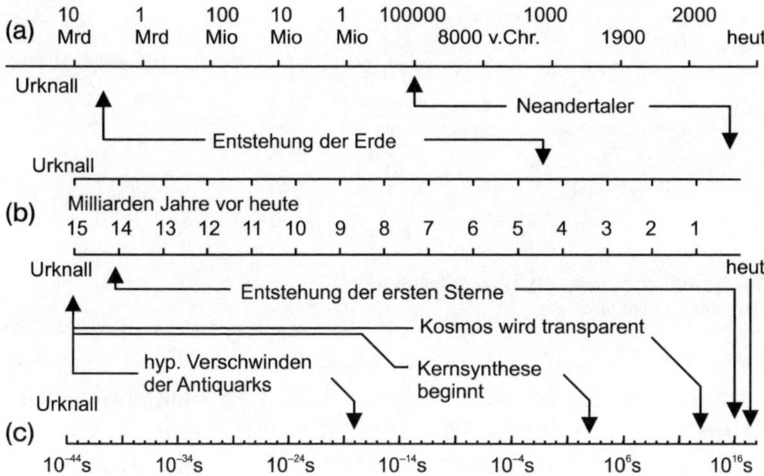

Abb. 1 Der unterschiedliche Blick auf die Zeitskalen im Universum: a) logarithmische Zeitskala (Bezugspunkt: Gegenwart); b) lineare Zeitskala; c) logarithmische Zeitskala (Bezugspunkt: Urknall).

gründeten Abschätzungen gehen aber – im schroffen Gegensatz zu den meisten religiös begründeten Endzeiterwartungen – davon aus, dass die Zukunft der Welt sehr viel länger andauern wird als die Vergangenheit und wir mithin in einem jungen Universum leben. Der Blickwinkel auf die zurückliegende Zeit – die Geschichte des Universums – ist dabei stark von der Wahl der Zeitskala abhängig. Anstelle einer linearen Skala sind wir, wenn wir unserer Intuition folgen, am ehesten geneigt, eine rückwärts gerichtete logarithmische Zeitskala anzulegen. Die kosmologischen Theorien legen statt dessen eine vom Urknall ausgehende logarithmische Skala als Maßstab an die Entwicklung des Universums an (Abb. 1).

Die Entwicklung der Welt ist jedoch nicht nur als eine Veränderung in einem bestimmten zeitlichen Rahmen zu begreifen. Sie ist nicht nur durch einen Wechsel von Formen und Bewegungen gekennzeichnet. Sie wird außerdem durch die ständige Entstehung neuer Strukturen und Funktionen geprägt. Die dabei beteiligten Komponenten einer komplexen Struktur vermitteln zunächst häufig den Eindruck eines Netzwerkes. Tatsächlich ist die Natur in ihrer Komplexität jedoch vielfach in Form einer Struktur mit Rangordnungen, einer Hierarchie, aufgebaut (Abb. 2).

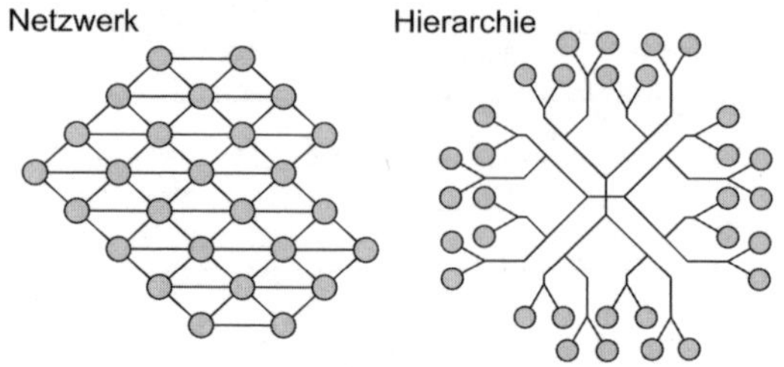

Abb. 2 Grundprinzipien der Systemorganisation: Netzwerk und Hierarchie.

Die unbelebte kosmische Welt mit ihren Gas- und Staubnebeln, Planeten, Sternen und Galaxien (Abb. 3) ist ebenso wie die Welt des irdischen Lebens mit ihren Mikroorganismen, Pflanzen, Tieren und Biozönosen (Abb. 4) hierarchisch organisiert.

Mit Schlussfolgerungen aus der Paläontologie und der Molekularbiologie hat sich – etwa Gould, Vrba und Eldredge folgend – herausgeschält, dass auch die biologische Evolution der hierarchischen Organisation unterworfen ist und auch die Selektion auf allen Ebenen dieser komplexen Strukturen ansetzt. Selbst im Kleinsten wurde das hierarchische Organisationsprinzip wiedergefunden. Zellen lassen

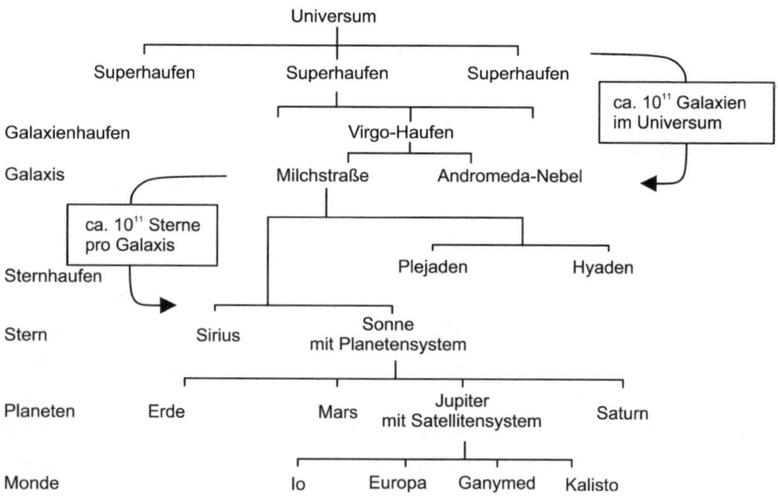

Abb. 3 Strukturhierarchie im Makrokosmos.

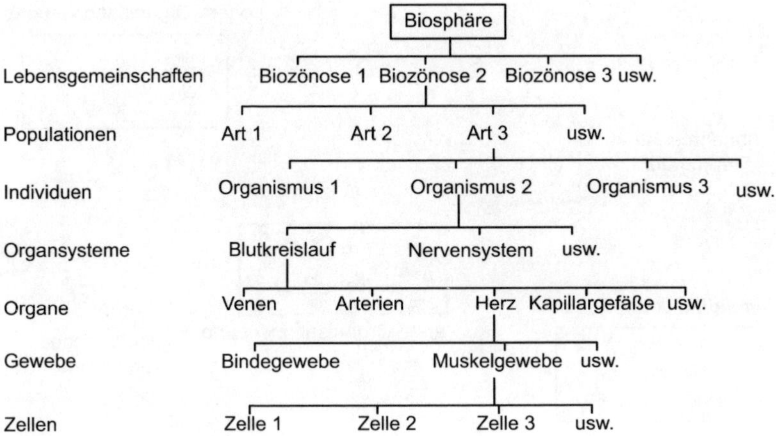

Abb. 4 Hierarchischer Aufbau der Lebewesen und der Biosphäre.

sich auf Moleküle, Moleküle auf Atome und diese auf Elementarteilchen (Abb. 5) zurückführen.

Die Entstehung aller Organisationsstrukturen, mithin der Hierarchien, vollzog sich auf charakteristischen Zeitskalen. Dabei veränderte sich die von einer solchen Entwicklung betroffene Welt. Die ablaufenden Vorgänge der Strukturbildung sind oft irreversibel. Die Entwicklung der Vielfalt der Formen und der Komplexität der hierarchischen Organisationen unterliegt im Allgemeinen ebenso dem Richtungssinn wie fast alles übrige Geschehen. So muss die in der Vergangenheit abgelaufene Entwicklung der Welt als ein Prozess ver-

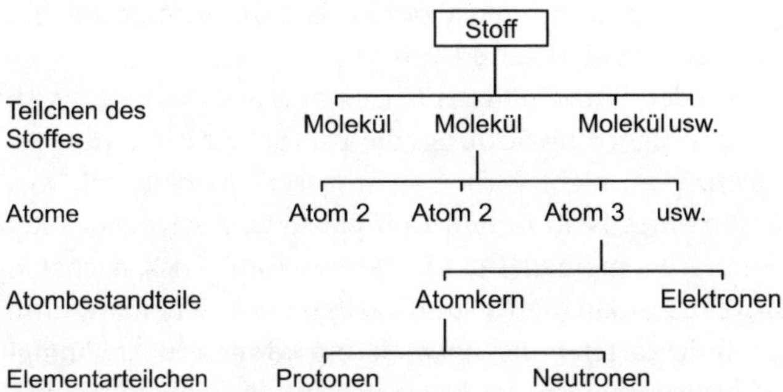

Abb. 5 Teilchenhierarchie im Mikrokosmos.

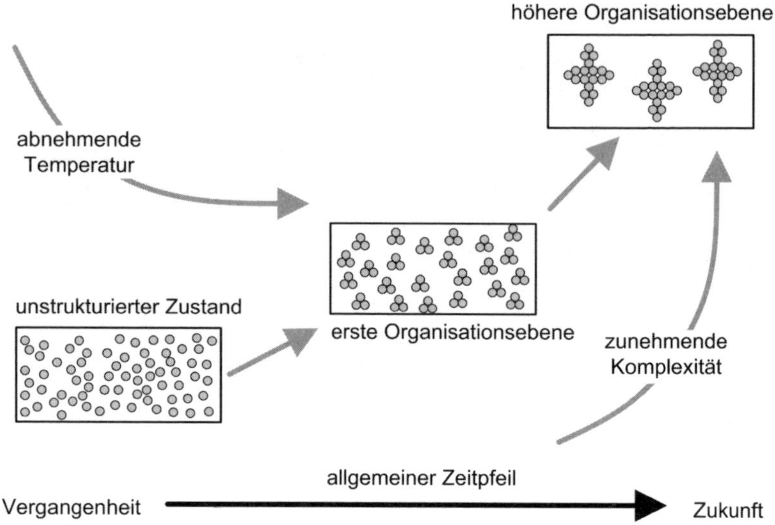

Abb. 6 Der Zeitpfeil in der Entwicklung komplexer Strukturen.

standen werden, der in Richtung wachsender Komplexität verlief (Abb. 6).

Der Bildungstrieb von Strukturen – auch der nicht-biologischen Materie – ist spätestens seit Liesegang im 19. Jahrhundert begriffen worden, deren thermodynamische Grundlagen sind durch Ostwald und Prigogine in der ersten bzw. der zweiten Hälfte des 20. Jahrhunderts herausgearbeitet worden. So darf, wenn schon die Frage nach dem Zielpunkt der Weltentwicklung nicht beantwortet werden kann, danach gefragt werden, ob die zukünftige Entwicklung in eine immer höhere Komplexität hinein prognostizierbar ist oder wenigstens ein Ziel dafür angegeben werden kann (Abb. 7).

Spätestens nach den Einsichten der Chaostheorie ist klar, dass sich Einzelheiten zukünftiger Entwicklung, die mit Strukturbildung verknüpft sind, prinzipiell nicht vorhersagen lassen. Modelle, die aus den Verhältnissen eines bestimmten Komplexitätsniveaus abgeleitet wurden, sind im Allgemeinen für die Beschreibung des nächsten Komplexitätsniveaus unzulänglich und verlieren am Übergang ihre Gültigkeit. Die Trajektorien einer Entwicklung können in Abhängigkeit von Einflussparametern Vorhersage-freundlich (konvergent), Vorhersage-erschwerend (divergent), Vorhersage-feindlich (kritisch)

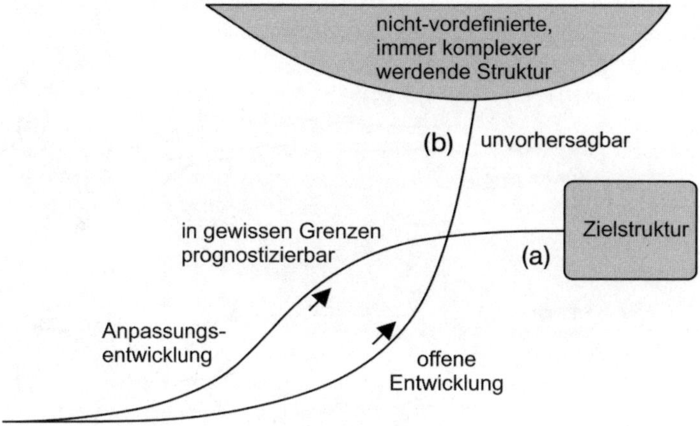

Abb. 7 Entwicklungsalternativen: a) zielorientierter Aufbau von Komplexität; b) nach oben offene Entwicklung.

oder unvorhersagbar (singulär) verlaufen (Abb. 8). Treten Singularitäten auf, gibt es prinzipiell keine Möglichkeit einer langfristigen Voraussage.

So wird nur von philosophischer Seite ein Blick auf die Bestimmung zukünftiger Entwicklung gewagt. Bezeichnenderweise verdanken wir einem Paläoanthropologen eine gut begründete Vision für die zukünftige Entwicklung, die es wagt, den Rahmen bis in eine ferne Zukunft zu spannen. Diese Vision kann naturgemäß nur sehr allgemein formuliert werden und verheißt eine Sphäre unbeschränkter Kommunikation, einen Entwicklungsprozess, der Strukturen hervorbringt, die ein optimales Verschmelzen aller Arten von Information, äußerer Wechselwirkung wie individueller Selbsterfahrung aller Einheiten, ermöglicht. Dieses Modell wurde noch kurz vor dem technischen Aufbruch zur Festkörperelektronik mit hochintegrierten Schaltkreisen durch den Jesuitenpater Teilhard de Chardin formuliert, der über biologische und technische Systeme hinaus aus naturwissenschaftlicher wie auch aus philosophisch-religiöser Sicht die Entwicklung zu einer zukünftigen vollkommen kommunikationsmäßig verschmolzenen Geisteswelt postulierte, die er als Noosphäre bezeichnete (Abb. 9).

Die mit der Entstehung und Entwicklung des Kosmos verbundenen Symmetriebrüche und der Aufbau von hierarchischen Strukturen führten nicht nur zu einer räumlichen Ordnung. Zugleich wur-

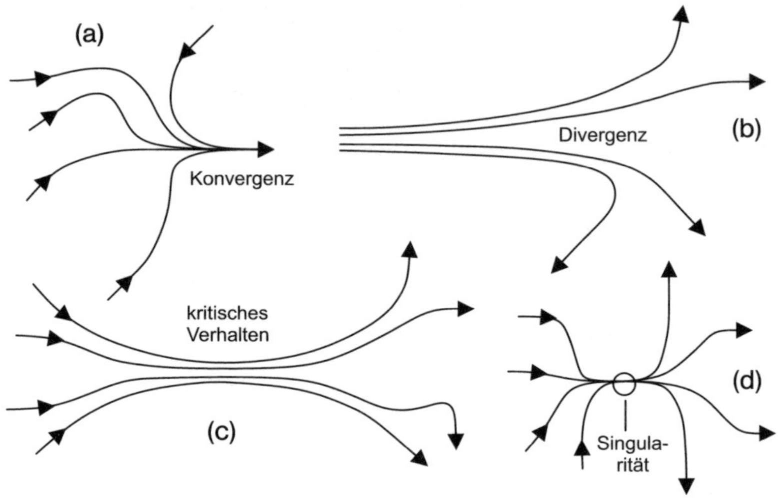

Abb. 8 Vorhersagbarkeit von Entwicklungen (zweidimensionales Modell): a) konvergente Trajektorien; gute Vorhersagemöglichkeit bei Kenntnis des Charakters der Funktionen, auch bei beschränkter Genauigkeit der Messungen und ungenauem Modell sind die Vorhersagefehler klein; b) divergente Trajektorien, auch bei präziser Kenntnis der Funktionen nur eingeschränkte Vorhersagbarkeit, große Messgenauigkeit ist erforderlich, trotzdem treten mit zunehmender Extrapolation immer größere Fehler in der Vorhersage auf; c) kritische Bereiche, die Trajektorien verlaufen so dicht beieinander, dass kleinste Fehler in den Messwerten oder minimale Fluktuationen zu völlig falschen Voraussagen führen, d) singuläres Verhalten, Trajektorien fallen zusammen, Vorhersagen sind prinzipiell unmöglich.

den mit den neu entstandenen Hierarchieebenen der Strukturen auch neue Prinzipien und Gesetzmäßigkeiten wirksam. Alte, in tieferen Ebenen bereits wirksame Prinzipien wirken dabei in den Substrukturen der komplexer werdenden Systeme fort. Auf diese Weise entstand parallel zur Strukturhierarchie auch eine »Prinzipien-Hierarchie«, innerhalb derer die älteren allgemeiner und fundamentaler sind, die jüngeren die spezielleren darstellen.

Der Aufbau einer jeden hierarchischen Organisation ist durch die Eigenschaften und die Verknüpfung der Elemente der einzelnen Ebenen bestimmt. Das Phänomen der Integration von ursprünglich autonomen Einheiten zu neuen funktionellen Komplexen ist jedem von uns aus der Technik geläufig. Es ist aber auch eine Voraussetzung für die spontane Entwicklung von Komplexität. Es stellt ein Grundprinzip dar, das sich auf eine Reihe wichtiger Vorgänge abbilden lässt, die

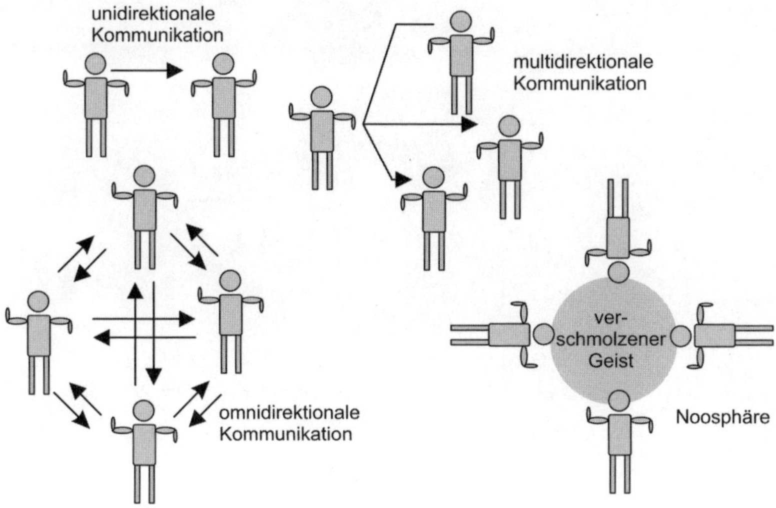

Abb. 9 Menschliche Kommunikation und Vision der Noosphäre nach Teilhard de Chardin.

der Entwicklung des Universums und des Lebens zu Grunde liegen. Nach der Diskussion von fundamentalen Größen und des Kosmos als Ganzem (Kapitel 2 und 3) soll deshalb im Folgenden (Kapitel 4–13) versucht werden, anhand einiger wichtiger Beispiele die Organisationsformen als Produkte von Integrationsprozessen zu beschreiben und damit die Entwicklung des Formenreichtums und des dynamischen Potenzials von unbelebter wie belebter Natur als Konsequenz der Integrationsfähigkeit zu erklären.

2 Fundamentale Größen

Erwartung an Konstanz im kosmischen Geschehen

In der menschlichen Empfindung ist die Vorstellung eines Universums gleichbleibender Eigenschaften tief verwurzelt. Zu dieser Vorstellung mag zum einen die durch Beobachtung immer wieder erfahrene relative Beständigkeit geologischer und geographischer Formen beigetragen haben. Ganz sicher hat auch die über die Dauer von Menschenleben hinweg durch den Blick zum Sternhimmel immer wieder bestätigte Wiederkehr derselben Sternbilder und damit die weitgehende Dauerhaftigkeit des Himmlischen zu dieser intuitiv konstatierten Konstanz des Kosmos geführt.

Selbst die Dinge, die veränderlich erlebt wurden, konnten in das Weltbild vollkommener Beständigkeit eingeordnet werden. Wahrscheinlich bewirkte die strikte Periodizität in der erfahrenen Umwelt mehr noch als die Konstanz mancher Größen die Vorstellung einer unveränderlichen Welt. Dazu gehörten der Wechsel von Tag und Nacht, der Wechsel der Mondphasen, die Jahreszeiten mit ihren vielfältigen Auswirkungen auf eine Unmenge periodischer Ereignisse und Vorgänge in der Natur (Abb. 10). Und dazu zählten schließlich auch die komplexen Periodizitäten am Himmel wie die scheinbaren Bahnen der Planeten. Die frühe Beobachtung wiederkehrender Verhältnisse und die Nutzung des Wissens über die Periodizitäten wurden zu einem Schlüssel früher Menschheits- und Kulturentwicklung. Die Einsicht in Zeit und Periodizität sicherte dem Altsteinzeitmenschen Jagd- und Sammelerfolge und wurde Grundlage für die bäuerliche Kultur in der Jungsteinzeit.

Ausdruck für die hohe Erwartungshaltung gegenüber Gleichförmigkeit und Periodizität war die Verwunderung über die Ausnahmeerscheinungen. Vor allem im Geschehen am Himmel wurden Ab-

Vom Urknall zum Cyberspace. Michael Köhler

ISBN 978-3-527-32577-1

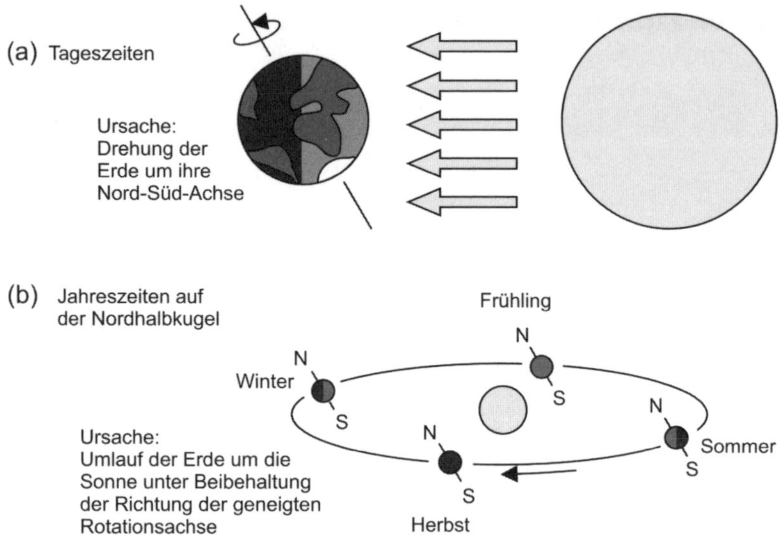

Abb. 10 Durch die direkte Sinneswahrnehmung zu beobachtende Periodizitäten der Natur und ihre astronomischen Ursachen: a) Tag/Nacht-Wechsel, b) Jahreszeiten.

weichungen von der Regelhaftigkeit gerade wegen der Seltenheit ihres Vorkommens, vor allem wegen der enormen Zuverlässigkeit und praktischen Bedeutung der periodischen Erscheinungen, mit besonderer Aufmerksamkeit bedacht (Abb. 11): Mond- und Sonnenfinsternisse, das Auftauchen von Kometen oder die Erscheinung von Novae. Alle diese Phänomene wurden als Regelabweichung angesehen. Sie wurden in der metaphysischen Betrachtung des himmlischen Geschehens im Regelfall als Störung der Ordnung, Verletzung der Harmonie betrachtet. Als beruhigend wurde immer wieder empfunden, dass nach solchen Ereignissen das gewohnte Bild, die Sicherheit verheißende reguläre Bewegung ungestört wiederkehrte.

Erst mit der modernen Astronomie und Astrophysik haben die außergewöhnlichen Himmelsereignisse ihren Schrecken verloren. Zugleich ist aber auch die Vorstellung eines statischen Kosmos in den Bereich der Illusion verbannt. Die moderne Astronomie, Kurzzeitspektroskopie und Elementarteilchenforschung lehren uns hingegen, dass es nur die Stauchung oder die Dehnung der Zeitachse ist, die uns – die wir normalerweise alle Vorgänge mit den aus dem Alltag bekannten Zeitmaßen bewerten – Strukturen als unveränderlich

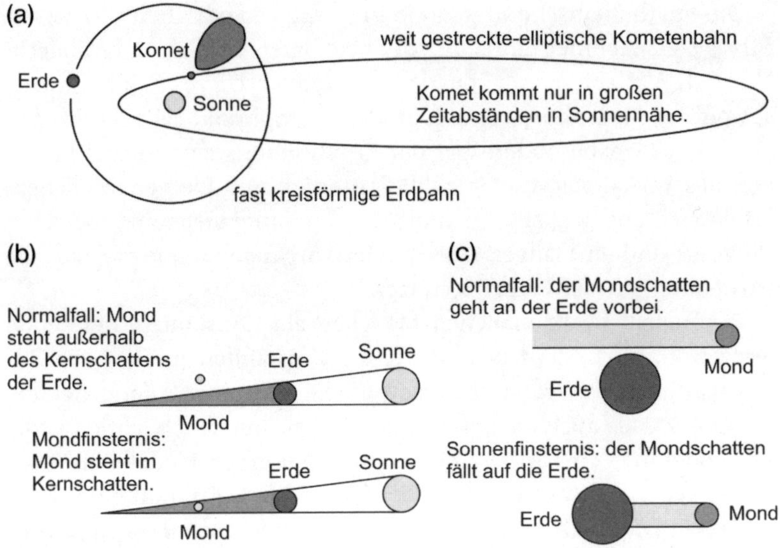

Abb. 11 Seltene Himmelsereignisse, in der Vorgeschichte und älteren Geschichte als Störung der regulären Verhältnisse, Verletzung der himmlischen Ordnung, als Signale von Bedrohung wahrgenommen: a) Komet, b) Mondfinsternis und c) Sonnenfinsternis.

erscheinen lässt, in Wirklichkeit aber die Welt eine Vielzahl von Dynamiken aufweist, die nur einen unvorstellbar großen Bereich von Zeitskalen abbilden.

Erwartung an konstante Größen und Gleichungen

Auch das aufgeklärte naturwissenschaftliche Denken führt zu einer Erwartungshaltung, die eine Konstanz im Weltgeschehen voraussetzt. Diese erstreckt sich weniger auf die direkt beobachtbaren Objekte als vielmehr auf die physikalisch-mathematische Beschreibung von deren Verhalten. Das moderne naturwissenschaftliche Weltbild setzt eine – zumindest sehr weitgehende – universelle Gültigkeit von mathematischen Formeln und eine Konstanz von bestimmten Schlüsselparametern voraus. Tatsächlich ist diese Erwartungshaltung in sehr vielen Fällen und auch über große kosmische Entfernungen hinweg sowohl für physikalische als auch für chemische Vorstellungen bestätigt worden.

Die mathematische Beschreibung von periodischen Prozessen führte stets zu einer Einteilung der beteiligten Größen in veränderliche, d. h. Variablen, und konstante Parameter. Dieses Prinzip wurde sowohl im Makrokosmos, d. h· in der Astrophysik, als auch im Mikrokosmos, insbesondere bei der Beschreibung der Eigenschaften und des Verhaltens von Molekülen, Atomen und Elementarteilchen, erfolgreich angewendet. Auch die Beschreibung vieler aperiodischer Prozesse und einmaliger, irreversibler Vorgänge konnte sich auf die Anwendung dieses Prinzips stützen.

Parameter, die in manchen Modellen als Konstanten angesehen werden konnten, erwiesen sich unter Umständen in anderem Zusammenhang als veränderlich. Sowohl die Komplexität der betrachteten Objekte als auch die betrachteten Zeitskalen sind wichtig für die Entscheidung, ob ein Parameter innerhalb eines Modells als Konstante angesehen werden darf oder nicht. Die Definition einer Konstante wird dadurch sowohl vom betrachteten System als auch von der zugelassenen Toleranz bei den Messungen im Experiment abhängig (Abb. 12).

Da die formulierten Gleichungen und Modelle Anspruch auf eine adäquate Widerspiegelung eines objektiv tatsächlichen Zustandes erheben, ergibt sich die Frage, ob es natürliche Größen gibt, die tat-

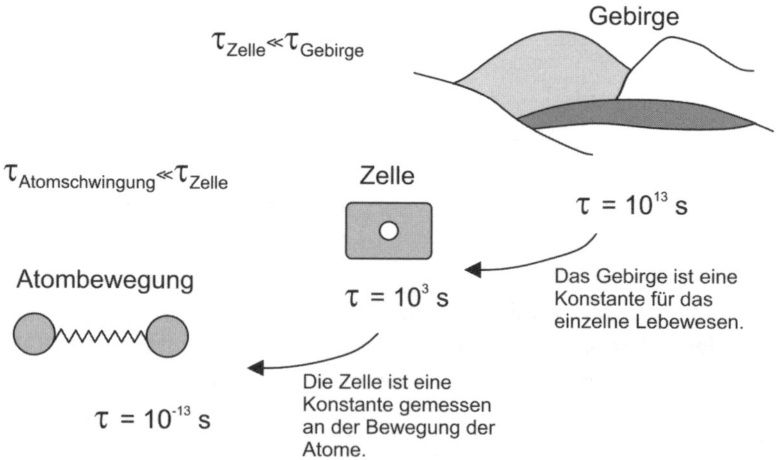

Abb. 12 Zeitkonstanten und Lebensdauern als Beispiel der Maßstabsabhängigkeit in der Definition von Variablen und Konstanten.

sächlich keiner Veränderung unterliegen. Die Annahme absoluter Konstanz schließt dabei zum einen die universelle Allgemeingültigkeit von Gleichungen, in denen diese Größen auftreten, ein. Zum anderen verlangt sie nach dem Ausschluss einer Toleranz im Wert der entsprechenden Größen, soweit diese Toleranz nicht im Wesen des Parameters selbst zu suchen wäre. Parameter, die derartige Forderungen an Konstanz zu erfüllen scheinen, werden als Fundamentalkonstanten betrachtet. Fundamentalkonstanten dürfen deshalb als ideale Konstanten verstanden werden, die in der realen Welt auftreten.

Fundamentalkonstanten

Sehr viele Beobachtungen, Messungen und die aus ihnen abgeleiteten Gleichungen lassen sich wirklich auf einen relativ kleinen Satz von Konstanten zurückführen, die eine zentrale Rolle in den meisten mathematischen Beschreibungen spielen. Im Allgemeinen werden u. a. folgende Größen als fundamental angesehen:

- die Lichtgeschwindigkeit
- die Gravitationskonstante
- das Planck'sche Wirkungsquantum
- die Elementarladung
- die Boltzmannkonstante
- die Sommerfeld'sche Feinstrukturkonstante

Als fundamental sind daneben offensichtlich auch die Massen der Elementarteilchen anzusehen, z. B.:

- die Ruhemasse des Elektrons
- die Ruhemasse des Protons
- die Ruhemasse des Neutrons

Die erstgenannten Größen haben in der Physik eine ganz zentrale Bedeutung. Fast alle besitzen Maßeinheiten. So ist die Lichtgeschwindigkeit, wie der Name sagt, eine fundamentale Geschwindigkeit (Abb. 13) – nach allem, was wir wissen, die höchste Geschwindigkeit, die überhaupt vorkommt.

Die Gravitationskonstante ist die Kraftkonstante, die die Stärke der gegenseitigen Anziehung von Massen beschreibt (Abb. 14).

Das Planck'sche Wirkungsquantum (Abb. 15) ist das Maß für die elementare Wirkung (Energie mal Zeit), die Elementarladung (Abb. 16) die elementare elektrische Ladung (Strom mal Zeit).

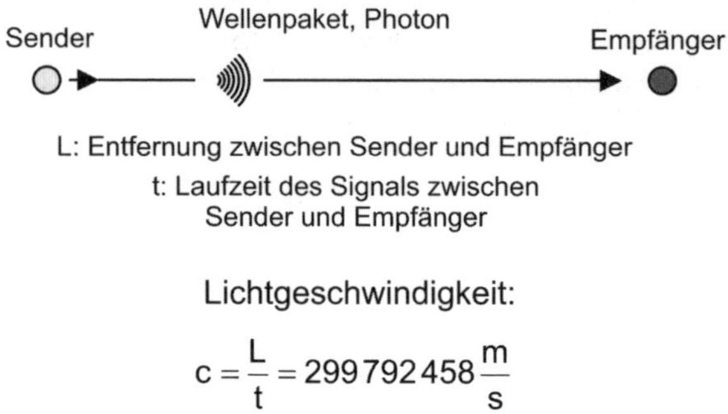

Abb. 13 Lichtgeschwindigkeit – Maß für die Ausbreitung von elektromagnetischen Wellen im Vakuum.

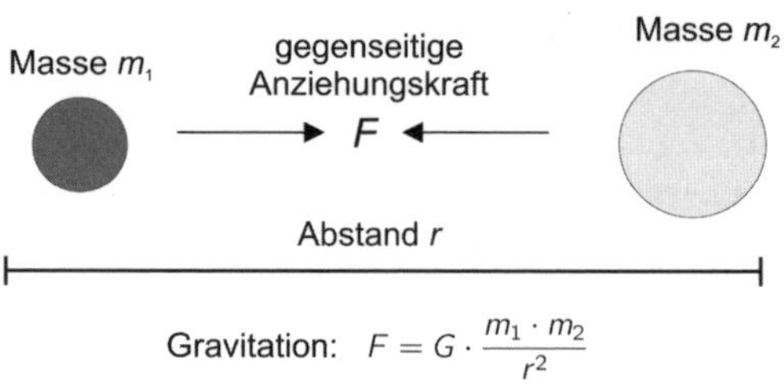

Abb. 14 Gravitationskonstante – Maß für die abstandsabhängige Anziehungskraft zwischen zwei Massen.

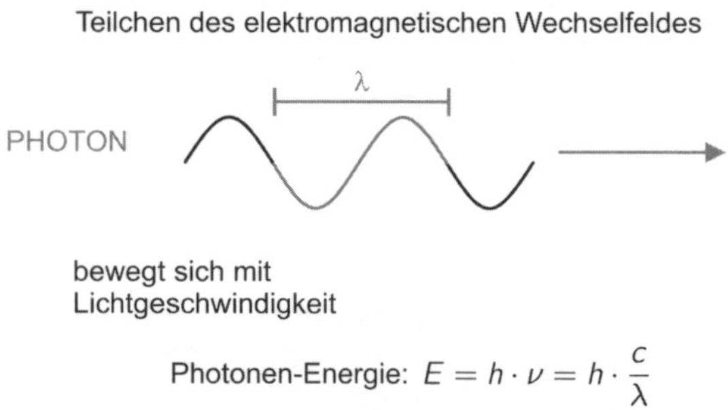

Abb. 15 Planck'sches Wirkungsquantum – Maß für die frequenzproportionale Energie eines Photons.

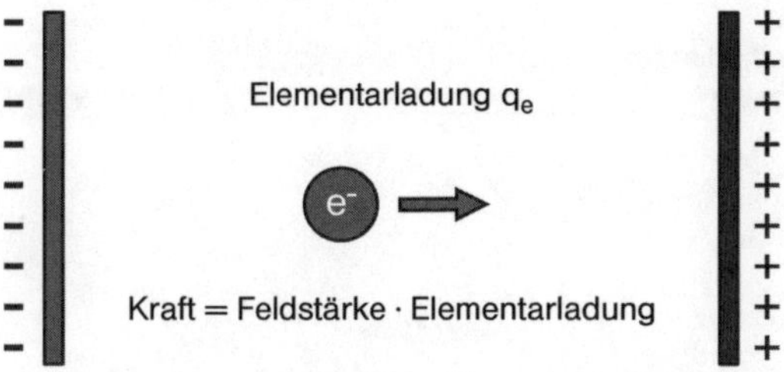

Abb. 16 Elementarladung – Maß für die elementare Kraftwirkung im elektrischen Feld.

Die Boltzmannkonstante (Abb. 17) ist die elementare Entropie und damit das thermodynamische Pendant zur Information, d. h. dem Elementarmaß für die Beschreibung der Anzahl möglicher Zustände eines Systems.

In dieser Reihe besitzt einzig die Feinstrukturkonstante des elektromagnetischen Feldes (Abb. 18) keine Dimension. Sie ergibt sich aus dem Zusammenhang zwischen der Dielektrizitätskonstante des Vakuums, der Elementarladung und dem Planck'schen Wirkungsquantum. Es ist bis heute unklar, was die Ursache für den Zahlenwert dieser Größe ist.

Den Elementarteilchen kann aufgrund ihrer Massen über die fundamentale Gleichung von Louis de Broglie für jede Geschwindigkeit

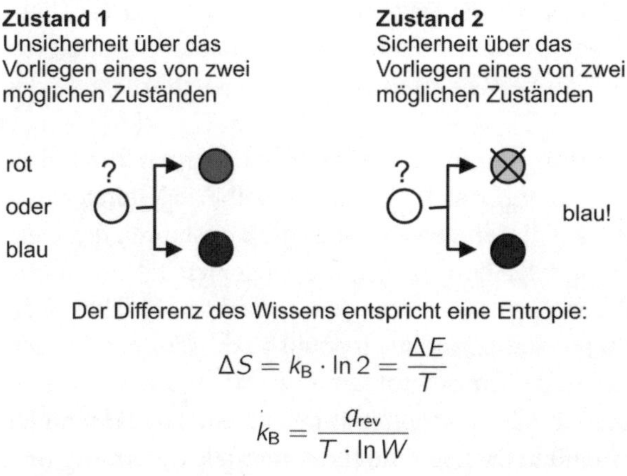

Abb. 17 Boltzmannkonstante – thermodynamisches Maß für die Information.

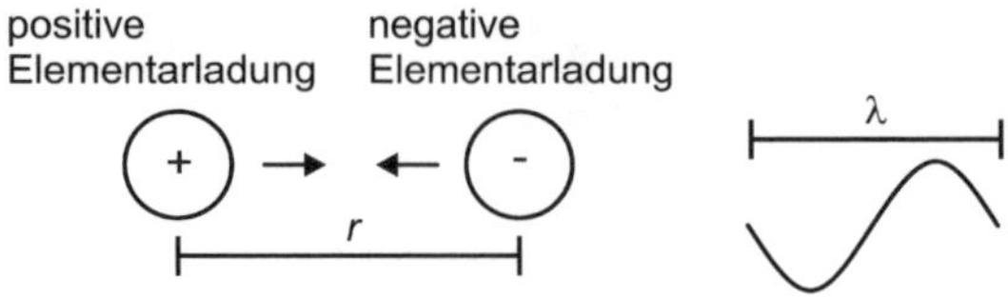

$$E_{el} = \frac{1}{4\pi \cdot \varepsilon_0} \cdot \frac{e^2}{r} \qquad E_{ph} = h \cdot \frac{c}{\lambda}$$

In welchem Verhältnis stehen r und λ, wenn $E_{el}=E_{ph}$?

$$\frac{1}{4\pi \cdot \varepsilon_0} \cdot \frac{e^2}{r} = h \cdot \frac{c}{\lambda} \qquad \left(\text{mit } \hbar = \frac{h}{2\pi}\right)$$

$$\boxed{\frac{2\pi \cdot r}{\lambda} = \frac{1}{4\pi \cdot \varepsilon_0} \cdot \frac{e^2}{\hbar \cdot c} \equiv \alpha \cong \frac{1}{137}}$$

Abb. 18 Sommerfeld'sche Feinstrukturkonstante – Maß für das Verhältnis zwischen elektrostatischer und elektromagnetischer Energie.

eine charakteristische Wellenlänge zugewiesen werden. Für die überhaupt vorkommende maximale Geschwindigkeit, die Lichtgeschwindigkeit, lässt sich diese Wellenlänge des Teilchens, die Comptonwellenlänge, als quantenmechanische Ausdehnung des Teilchens verstehen. Entgegen der Alltagserfahrung nimmt die so definierte Längenausdehnung von Elementarteilchen mit zunehmender Masse ab. Die – im Sinne einer Materialeigenschaft eigentlich nur im makroskopischen Bereich als physikalischer Begriff sinnvoll anwendbare – Dichte sinkt, wenn sie begrifflich auf die Skala von Quantenobjekten herunterprojiziert wird, in der Quantenwelt mit der vierten Potenz der Länge (Abb. 19).

Durch die Verknüpfung der fundamentalen Konstanten durch fundamentale Gleichungen ergibt sich eine ganze Reihe abgeleiteter fundamentaler Größen. Zu diesen gehören u. a. die Konstanten des elektrischen und des magnetischen Feldes, die Dielektrizitätskonstante des Vakuums und dessen magnetische Permeabilität. Daneben zählen dazu die Klitzingkonstante und die Josephsonkonstante. Es lassen sich so eine fundamentale Temperatur, eine fundamentale Wärmekapazität, eine fundamentale Wärmeleitfähigkeit, ein fundamentaler Druck, eine fundamentale Dichte, eine fundamentale Spannung und ein fundamentaler Strom ableiten (thermische Größen als Beispiele in Abb. 20, elektrisch-magnetische Größen in Abb. 21).

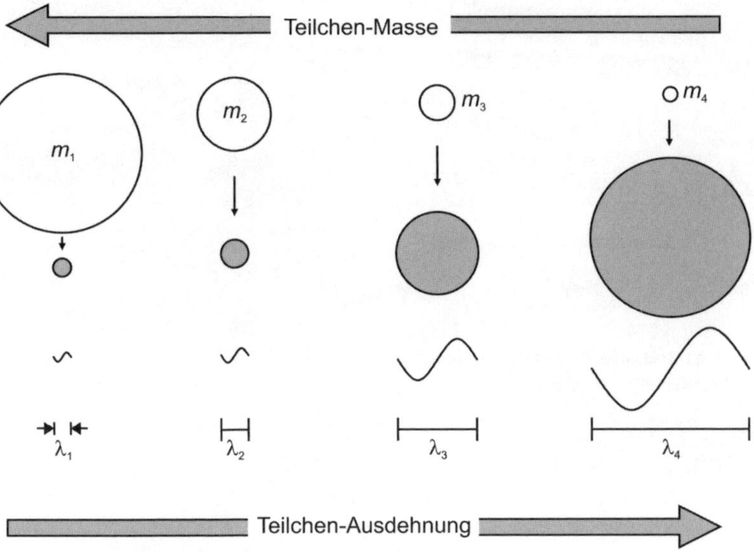

$$\lambda = \frac{h}{m \cdot c}$$

Abb. 19 Gegenläufige Veränderung von Größe (de-Broglie-Wellenlänge) und Masse von Elementarteilchen, abgeleitet aus dem quantenmechanischen Welle-Teilchen-Dualismus.

Durch die Berücksichtigung des Zusammenhangs zwischen Energie und Frequenz von Photonen, das Newton'sche Gravitationsgesetz und die Einstein'sche Äquivalenzbeziehung zwischen Masse und Energie sind auch die ersten drei der eingangs genannten fundamentalen Größen miteinander verknüpft. Aus diesen Größen ergibt sich eine Dreiheit abgeleiteter Größen, nämlich eine fundamentale

Temperatur

$$T_p = \frac{\hbar}{t_p \cdot k_B} = 1.3 \cdot 10^{32}\,\text{K}$$

Wärmekapazität

$$C_0 = \frac{h}{t_p \cdot T_p} = 7.2 \cdot 10^{22}\,\text{J/K}$$

Wärmeleitfähigkeit

$$\lambda_0 = \frac{C_0}{t_p} = 1.3 \cdot 10^{66}\,\text{W/K}$$

Abb. 20 Beispiele für abgeleitete fundamentale thermische Konstanten.

Fundamental-Potential

$$U_p = \frac{\hbar}{e \cdot t_p} = 1.2 \cdot 10^{28}\,\mathrm{V}$$

Klitzing-Konstante

$$2 \cdot G_0^{-1} = R_K = 2\pi \cdot \frac{U_p \cdot t_p}{e} = 25.8\,\mathrm{k\Omega}$$

Magnetischer Flussquant

$$\Phi_0 = \pi \cdot U_p \cdot t_p = \pi \cdot \frac{\hbar}{e} = 2.07 \cdot 10^{-15}\,\mathrm{Vs}$$

Abb. 21 Beispiele für abgeleitete fundamentale elektrische/magnetische Konstanten.

Länge, eine fundamentale Zeit und eine fundamentale Masse, die nach ihrem Entdecker als Plancklänge (Abb. 22), Planckzeit (Abb. 23) und Planckmasse bezeichnet werden.

Während Plancklänge und Planckzeit extrem kleine Einheiten sind und demzufolge als elementare Größen verstanden werden können, ist die Planckmasse zwar relativ klein, aber sehr viel größer als ein Atom, so dass sie zwar eine Fundamentalgröße darstellt, es sich aber keinesfalls um eine Elementareinheit handeln kann (Abb. 24).

Die Dreiheit von Planckmasse, Planckzeit und Plancklänge ist der Dreiheit von Lichtgeschwindigkeit, Gravitationskonstante und Planck'schem Wirkungsquantum vollständig äquivalent (Abb. 25).

Es gibt eine charakteristische Länge l_p, für die gilt:

Das Verhältnis der massenäquivalenten Energie E einer Masse (nach Einstein) zur Gravitationsenergie E_g von zwei Körpern dieser Masse ist gleich dem Verhältnis der Energie eines Photons E_{ph} mit der charakteristischen Wellenlänge zur massenäquivalenten Energie.

$$\frac{m \cdot c^2}{G \cdot \dfrac{m^2}{l_p}} = \frac{\dfrac{h \cdot c}{l_p}}{m \cdot c^2}$$

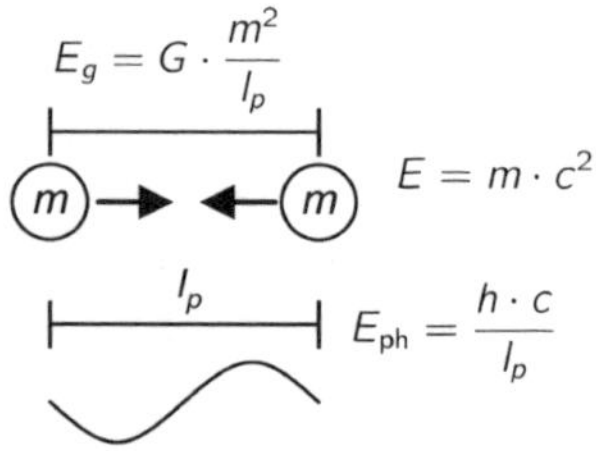

Wie groß ist diese Länge l_p?

$$l_p = \sqrt{\frac{G \cdot h}{c^3}} = 4.051 \cdot 10^{-35}\,\mathrm{m}$$

Abb. 22 Plancklänge – fundamentale Längengröße.

$$t_p = \sqrt{\frac{G \cdot h}{c^5}} = 1.35 \cdot 10^{-43}\,\mathrm{s}$$

Abb. 23 Planckzeit als Funktion der Gravitationskonstante G, des Planck'schen Wirkungsquantums h und der Lichtgeschwindigkeit c.

$$E_g = G \cdot \frac{m_p \cdot m_p}{r}$$

$$E_{\mathrm{ph}} = \frac{c}{\lambda} \cdot h$$

$$E_g = E_{\mathrm{ph}}$$

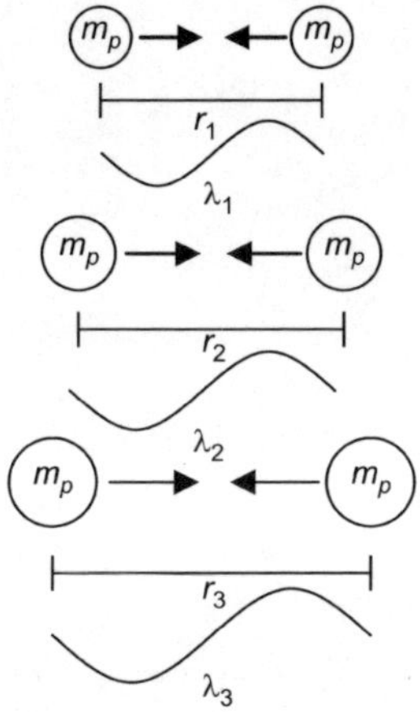

für $\lambda = r$ gilt:

$$G \cdot m_p^2 = c \cdot h$$

$$m_p = \sqrt{\frac{c \cdot h}{G}}$$

$$m_p = 54.5\,\mu\mathrm{g}$$

Abb. 24 Planckmasse: fundamentale Massengröße, entspricht zwei gedachten Punktmassen, deren Gravitationsenergie bei jedem Abstand gerade gleich der Energie eines Photons der Wellenlänge ihres Abstandes ist.

Mit der Anerkennung der oben genannten drei Gleichungen, die diese sechs Größen miteinander verknüpfen, zieht jedes Tripel von Fundamentalgrößen automatisch die Existenz der anderen drei Fundamentalgrößen nach sich. Die drei Planckgrößen für Zeit, Länge und Masse sind damit automatisch auch eine Beschreibung der Parameter für die Geschwindigkeit des Lichtes im Vakuum, für die Energie von Photonen und für die Kraftwirkung durch Gravitation.

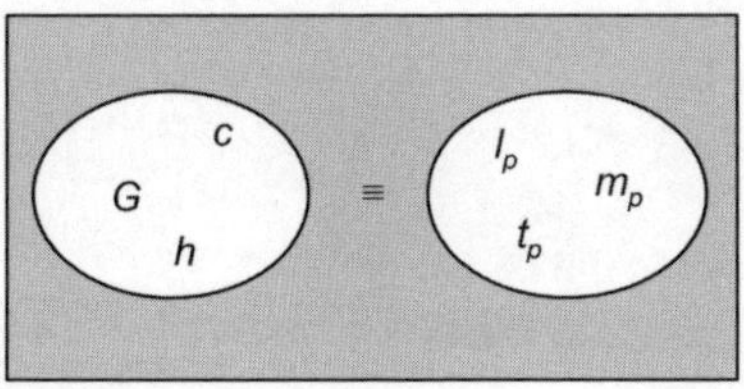

Abb. 25 Äquivalente Tripel von Fundamentalkonstanten.

3 Kosmologische Modelle

Der Ausgangspunkt

Vor der Entdeckung der Rotverschiebung wurde das Weltall als statisch betrachtet. So wie nach den Newton'schen Gesetzen der Mechanik die Planeten ewig um die Sonne kreisen sollten, so wurde von Seiten der Physiker aufgrund der astronomischen Beobachtungen auch für die Bewegungen der Sterne und Galaxien eine gleichbleibende, andauernde Dynamik mit gleichbleibendem Charakter angenommen. Dieses naturwissenschaftliche Weltbild stand im eklatanten Widerspruch zu allen Religionen, die eine Geschichte der Welt und eine Erlösung verkünden wie z. B. die christliche Glaubenslehre, hatte deshalb jahrhundertelang mit erheblichen Widerständen zu kämpfen, setzte sich aber schließlich durch.

Mit der Feststellung, dass das Licht der Sterne durch die gleichen spektralen Charakteristika geprägt war, wie man sie von den spektroskopischen Analysen des Sonnenlichtes kannte und wie sie in Experimenten auf der Erde nachvollzogen werden konnten und sich immer wieder bestätigten, wurde die Auffassung untermauert, dass das Weltall aus Materie besteht, die einheitlichen Gesetzen unterliegt. Die Aufklärung des Zusammenhangs zwischen den Energien der Photonen und dem Aufbau der Atome, aus denen dieses Licht stammt, führte schließlich zu einem weitgehenden stofflichen Verständnis des Universums.

Mit dieser Erkenntnis konnte auch das Licht weit entfernter Galaxien analysiert werden. Dabei stellte sich heraus, dass zwar die relative Lage der Spektrallinien zueinander ganz den Erwartungen entsprach, gleichzeitig verschoben sich jedoch alle Energiewerte der eingehenden Photonen umso mehr zu niedrigen Energien, je weiter die Objekte, aus denen das Licht stammte, von uns entfernt sind. Dieser

Vom Urknall zum Cyberspace. Michael Köhler

ISBN 978-3-527-32577-1

an der Wellenlänge des Lichtes als Rotverschiebung messbare Effekt war universell und damit in allen Richtungen des Weltalls in gleicher Weise zu beobachten (Abb. 26). Das Verhältnis von Fluchtgeschwindigkeit zu Entfernung wird als Hubblekonstante bezeichnet und beträgt ungefähr 75 km/(s Mpc) oder etwa $0{,}77 \times 10^{-10}$ pro Jahr.

Zwei einfache physikalische Interpretationen wurden als Ursache für die Rotverschiebung diskutiert: Zum einen hätte ein allmählicher Energieverlustprozess aller den Raum durcheilenden Lichtteilchen (Photonen) den Effekt verursachen können. Zum anderen war die Rotverschiebung durch eine räumliche Expansionsbewegung des gesamten Weltalls erklärbar. Ursache der spektralen Verschiebung wäre danach ein optischer Dopplereffekt analog zur akustischen Frequenzverschiebung eines vorüberfahrenden Fahrzeuges. Diese letztere Erklärung wurde schließlich als die plausibelste von den meisten Wissenschaftlern anerkannt. Mit der Durchsetzung des Expansionsmodells erhielt die Wissenschaft vom Kosmos das ursprünglich allein aus der religiösen Überlieferung vermittelte Weltbild von einem Kosmos mit einer Entwicklungsgeschichte zurück (Abb. 27).

Weit entfernte Objekte erscheinen in langwellig verschobenen Farben, weil sie sich so schnell von uns fort bewegen (Abb. 28).

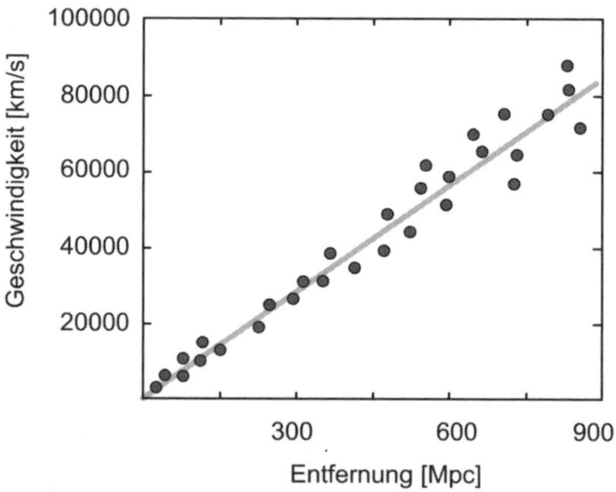

1 Mpc = 1000000 Parsec = 3.26 Millionen Lichtjahre = 30.84×10^{18} km
1 Parsec = Entfernung, in der eine Astronomische Einheit (Entfernung Erde-Sonne) unter einem Winkel von einer Bogensekunde gesehen wird.

Abb. 26 Kosmische Rotverschiebung: Weit entfernte kosmische Objekte bewegen sich umso schneller von uns weg, je weiter sie entfernt sind (schematisch).

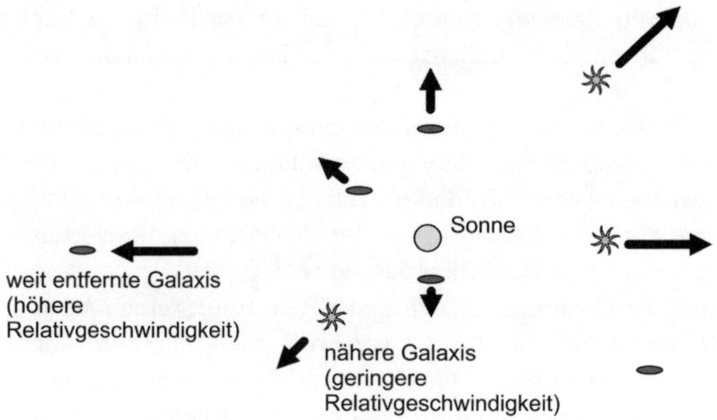

Abb. 27 Modell des expandierenden Universums: Die Relativgeschwindigkeit zwischen zwei Objekten ist umso größer, je weiter sie voneinander entfernt sind.

Mit der Anerkennung eines sich in einer Richtung verändernden Universums waren nicht nur einzelne Prozesse im Weltall einem Zeitpfeil, d. h. einer Vorzugsrichtung im zeitlichen Ablauf, unterworfen, sondern auch die Entwicklung des Weltalls als Ganzes. Wenn man nicht die Gültigkeit der Grundgesetze der Mechanik in Frage stellen wollte, so musste eine Expansionsbewegung, wie sie aus der

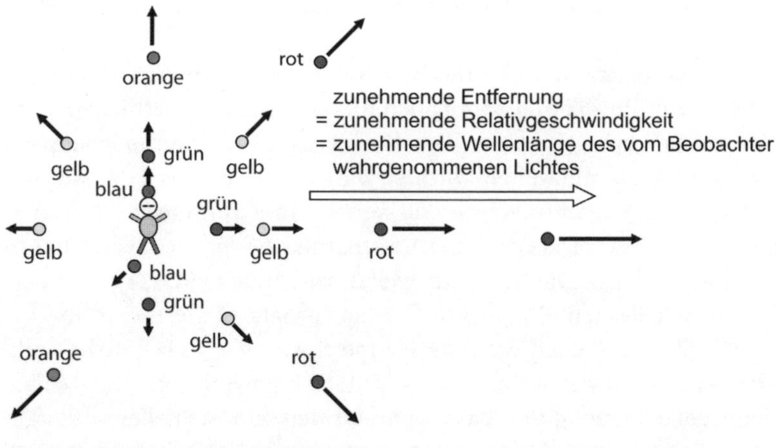

Abb. 28 Wahrnehmung weit entfernter Objekte: Je weiter Objekte entfernt sind, umso stärker ist ihre Farbe bathochrom (langwellig) verschoben.

Rotverschiebung abgeleitet werden konnte, zwangsläufig zu einem Universum führen, dass zunächst dicht mit Materie versehen, durch seine Ausdehnung später jedoch immer weiter verdünnt wurde. Ein solches Universum musste einen Ausgangspunkt haben, der sich zeitlich unmittelbar aus der heutigen Ausdehnung des Universums und der Expansionsgeschwindigkeit ableiten lassen musste. Dieses Alter entspricht dem Reziprokwert der beobachteten Rotverschiebung und beträgt etwa 13,7 Milliarden Jahre.

Raum und Zeit bekommen nach dieser Berechnung einen Anfang. Zu einem bestimmten Zeitpunkt vor etwa 13,7 Milliarden Jahren muss unser Universum in einem Raumpunkt seinen Ausgang genommen haben. Dieser Anfangspunkt entspricht einer räumlichen und zeitlichen Singularität. Diese wird – obwohl sie keine Explosion im herkömmlichen Sinne darstellt – als *Urknall* bezeichnet.

Die Frage nach dem allerersten Stadium, das ein auf einen Punkt zurückgeführtes Universum einnehmen kann, führt auf die Frage nach der kleinsten räumlichen Größe zurück. Diese könnte nach allgemeiner Auffassung durch die Plancklänge gegeben sein. Die Anfangssingularität ist damit unvorstellbar klein, ihr Durchmesser beträgt etwa den 10^{20}. Teil eines Protonendurchmessers, ihr Volumen ist also etwa 10^{60}-mal kleiner als das Volumen eines Atomkerns.

Ein Universum ohne fortwährenden lokalen Energieeintrag

Die Hauptsätze der Thermodynamik nehmen einen sehr wichtigen Platz in der Physik und damit auch im naturwissenschaftlichen Weltverständnis ein. Wenn das Weltall als Ganzes als thermodynamisch abgeschlossen angesehen wird, so darf im Weltall zwar Masse und Energie ineinander umgewandelt werden. Ihre Summe darf sich aber dem ersten Hauptsatz der Thermodynamik zufolge nicht vermindern oder vergrößern. Die heute im Weltall vorhandene Masse bzw. Energie müsste demzufolge von Anfang an vorhanden gewesen sein.

Mit diesem Modell wird die Hauptschwierigkeit der Entwicklung des Weltalls in die Anfangssingularität hineinverlagert. Das Modell folgt der Überzeugung, dass während der sehr schnellen anfänglichen Entwicklung in einem extrem kurzen Zeitintervall Photonen, Quarks und Leptonen als elementare Bausteine entstanden, aus denen sich später die anderen Elementarteilchen bildeten. In der nachfolgenden Zeit erhielten die fundamentalen Gesetze der Thermodynamik für die ganze weitere Entwicklung des Universums Gültigkeit. Konsequenterweise sinkt seit dem ersten Augenblick der kosmischen Entwicklung die Energie- bzw. Materiedichte mit der dritten Potenz der Ausdehnung (Abb. 29). Die Verletzung des Gesetzes von der Erhaltung der Energie wird nur für den allerersten Augenblick in Kauf genommen.

Nach diesem – heute von der Mehrheit der Physiker vertretenen – Weltmodell beginnt die Entwicklung der Welt in einem Volumen von der Ausdehnung der Plancklänge. Nach Jordan könnte aber die Gesamtenergie des Weltalls auch heute noch annähernd null sein, da sich die Summe aller Teilchenenergien und der Betrag der gesamten Gravitationsenergie, die als negative Energie aufzufassen ist, größenordnungsmäßig gleichen.

Für die allererste Phase der Entwicklung eines Universums ohne fortwährenden lokalen Energieeintrag gibt es mehrere konkurrierende Auffassungen. Ein Szenario (Hawking, Hartle, Vilenkin u. a.) geht

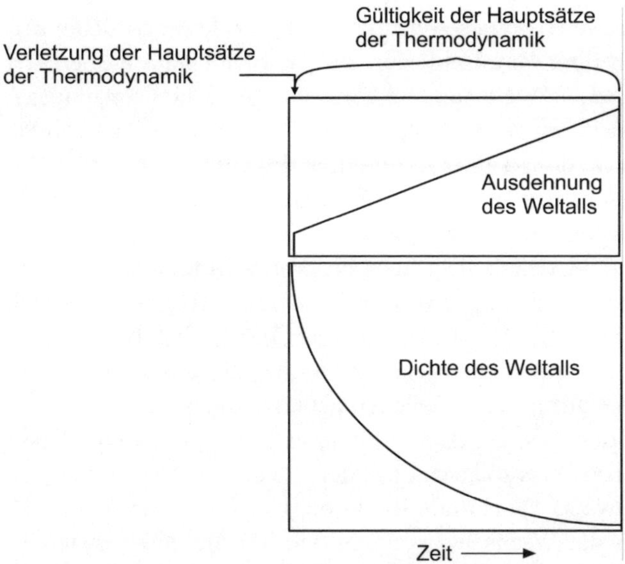

Abb. 29 Modell der kosmischen Entwicklung mit Entstehung der kosmischen Masse/Energie in einer extrem kurzen Anfangsphase (Anfangssingularität = Urknall, inflationäre Phase); konstante Masse/Energie über die gesamte nachfolgende Entwicklung hinweg.

von einer Quantenfluktuation aus. Das Auftreten von Quantenfluktuationen hat eine große Wahrscheinlichkeit für sich. Es ist allerdings unklar, wie oft Quantenfluktuationen zur Entstehung eines Universums führen können. Für uns ist nur das einmalig auftretende Ereignis der Entstehung unseres Universums erschließbar. Es könnte sich aber dabei auch um einen mehrmalig ablaufenden Prozess gehandelt haben, der zu einer Vielzahl von Paralleluniversen führte, aus denen jedoch kein Licht und keine Materie zu uns dringt und die wir deshalb nicht nachweisen können. Diese Universen könnten vielleicht durch Gravitation spürbar sein, entsprechende Hinweise fehlen jedoch bisher. Eine besondere Schwierigkeit in der Hypothese einer Entstehung des Weltalls aus einer Quantenfluktuation besteht in der Energiedichte, die solche Quantenfluktuationen mit sich bringen müssten. Die Abschätzung der Häufigkeit, mit der überhaupt Quantenfluktuationen auftreten, führt zu einer zu hohen Energiedichte. Wenn man die Richtigkeit dieser Hypothese annimmt, dann müsste der allergrößte Teil dieser Masse/Energie in einer Form vorliegen, die ganz anderen Gesetzen der Wechselwirkung als den uns bekannten unterliegt.

Eine alternative Hypothese vermutet die Kontraktion virtueller Materie, die dann über eine Implosion zur Expansionsphase überleitet (*Big-Bounce-Modell*). Wieder andere Vorstellungen gehen von einer zyklischen Entwicklung des Weltalls aus, nach der es in sehr langen Perioden immer wieder zu einer Kontraktion des Universums, dem Zusammenziehen in einem Punkt, und einem neuen Urknall mit einer neuerlichen Expansion kommt.

Allen diesen Modellen liegt aber die Vorstellung von einer Anfangssingularität und einem Universum zugrunde, das kurz nach seiner Entstehung seine gesamte Masse/Energie besitzt. In einem rasanten Prozess werden aus Vakuumenergie, die aus einer Quantenfluktuation stammt, reale Teilchen gebildet, die zu den aus Experimenten auf der Erde bekannten Photonen und Elementarteilchen führen. Dieser Prozess soll sich nach der Inflationstheorie (Guth) innerhalb von etwa 10^{-30} Sekunden abgespielt haben. In dieser Zeit separierten sich die Wechselwirkungen, wurden die elektromagnetischen und die sonstigen Wechselwirkungen zwischen den Elementarteilchen von der Schwerkraft abgetrennt. Dabei wuchs die relative Ausdehnung des Weltalls sehr rasch.

Trotz der enormen relativen Vergrößerung in der ersten Phase war nach dieser Vorstellung das so gebildete Ur-Universum zunächst extrem dicht und heiß. Protonen und Elektronen diffundierten durch die dichte Materieansammlung. Ihre Bewegungen erfolgten bei so hoher kinetischer Energie, dass die elektrostatischen Kräfte die Teilchen nicht aneinander binden konnten. Die extrem hohe Dichte an Ladungsträgern sorgte dafür, dass sich elektromagnetische Strahlung nicht ausbreiten konnte.

Erst mit der weiteren Expansion nahmen Dichte und Temperatur allmählich ab. Wahrscheinlich war erst etwa 300.000 Jahre nach dem Urknall das Universum soweit abgekühlt, dass einzelne Elektronen an Protonen gebunden wurden und dadurch neutrale Teilchen, die ersten Atome, entstanden. Die Bindung der Elektronen und Protonen aneinander und die lokale Verdichtung von heißer Materie auf der einen Seite und die Ausdünnung der kalten Materie auf der anderen Seite führten schließlich dazu, dass das Weltall für elektromagnetische Strahlung durchlässig wurde.

Die damals freigesetzte Strahlung breitet sich seitdem weitgehend ungehindert in alle Richtungen im Weltall aus (Gamov). Die gleichmäßige kosmische 3-K-Hintergrundstrahlung wird als heute zu beobachtende Konsequenz dieser Strahlungsfreisetzung angesehen. Die Strahlung war am Anfang energiereich und entsprach größenordnungsmäßig der Ionisationsenergie des Wasserstoffs oder der thermischen Energie eines schwarzen Körpers mit ca. 4.000 Kelvin Oberflächentemperatur, d. h. von Photonen mit Wellenlängen unterhalb eines Mikrometers. Durch die Expansion des Weltalls wird diese Strahlung jedoch als umso langwelliger wahrgenommen, je älter das Universum wird. Das liegt daran, dass jeder Punkt des Weltalls zunächst von jener Strahlung getroffen wurde, die aus seiner näheren kosmischen Umgebung stammte, also eine geringe Relativgeschwindigkeit aufwies. Mit fortschreitendem Alter kommt diese Strahlung aus immer entfernteren Gegenden und ist wegen der gewachsenen Relativgeschwindigkeit immer energieärmer, d. h. langwelliger. Inzwischen hat diese Strahlung eine Wellenlänge von etwa 7 cm – ist also Mikrowellenstrahlung – und entspricht der Temperatur eines schwarzen Körpers von nur noch etwa 2,7 Kelvin Oberflächentemperatur.

Die Entdeckung von kleinen räumlichen Fluktuationen in der ansonsten sehr gleichmäßig verteilten kosmischen Hintergrundstrahlung durch den COBE-Satelliten unterstützt die Vorstellung von einer frühen Phase, in der bereits Inhomogenitäten in der globalen Materieverteilung im Universum angelegt wurden, die später zur Ausbildung von Galaxienclustern, Galaxien und Sternen, d. h. zu den Strukturen im Kosmos, führten (Smoot). Die kosmische Hintergrundstrahlung gibt nach dieser Interpretation einen Blick in die Frühphase der kosmischen Entwicklung frei und wird deswegen auch als »Echo des Urknalls« aufgefasst.

Für die Entwicklung eines als abgeschlossen betrachteten Weltalls ist die Gesamtmasse bzw. Energie von großer Bedeutung. Unabhängig davon, ob das Weltall als in sich gekrümmt und geschlossen oder als flach und unendlich ausgedehnt angesehen wird, ist für das Schicksal des Kosmos anstelle der absoluten Gesamtmasse die Massen- bzw. Energiedichte entscheidend (Friedmann). Der der Expansion anfangs erteilte, nach außen gerichtete Impuls steht der gravitationsbedingten Anziehung gegenüber. Oberhalb einer kritischen Massendichte im Universum muss irgendwann die Gravitation die Oberhand gewinnen, wodurch die Expansion verlangsamt wird und schließlich in eine Kontraktion übergeht. Das Weltall müsste dann wieder in sich zusammenstürzen. Unterhalb der kritischen Dichte dominiert dagegen für alle Zeiten die Expansion, und das Weltall würde immer weiter adiabatisch ausgedehnt und damit ausgedünnt (Abb. 30) .

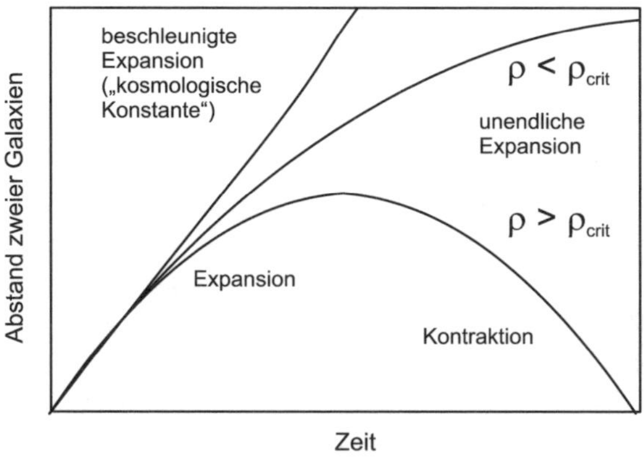

Abb. 30 Dichteabhängige Entwicklungsmöglichkeiten des Universums (kein späterer Energie/Materie-Eintrag), dargestellt anhand des Abstandes zwischen zwei Objekten im Weltall.

Ein quasistatisches Universum

Das Modell des quasistatischen Universums (F. Hoyle u.a.) geht davon aus, dass das Universum expandiert, durch einen ständigen Massezuwachs jedoch die regionale Materiedichte ungefähr gleich bleibt. Im Gegensatz zu der alten Vorstellung von einem statischen Universum wird das quasistatische Universum als dynamisches System betrachtet. Es steht damit im Einklang mit vielen modernen Beobachtungen der Astrophysik. Der entscheidende Unterschied zum Urknall-Szenario in einem Universum ohne fortwährenden Energieeintrag besteht darin, dass die Masse/Energie und damit auch die Materiedichte am Anfang relativ gering gewesen sein können. Auch in diesem Modell steht am Anfang eine Singularität. Diese ist jedoch viel weniger dramatisch und setzt keine inflationäre Phase voraus.

Um zu einer im zeitlichen und räumlichen Mittel gleichbleibenden Dichte zu kommen, muss bei linearer Expansion die Masse des Universum mit der dritten Potenz der Zeit zunehmen. Masse/Energie wachsen demzufolge rasch an (Abb. 31). Der wesentliche Unterschied zu Inflationstheorie-basierten kosmologischen Modellen besteht darin, dass das Weltall auch in seiner späteren Entwicklung nicht als thermodynamisch abgeschlossenes System betrachtet wird. Vielmehr laufen Expansion und Massenzunahme im Weltall parallel ab.

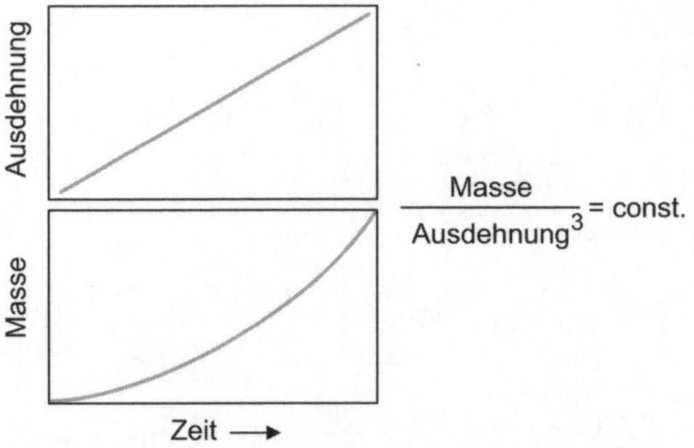

Abb. 31 Modell eines quasistatischen Universums (nach F. Hoyle): Volumen und Masse steigen proportional an, die Dichte des Weltalls verändert sich trotz Expansion nicht.

Ein Universum wachsender Energie und abnehmender globaler Dichte

Geht man von einer annährend linearen Massenzunahme mit der Zeit aus, so ergibt sich eine Entwicklung, die von einer viel weniger hohen Massendichte als beim Inflationsmodell ausgegangen ist (Abb. 32).

Jedoch nimmt in einem solchen Universum die mittlere Dichte von Masse/Energie quadratisch mit der Zeit ab. Am Anfang ist die Dichte sehr hoch gewesen, musste aber nicht so hoch sein, dass eine inflationäre Phase zur Erklärung benötigt wird (Abb. 33).

Ein linearer Massenzuwachs entspricht in befriedigender Näherung der Einführung von gerade je einer Planckmasse in einem Zeitintervall von einer Planckzeit. In den knapp 10^{61} Planckzeit-Intervallen, die dem Alter des Weltalls entsprechen, müssten dementsprechend ca. 10^{53} kg Masse/Energieäquivalent eingeführt worden sein, was recht gut mit den Abschätzungen zur Gesamtmasse des Universums bei Annahme einer endlichen Masse übereinstimmt. Diese Vorstellung geht von der Planckzeit, der Plancklänge und der Planckmasse als Fundamentalgrößen aus, setzt jedoch eine zeitliche Veränderung der Elementarteilchenmassen, der Sommerfeld'schen Feinstrukturkonstante und damit auch der Rydbergkonstante voraus.

Bei linearer Zunahme von Masse/Energie sind natürlich global gesehen keine quasistatischen Verhältnisse möglich. Wenn jedoch im Weltall gleichzeitig eine Strukturbildung abläuft, d. h. die Materie

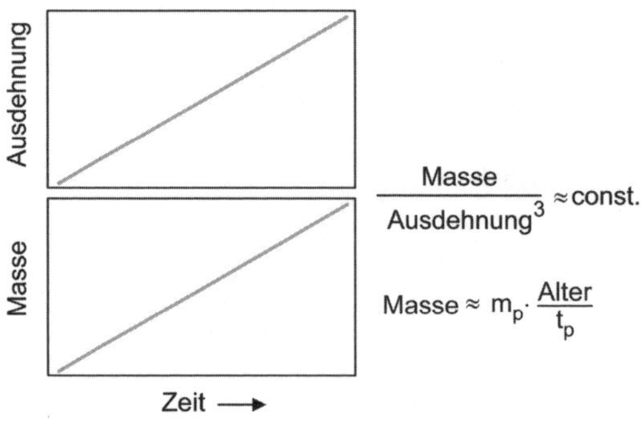

Abb. 32 Proportionale Entwicklung von Masse/Energie und Ausdehnung im kosmischen Modell eines expandierenden Universums mit linearer Massenzunahme (Beispielszenario für ein nicht-statisches Universum mit abnehmender Dichte).

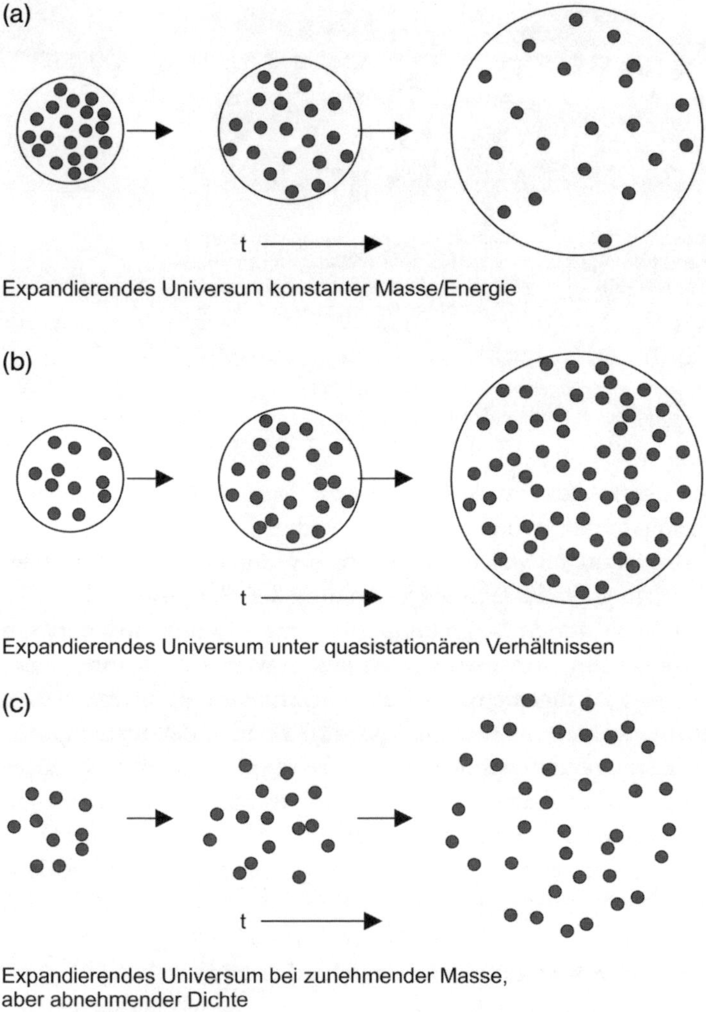

Abb. 33 Schematische Darstellung (Ausschnitt) der Entwicklung der Massendichte in den drei kosmischen Modellen: a) Standardmodell: konstante Masse/Energie; b) quasistatisches Universum: konstante mittlere Dichte; c) lineare Massenzunahme und sinkende mittlere Dichte.

sich im Wesentlichen in Raumbereichen befindet, die mit einer fraktalen Struktur mit einer Dimension zwischen 1 und 2 beschrieben werden können, so ist die Abnahme der regionalen Materiedichte in diesen Bereichen viel geringer als quadratisch, und in bestimmten

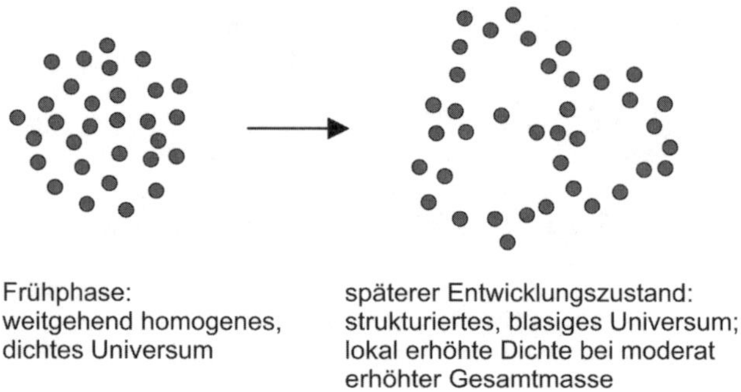

Abb. 34 Annähernde Erhaltung der regionalen Materiedichte in einem inhomogen werdenden Universum bei quadratisch sinkender mittlerer Dichte.

Regionen könnte die mittlere Materiedichte über längere Zeiträume hinweg sogar annähernd konstant sein (Abb. 34).

Die Vorstellungen von einem Kosmos veränderlicher Masse bzw. Energie vermeiden die extreme Verletzung der Hauptsätze der Thermodynamik in der Anfangssingularität bzw. in einer inflationären Phase. Sie setzen jedoch voraus, dass das Weltall auch für spätere Phasen nicht als thermodynamisch abgeschlossen zu betrachten ist und ein lokaler Materie- bzw. Energieeintrag stattfindet. Bisher gibt es keine überzeugenden Hinweise auf Masse-generierende Vorgänge im Universum. Deshalb kann momentan nur über einen eventuellen Zusammenhang zwischen der Expansion, d.h. einer Raumentstehung, und der angenommenen Energiezunahme spekuliert werden.

Entstehung von Strukturen im Raum und Sternentstehung

Bei gleichmäßiger Massenverteilung kommt es auch bei Expansion nicht zur Entstehung von Strukturen. Hohe Temperaturen und damit hohe Geschwindigkeiten in den Teilchenbewegungen sorgen dafür, dass zufällig entstehende lokale Dichtefluktuationen schnell ausgeglichen werden. Strukturbildung setzt einen Symmetriebruch voraus. Im inflationären Urknall-Modell wurden deshalb Symmetriebrüche innerhalb der inflationären Phase eingeführt, die bereits zur Entstehung von regionalen Dichteunterschieden führen, die als Anfänge der kosmischen Strukturbildung diskutiert werden.

Jenseits von kritischen Dichtefluktuationen sorgen bei hinreichend großer Masse die Gravitationskräfte für eine Verstärkung der Massenseparation. Massereiche Regionen ziehen Materie aus der Umgebung an. Dadurch werden sie schwerer, während die Umgebung Masse verliert. Der Vorgang besitzt eine positive Rückkopplung. Je dichter und damit schwerer ein lokaler massereicher Bereich wird, umso stärker ist die durch ihn ausgeübte Gravitationswirkung auf andere Massen und umso schneller kann er selbst anwachsen (Abb. 35).

Der Prozess läuft auch mit extrem verdünnter Materie im Weltall ab, in Gas- und Staubwolken, wenn deren Ausdehnung nur hinreichend groß ist. Interstellare Staubwolken haben zum Teil Ausdehnungen von mehreren Lichtjahren und können, obwohl die Dichte sehr niedrig ist, trotzdem kontrahieren, so dass Sternbildung einsetzt. Letztlich entscheidet das Verhältnis von Gravitation und thermischer Anregung über die Kontraktion oder Ausbreitung einer Materiewolke (Abb. 36).

Die Materie des frühen Universums wurde überwiegend durch die aus dem Zusammentritt von Elektronen und Protonen entstandenen Wasserstoffatome gebildet. Mit zunehmender Kontraktion von solchen Wasserstoffgaswolken heizten sich diese auf, da bei der Kontraktion potenzielle Energie – vergleichbar der potenziellen Energie eines fallenden Körpers im Schwerefeld der Erde – in kinetische und damit in thermische Energie umgewandelt wird. Der Temperaturanstieg führte zunächst zur Ionisation, d. h. der Trennung der Elementarteilchen, und – wenn die Massen hinreichend groß waren – bei weiterer Verdichtung und Erhitzung zu Temperaturen, bei denen die aufeinandertreffenden Protonen verschmelzen konnten. Damit startete oberhalb einer kritischen Dichte die Kernfusion, die vom Was-

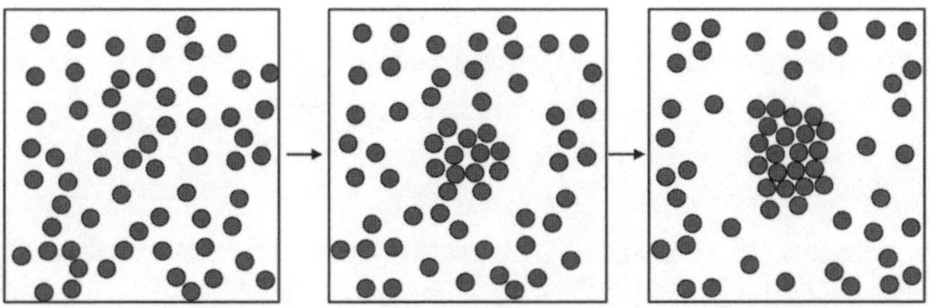

Abb. 35 Strukturentstehung durch Gravitation aus Dichtefluktuationen; zunächst entstehende Materieverdichtungen unter Dichterverminderung der Umgebung verstärken sich selbst.

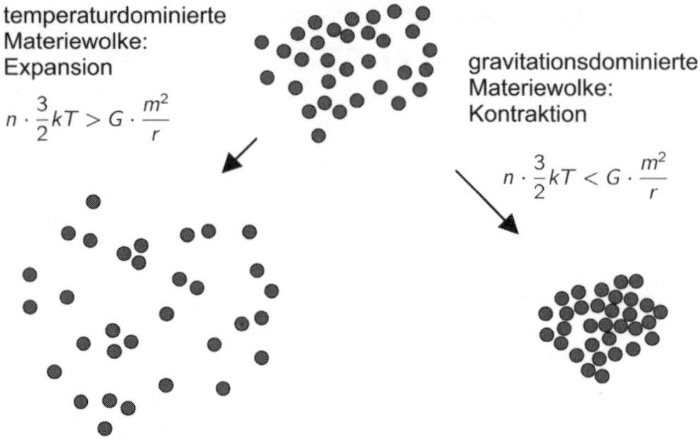

Abb. 36 Ausdehnungs-, temperatur- und dichtekontrollierte Entwicklung einer Materiewolke: Expansion im Falle temperaturdominierten Verhaltens, Kontraktion im Falle gravitationsbestimmten Verhaltens.

serstoff zum Helium führt. Die durch Dichtefluktuationen ausgelöste Strukturbildung sorgte damit auch für einen drastischen Symmetriebruch in der Temperaturverteilung im Universum. Ausgedehnte dünne, kalte Gebiete standen auf einmal enger begrenzten, dichten, heißen Gebieten gegenüber.

Auch heute laufen im Weltall Sternbildungsprozesse aufgrund von lokalen Materieverdichtungen ab. Neben den Gasbestandteilen können auch Staubpartikel, die bereits schwerere Elemente aus früheren Sternentwicklungsprozessen enthalten, zur Kontraktion beitragen. Masse und Ausdehnung der Gas/Staubwolke auf der einen Seite und ihre Temperatur auf der anderen Seite entscheiden darüber, ob eine Materie-Wolke sich auflöst oder ob sie sich zu einem Protostern kontrahiert.

4 Die Entstehung der chemischen Elemente

Vom trüben zum transparenten Kosmos

Bei ausreichend hohen Temperaturen übertrifft die thermische Energie die Energie der elektrostatischen Wechselwirkung zwischen entgegengesetzt geladenen Teilchen. Die Konsequenz ist, dass auch die Elektronen nicht an Protonen oder andere Atomkerne gebunden sind, sondern sich frei bewegen. Es liegt ein thermisches Plasma vor. Rekombinationsereignisse können zwar kurzzeitig zu einem Verbund zwischen Atom und Elektron führen und die dabei frei werdende Energie in Form eines Photons abstrahlen. Aber eine hohe Wahrscheinlichkeit der Absorption eines energiereichen Photons und die hohe Wahrscheinlichkeit von Stößen mit Teilchen, deren kinetische Energie die Bindungsenergie innerhalb des intermediär gebildeten Atoms übertrifft, führen rasch zu dessen Spaltung.

Auf kürzerer Zeitskala gesehen, liegt ein gut eingestelltes Gleichgewicht zwischen den massebehafteten Teilchen des Plasmas – Protonen und Elektronen – vor. Außerdem besteht ein energetisches Gleichgewicht zwischen den Photonen und der Bewegung der massebehafteten Teilchen. Die hohe Dichte von elektrischen Ladungsträgern sorgt dafür, dass Photonen sich nicht als Lichtstrahlen ausbreiten können, sondern ständig den Wechselwirkungsprozessen mit den geladenen Teilchen unterworfen sind. Der Kosmos ist in diesem Zustand für Licht nicht transparent. Photonen bewegen sich wie diffundierende Teilchen. Das betrifft nicht nur energiereiche Photonen, die in der Lage sind, kurzzeitig gebildete Atome wieder zu ionisieren, sondern trifft auch für energieärmere Photonen zu.

Mit der Expansion des Weltalls verringerte sich sowohl die Dichte als auch die mittlere Temperatur des thermischen Plasmas. Dieser Prozess führte dazu, dass das Gleichgewicht zwischen freien und ge-

Vom Urknall zum Cyberspace. Michael Köhler

ISBN 978-3-527-32577-1

bundenen Elementarteilchen allmählich in Richtung der gebundenen Elementarteilchen verschoben wurde. Aus isolierten Elektronen und Protonen entstand das leichteste chemische Element, der Wasserstoff. Zunächst hatten diese Wasserstoffatome keine große Lebensdauer. Mit sinkender Temperatur sank jedoch die Wahrscheinlichkeit einer sofortigen Zerstörung der Atome, und demzufolge stieg die Lebensdauer der einmal gebildeten Atome. Damit erhöhte sich auch der Anteil von gebundenen Elementarteilchen.

Die Plasmadichte, d. h. die räumliche Dichte von Ionen und Elektronen, sank so aufgrund der Abkühlung schneller als die Gesamtdichte der Materie infolge der Expansion. Das hatte zur Folge, dass in einem vergleichsweise kurzen Zeitraum das Weltall von einem Zustand, in dem ganz überwiegend frei diffundierende Ionen und Elektronen vorlagen, in einen Zustand überging, in dem die Atome gegenüber den freien Ladungsträgern dominierten (Abb. 37).

Gleichzeitig verschob sich das Intensitätsmaximum der Strahlung zu immer größeren Wellenlängen hin, also zu geringerer Photonenenergie. Die Atome absorbierten nur Photonen, mit denen sie in Resonanz waren, d. h. deren Energie gerade gleich der Energiedifferenz zwischen den Energieeigenwerten der möglichen Elektronenzustände lag. Photonen mit dazwischen liegender oder geringerer Energie konnten ihre Energie nicht mehr an die Teilchen des Gasraumes abgeben. Photonen und massebehaftete Materie wurden energetisch entkoppelt. Das Weltall wurde transparent.

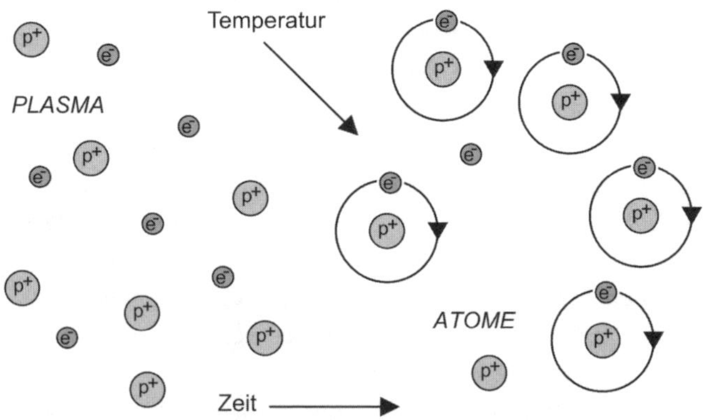

Abb. 37 Übergang von einem undurchsichtigen heißen Universum (Materie im Plasmazustand) zu einem transparenten – überwiegend aus Atomen aufgebauten – Universum.

Die Interpretation der homogenen kosmischen Mikrowellenhintergrundstrahlung als »Echo« des transparent werdenden, weitgehend homogenen Frühuniversums

Die aus dem zu Atomen kondensierten Plasma stammende Strahlung breitete sich im Raum in allen Richtungen aus, nachdem dieser transparent geworden war. Strahlung aus dieser Zeit, die heute irgendeinen Ort im Kosmos erreicht, hat seit dieser Zeit den Kosmos durchlaufen. Während dieser ganzen Zeit ist sie der Expansion des Raumes unterworfen gewesen. Sie erscheint heute mit einer Rotverschiebung, die der heutigen Entfernung ihres scheinbaren Ursprungsortes vom Ort der Messung entspricht. Dieser entfernt sich wegen der langen Zeit, die seitdem vergangen ist, fast mit Lichtgeschwindigkeit vom Ort der Messung. Das drückt sich in einer sehr hohen Rotverschiebung aus. So ist die Wellenlänge der Strahlung, die am Ort ihrer Entstehung ihr Maximum im ultravioletten Spektralbereich hatte, inzwischen bis in den Mikrowellenbereich verschoben worden. Das entspricht einer Streckung der Wellenlänge um etwa fünf Zehnerpotenzen.

Die außerordentlich hohe Homogenität der kosmischen Hintergrundstrahlung kann dadurch interpretiert werden, dass das Weltall zum Zeitpunkt des »Aufklarens« noch eine sehr gleichmäßige Materieverteilung aufwies. Tatsächlich wurden Muster in der Intensitätsverteilung im sub-ppm-Bereich nachgewiesen, die als Beginn des Aufbaus von Strukturen im Universum gedeutet werden können.

Die kosmische Hintergrundstrahlung kann auch einfach als die elektromagnetische Gleichgewichtsstrahlung eines schwarzen Körpers mit einer Oberflächentemperatur von 2,7 Kelvin verstanden werden. Diese Temperatur entspricht der Gleichgewichtstemperatur, bis zu der bis heute die Abkühlung des ehemals extrem heißen Kosmos erfolgte.

Die Wellenlängenverschiebung der kosmischen Hintergrundstrahlung während der Abkühlung des Weltalls lässt sich sowohl durch das Modell der Relativgeschwindigkeit zwischen Quelle und Messort als auch durch die Vorstellung einer kontinuierlichen Dehnung des Raumes verstehen. Der ersteren Vorstellung zufolge kamen an einem beliebigen Ort zunächst die kurzwelligen, energiereichen Photonen aus der näheren Umgebung an, die wegen des geringen Abstandes zum Empfänger nur eine geringe Rotverschiebung aufwiesen. Später gin-

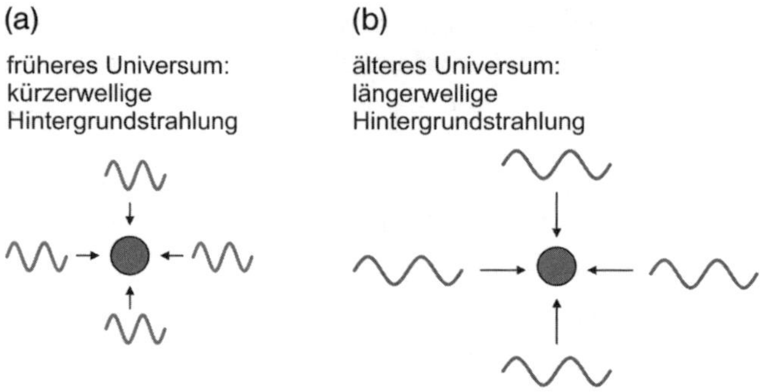

Abb. 38 Interpretation der kosmischen Hintergrundstrahlung als Echo des Urknalls: a) im jüngeren Universum erreichte die aus der näheren Umgebung stammende Hintergrundstrahlung einen Beobachter; wegen der geringeren Relativgeschwindigkeit war diese Strahlung noch kürzerwellig, b) im älteren Universum kommt Hintergrundstrahlung aus größerer Entfernung an, wegen der höheren Relativgeschwindigkeit ist diese Strahlung sehr langwellig.

gen am Empfängerort die aus der etwas weiter entfernten Nachbarschaft und deswegen schon merklich rotverschobenen, d. h. energieärmeren, Photonen ein, und nach langer Zeit kommen schließlich nur noch Photonen von entfernten Ursprungsorten und also mit großer Rotverschiebung an (Abb. 38). Die Vorstellung einer Dehnung des Raumes beschreibt den gleichen Sachverhalt durch einen Kosmos, der vollständig von einer Strahlung erfüllt gedacht ist, deren Wellenlänge zusammen mit dem Raum gedehnt wird. Die mit der Zeit zunehmende Rotverschiebung der registrierten Strahlung resultiert aus der mit der Raumdehnung wachsenden Wellenlänge.

Wasserstoff und Helium

Fängt ein Proton ein Elektron ein und bindet es durch die elektrostatische Anziehung, so entsteht das einfachste Atom, das Wasserstoffatom. Bei moderaten Temperaturen, d. h. bis zur Ionisierungsenergie, ist dieses Atom stabil, solange nicht andere Atome oder Ionen das Elektron beanspruchen, chemische Bindungen eingehen oder zu einer chemischen Ionisation führen. Wasserstoff ist das mit weitem Abstand häufigste Element im Universum.

Sollen schwerere Elemente gebildet werden, müssen Atomkerne entstehen, die zwei oder mehrere Protonen enthalten. Da die Vereinigung allein von Protonen nicht zu stabilen Kernen führt, werden zusätzlich zu den Protonen Neutronen benötigt.

Die Vereinigung von Protonen und Elektronen kann im Zuge der sogenannten Proton-Proton-Kette bei der Bildung von Helium ablaufen. Im ersten Schritt vereinigen sich zwei Protonen unter Abspaltung eines Positrons, eines Neutrons und eines Gamma-Quants zu einem Deuteriumkern:

$$^{1}H + ^{1}H \rightarrow ^{2}D + e^{+} + \nu_e \text{ Photon.}$$

Unter Hinzutreten eines weiteren Protons bildet sich ein Heliumkern mit drei schweren Kernteilchen (Baryonen):

$$^{2}D + ^{1}H \rightarrow ^{3}He + \text{Photon.}$$

Auch bei dieser Reaktion wird ein Gamma-Quant freigesetzt. Aus zwei leichten Heliumkernen (3He) kann sich dann unter Abspaltung von zwei Protonen ein Alpha-Teilchen (4He) bilden (Abb. 39):

$$^{3}He + ^{3}He \rightarrow ^{4}He + 2\,^{1}H + h\nu$$

Das Verschmelzen von zwei Neutronen und zwei Protonen zu einem stabilen ^{4}He-Kern ist ein stark exothermer Prozess. Er bedarf jedoch

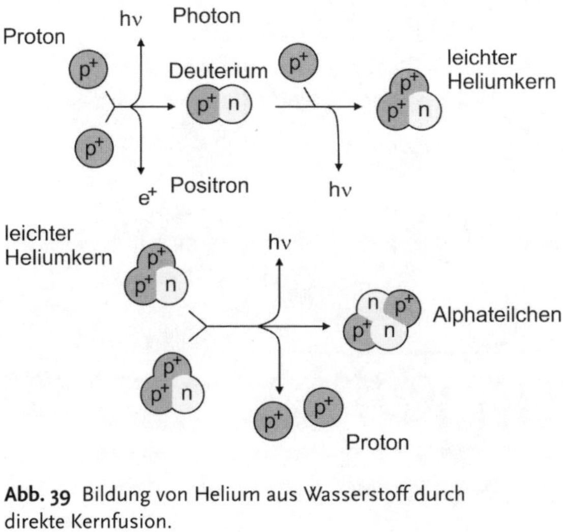

Abb. 39 Bildung von Helium aus Wasserstoff durch direkte Kernfusion.

einer sehr hohen Aktivierungsenergie und läuft erst bei mehreren Millionen Grad ab.

Bei Temperaturen oberhalb etwa 12 Millionen Kelvin können Alpha-Teilchen durch einen alternativen Prozess gebildet werden, wenn die schwereren Elemente Kohlenstoff und Stickstoff vorhanden sind, die diesen Prozess katalysieren (Abb. 40). Die Rate der Heliumerzeugung über diesen sogenannten Kohlenstoff-Stickstoff-Zyklus (oder CNO-Zyklus) wächst extrem stark mit der Temperatur (mit der 16. bis 20. Potenz) und wird bei Temperaturen oberhalb 16 Millionen Kelvin effektiver als die Proton-Proton-Kette. Bei etwas höheren Temperaturen bestimmt der CNO-Zyklus praktisch allein die Intensität des Fusionsprozesses.

Die für Fusionsprozesse nötige Temperatur wird im Weltall durch die Zusammenballung von Materie erreicht. Voraussetzung ist eine ausreichend hohe Ansammlung von Masse, so dass die Atome sich unter der Gravitation der Materiewolke so weit aufheizen, dass eine Kernfusion in Gang kommt. Die erforderlichen hohen Materiedichten werden in mittleren bis größeren Sternen erreicht. Der CNO-Zyklus sorgt vor allem bei massereichen Sternen für ein sehr intensives »*Wasserstoffbrennen*«, d. h. eine sehr effiziente Wasserstoff-Fusion, und damit eine sehr hohe Strahlungsleistung.

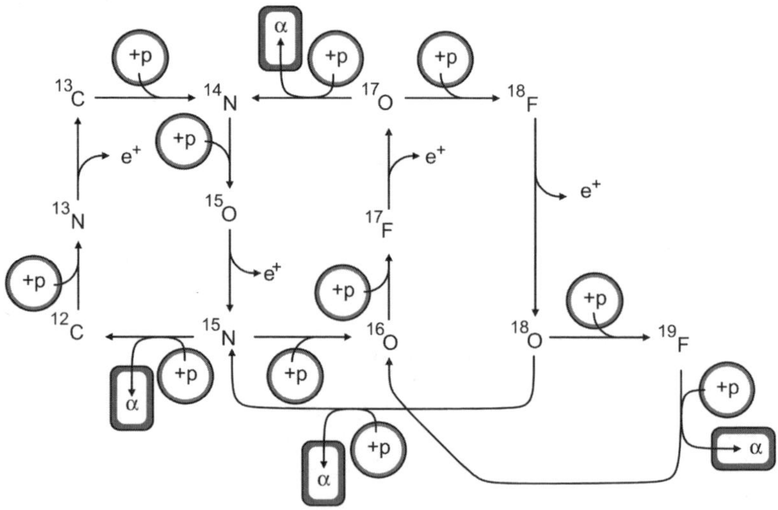

Abb. 40 Beschleunigte Fusion von Wasserstoff zu Helium im CNO-Zyklus.

Im frühen Kosmos gab es keine schweren Elemente, so dass keine Kernfusion über den Kohlenstoff-Stickstoff-Zyklus möglich war. In der ersten Phase thermonuklearer Reaktionen in Sternen dominierte deshalb der Proton-Proton-Mechanismus. Erst nachdem sich in schwereren Sternen im Zuge der ersten Sternentwicklungszyklen (siehe unten) Kohlenstoff und Stickstoff gebildet hatten, konnten Fusionsprozesse unter der katalytischen Wirkung dieser Elemente ablaufen, d. h. dieser Mechanismus wurde erst ab der zweiten Generation von Sternen wirksam.

Sternentstehung und Hauptreihensterne

Sterne entstehen, wenn sich eine Materiewolke ausreichend hoher Masse unter der Wirkung der eigenen Gravitation verdichtet. Während die Teilchen in einem Raum mit gleichmäßiger Materiedichte in allen Raumrichtungen der gleichen Gravitationswirkung unterliegen, wird durch Dichtefluktuationen die Symmetrie der Gravitationswirkung gebrochen. Die Kräfte in Richtung geringerer Materiedichte werden schwächer, die Kräfte in Richtung höherer Materiedichte stärker. Durch diesen Effekt kommt ein selbstverstärkendes System zustande. Einmal entstandene Dichte-Inhomogenitäten verstärken sich immer weiter.

Dieser Effekt kann heute direkt an großen Gas- und Staubwolken beobachtet werden. Mit Hilfe hochauflösender Teleskope konnte auf der Oberfläche einer Reihe von solchen riesigen Materieansammlungen die Ausbildung rauer Strukturen nachgewiesen werden. Dichtefluktuationen, die durch Bewegungen der Materiewolke und durch Wechselwirkung der oberflächennahen Raumbereiche der Materiewolke mit elektromagnetischer Strahlung entstehen, führen zu Massekonzentrationen und zur Ausbildung fraktaler Strukturen auf der Oberfläche der Gas- und Staubwolken. Vor allem im Bereich von fingerartigen Materiezusammenballungen können Gruppen von Konzentrationszonen entstehen, aus denen bei weiterer Verdichtung Proto-Sterne hervorgehen (Abb. 41).

Die in verschiedenen Stadien im Weltall beobachtbare frühe Sternentwicklung zeigt zumeist solche Gruppen von Sternen, die etwa zeitgleich aus einer gemeinsamen Massenverdichtung am Rande großer Materiewolken gebildet werden (Abb. 42).

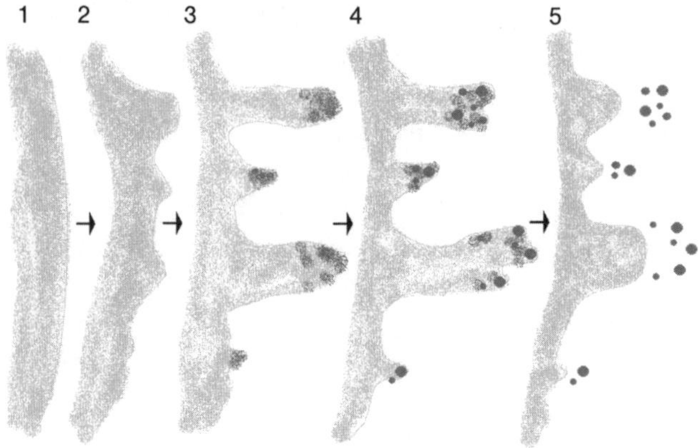

Abb. 41 Sternentstehung an der fraktalen Oberfläche weit ausgedehnter Gas- und Staubwolken.

Diese Beobachtung macht klar, warum innerhalb der Galaxien sehr viele Sterne nicht als statistisch verteilte Objekte, sondern in Form von offenen Sternhaufen etwa gleich alter Sterne auftreten. Beispiele solcher Sternhaufen stellen etwa die Hyaden oder die Plejaden im Sternbild Stier dar.

Hat einmal ein Verdichtungsprozess von Materie eingesetzt, so stürzt die Materie aufgrund der Gravitationswirkung immer weiter in sich zusammen. Die dabei frei werdende Gravitationsenergie wird in Form von Wärme freigesetzt, so dass sich die Materiewolke aufheizt.

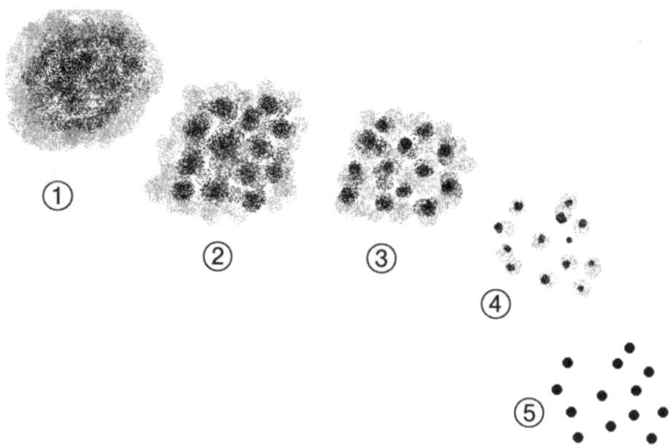

Abb. 42 Entstehung von offenen Sternhaufen aus großen Gas- und Staubwolken.

Bei geringeren Masseansammlungen gibt die Materiewolke mit zunehmender Kompression und Aufheizung mehr und mehr Wärme in Form von Wärmestrahlung ab und erreicht schließlich einen Zustand, in dem die Wärmestrahlungsleistung gleich der durch die Kontraktion freigesetzten Wärmeleistung ist. Das Objekt stellt einen im Infrarotbereich emittierenden Strahler dar. Solche Objekte, die in der Größe zwischen den größeren Planeten unseres Sonnensystems und kleinen Sternen liegen, werden als Braune Zwerge bezeichnet.

Oberhalb einer kritischen Masse, die unterhalb der Sonnenmasse liegt, kann die Verdichtung aber so weit erfolgen, dass durch die gravitationsbedingte Aufheizung die kritische Temperatur für das Einsetzen der thermonuklearen Reaktion von Wasserstoff zu Helium überschritten wird. Von diesem Zeitpunkt an wird Energie nicht mehr allein durch die Gravitationswirkung, sondern auch und vor allem durch den exothermen Kernprozess erzeugt. Die Aufheizung verstärkt sich und führt dazu, dass sich die Materiewolke wieder ausdehnt. Die Größe, die schließlich erreicht wird, ist durch den Gleichgewichtsradius bestimmt, bei dem sich die nach innen gerichteten Gravitationskräfte und der nach außen gerichtete Strahlungsdruck gerade die Waage halten (Abb. 43).

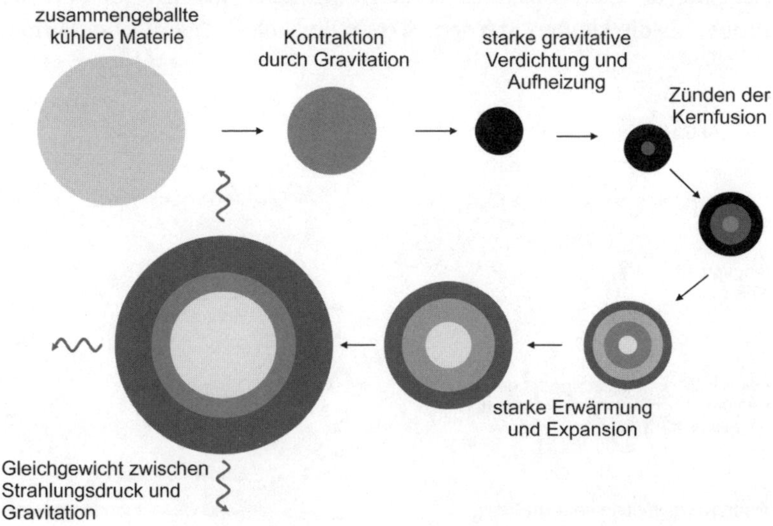

Abb. 43 Zünden der Kernfusion bei der Entstehung eines Sternes und Einstellung des stationären Zustandes (Fließgleichgewicht), in dem die Gravitation gerade durch den Strahlungsdruck kompensiert wird.

Innerhalb von Sternen, in denen die Wasserstoff-Fusion abläuft, wird die für die Fusion erforderliche hohe Temperatur nur in einer Zone im Inneren erreicht. Nach außen besteht ein Temperaturgradient. Die Oberflächentemperatur der Sterne ist viel niedriger als die Temperatur im Inneren. Die Temperatur und die Größe der Oberfläche legen jedoch fest, wie viel Energie ein Stern durch Strahlung nach außen abgibt (Abb. 44).

Die Ausdehnung eines Sterns wird demzufolge von seiner Wärmeleistung bestimmt. Diese ist wiederum von seiner Masse abhängig (Abb. 45).

Große Sterne sind in ihrem Inneren stärker komprimiert und weisen eine überproportional große Wärmeproduktion durch den Fusionsprozess auf. Die Konsequenz ist ein entsprechend großer Temperaturgradient, aber auch eine höhere Oberflächentemperatur, die dafür sorgt, dass der Stern durch Abstrahlung der Energie im thermodynamischen Fließgleichgewicht bleibt. Wegen der höheren Intensität der Kernprozesse verbrauchen die großen Sterne auch überproportional viel Wasserstoff. Es ist nicht nur der absolute Wasserstoffverbrauch höher als in kleineren Sternen, sondern auch der relative. Große Sterne altern deshalb viel schneller als kleinere. Größere Sterne, die beobachtet werden, sind daher im Allgemeinen viel jünger als die kleinen Sternen. Wegen der hohen Oberflächentempe-

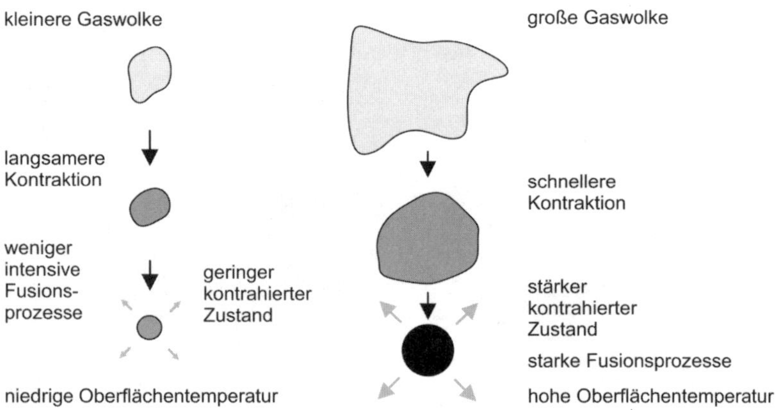

Abb. 44 Sternentstehung durch Kontraktion: einsetzende Kernprozesse und Abstrahlung; Kontraktion und Oberflächentemperatur bei der Entstehung großer und kleiner Sterne.

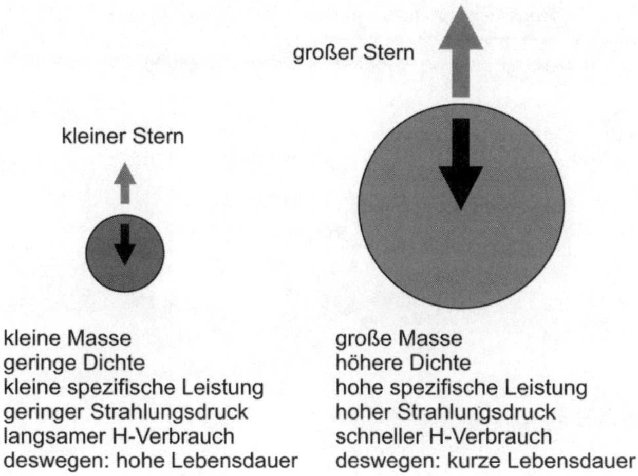

Abb. 45 Eigenschaften großer und kleiner Hauptreihensterne (Wasserstoff-Fusion).

ratur liegt ihr Strahlungsmaximum weiter im kurzwelligen Spektralbereich, d. h. auf der blauen Seite des Spektrums.

Kleine Sterne erzeugen in ihrem Inneren unverhältnismäßig wenig Wärme und verbrauchen unverhältnismäßig wenig Wasserstoff. Deshalb ist ihre Oberflächentemperatur niedriger als bei größeren Sternen und sie strahlen weniger Energie pro Zeit ab, wobei auch ihre Leistung pro Masse niedriger ist. Deshalb altern sie langsamer als große Sterne. Kleine Sterne sind deshalb im Allgemeinen auch älter als große Sterne. Ihr Emissionsmaximum liegt im längerwelligen Bereich, d. h. auf der roten Seite des Spektrums.

Die Masse eines Sterns ist demzufolge von großer Bedeutung für seine Strahlungscharakteristik und seine Lebensgeschichte. Der Zusammenhang zwischen Sterngröße bzw. Leuchtkraft und Oberflächentemperatur bzw. Spektralcharakteristik kann im Hertzsprung-Russel-Diagramm (Temperatur-Leuchtkraft-Diagramm) deutlich gemacht werden (Abb. 46).

Alle Sterne, in denen die Heliumerzeugung aus Wasserstoff der hauptsächlich energieliefernde Prozess ist, finden sich dort in einem leicht S-förmig geschwungenen Band, der Hauptreihe. Links stehen die großen, kurzlebigen, sehr stark und im ultravioletten bzw. blauen Spektralbereich strahlenden Sterne, die sogenannten Weißen Riesen wie z. B. Wega. In der Mitte finden wir die mittleren bis etwas kleine-

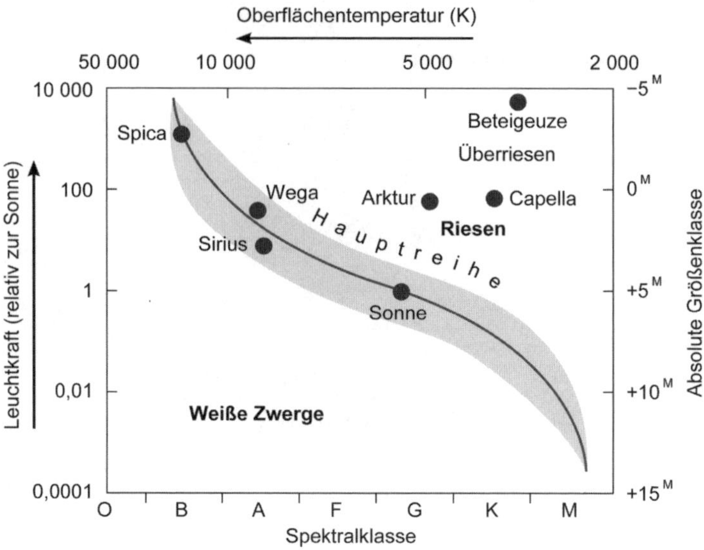

Abb. 46 Hertzsprung-Russel-Diagramm (Temperatur-Leuchtkraft-Diagramm) der Sterne.

ren Sterne wie unsere Sonne, die im mittleren Spektralbereich strahlen und eine höhere Lebenserwartung haben. Rechts stehen die kleinen, schwächer und im roten Spektralbereich strahlenden Sterne, die langlebigen Roten Zwerge wie z. B. Proxima Centauri (Abb. 47).

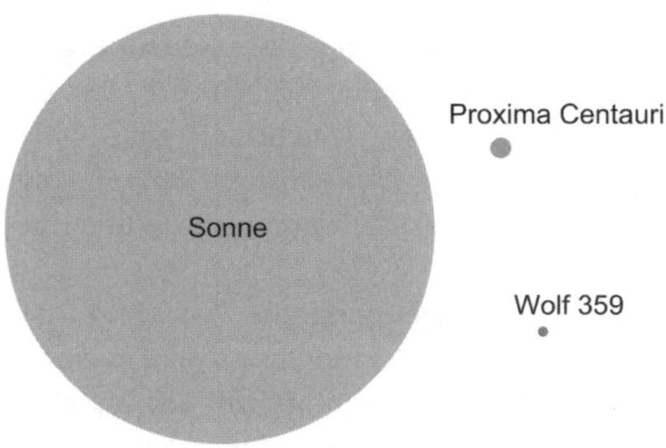

Abb. 47 Größenvergleich zwischen der Sonne und Roten Zwergen.

Die Bildung mittelschwerer Elemente

Solange ausreichend Wasserstoff zur Verfügung steht, kann ein Hauptreihenstern seine Größe, seine Temperatur und Strahlungsleistung aufrechterhalten. Mit der Zeit wächst jedoch der Anteil an Helium in seinem Inneren. Dieses nimmt einen immer größeren Teil des Kerns ein und verdünnt den im Kern enthaltenen Wasserstoff und verdrängt ihn und damit das Wasserstoffbrennen in äußere Bereiche. Sinkt nun die Temperatur wegen der nachlassenden Wasserstoffdichte unter den kritischen, für die Fusion erforderlichen Wert, so bricht dieser für die Energieerzeugung entscheidende Prozess ab. Es gelangt weniger Energie vom Inneren an die Oberfläche, und der Stern kühlt sich allmählich ab. Die Temperatur im Inneren sinkt, und auch die Strahlungsleistung vermindert sich. Der nachlassende Strahlungsdruck bedeutet, dass das thermodynamische Fließgleichgewicht gestört ist. Außerdem dominieren nun wieder die Gravitationskräfte über die thermischen Expansionskräfte. Der Stern zieht sich zusammen.

Bei fortschreitender Kontraktion wird der Stern aufgrund der frei werdenden Gravitationsenergie wieder heißer. Wegen des geringeren Durchmessers und der dadurch verminderten Oberfläche bleibt aber trotz der höheren Oberflächentemperatur die absolute Strahlungsleistung klein, da die abgestrahlte Energie sich proportional zur Oberfläche verhält. Dadurch verliert der Stern trotz der Emission seine durch die gravitationsbedingte Kontraktion freigesetzte Energie nur allmählich. Bei mittlerer oder geringer Masse (weniger als etwa 1,4 Sonnenmassen) reicht die Temperatur nicht aus, um erneut eine thermonukleare Reaktion zu zünden. Die fortschreitende Kontraktion lässt die Dichte stark ansteigen. Der extrem geschrumpfte und verdichtete Stern bleibt lange heiß und strahlt kurzwelliges Licht von seiner Oberfläche ab. Man bezeichnet solche unterhalb der Hauptreihe im Hertzsprung-Russel-Diagramm stehenden Sterne als Weiße Zwerge.

Ist der Stern jedoch schwer (mehr als 1,4 Sonnenmassen), dann kann die Kontraktion und die dadurch in seinem Inneren ablaufende Aufheizung soweit voranschreiten, dass Temperaturen erreicht werden, bei denen die Heliumkerne eine thermonukleare Reaktion eingehen. Sterne ausreichend großer Masse zünden das Heliumbrennen bereits, bevor das Wasserstoffbrennen im Außenbereich völlig zum Erliegen gekommen ist.

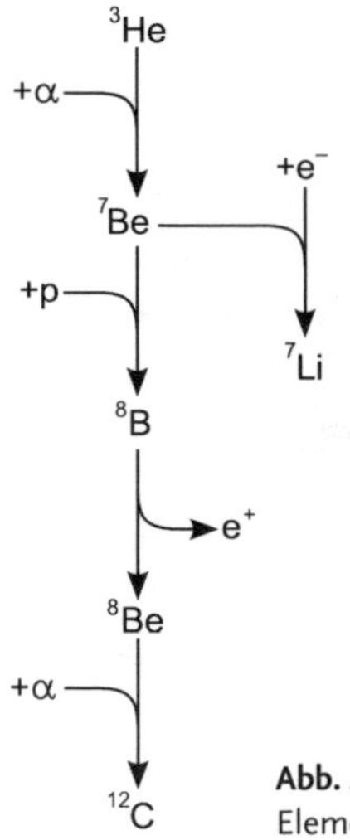

Abb. 48 Kernreaktionen beim Heliumbrennen, die zur Bildung neuer Elemente führen.

Beim sogenannten *Heliumbrennen* entstehen aus Heliumkernen Kohlenstoffkerne. Daneben treten verschiedene Lithium-, Beryllium- und Borisotope auf (Abb. 48).

Wenn das Heliumbrennen zündet, erwärmt sich der Stern wieder. Wegen der hohen Dichte der Materie erfolgt die Erwärmung der Außenbereiche rasch. Die wasserstoffreiche Hülle wird beinahe explosionsartig aufgebläht und nach außen getrieben. Dadurch vergrößert sich der Durchmesser des Sterns um ein Vielfaches. Wegen des großen Durchmessers und der geringen Dichte des Materials im Außenbereich ist die Oberflächentemperatur des aufgeblähten Sterns erheblich niedriger als bei einem Hauptreihenstern gleicher Masse, obwohl die Temperatur in seinem Inneren, wo die Heliumfusion abläuft, viel höher ist. Wegen der enorm großen Oberfläche stellt der Stern einen Riesenstern mit einer sehr hohen Leuchtkraft dar. Im Verhältnis zu dieser Leuchtkraft ist seine Emission jedoch sehr langwellig. Man spricht deshalb von einem *Roten Riesen*. Die Ausdehnung solcher Sterne kann sehr viel größer als die Ausdehnung der Sonne sein. Trotz geringerer Oberflächentemperatur treten auf Grund der riesigen Oberfläche sehr große Strahlungsleistungen auf (Abb. 49).

Während des Heliumbrennens sammelt sich im Zentrum des Sterns der gebildete Kohlenstoff als »Asche« des thermonuklearen Fusionsvorganges an. Dieser Kern ist von einer Schale umgeben, in der die Heliumfusion abläuft. Daran schließt sich nach außen eine

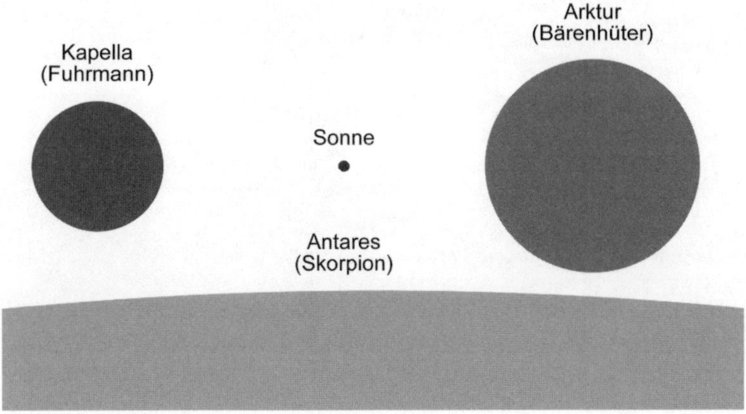

Abb. 49 Größenvergleich zwischen der Sonne und einigen Roten Riesen.

heliumreiche Schale an, deren Temperatur nicht mehr ausreicht, damit eine Fusion vonstatten geht. Bei ausreichend hoher Masse kann es außerhalb der Heliumschale noch eine wasserstoffbrennende Schale geben. Außen liegt immer eine wasserstoffreiche Schale, in der keine thermonuklearen Prozesse ablaufen (Abb. 50).

Nach dem Verbrauch des Heliums kann sich ein ähnlicher Kontraktionsprozess wie nach dem Wasserstoffbrennen vollziehen, der mit einer neuerlichen Zündung weiterer nuklearer Prozesse einher-

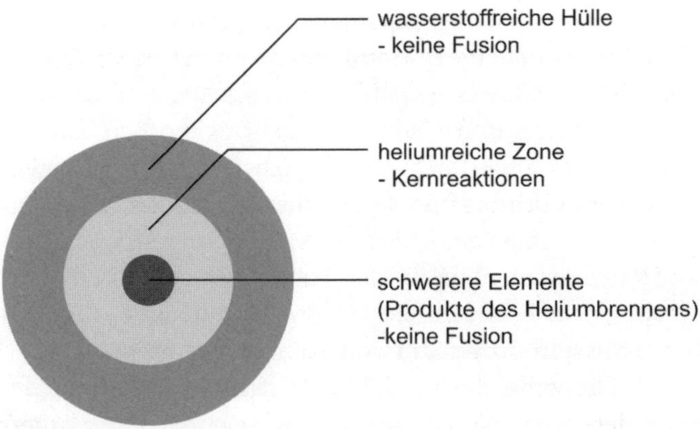

Abb. 50 Schalenaufbau eines Sternes während des Heliumbrennens.

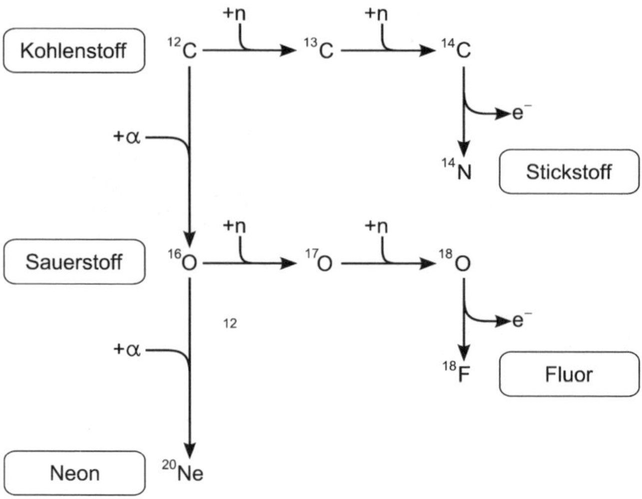

Abb. 51 Bildung von schwereren Isotopen der zweiten Periode.

geht, die dann zur Bildung von Stickstoff und vor allem Sauerstoff führen. Durch Einfang kleiner Teilchen entstehen mit Fluor und Neon schließlich auch die beiden schwersten Elemente der zweiten Periode des Periodensystems. So verdanken wir den stellaren Prozessen der Hauptreihe die Bildung von Helium aus Wasserstoff, den Roten Riesen vor allem die Entstehung der Elemente der zweiten Periode (Abb. 51).

Unter den gebildeten Isotopen zeichnen sich ^{16}O und ^{12}C durch eine besonders hohe Bildungsenergie und eine besonders hohe Stabilität aus. Deshalb ist es nicht überraschend, dass Kohlenstoff und Sauerstoff neben Wasserstoff und Helium die häufigsten Elemente im Universum sind. Auch Stickstoff ist vergleichsweise stabil und stellt nach dem Kohlenstoff das fünfthäufigste Element dar. Mit Blick auf die stoffliche Grundlage lebender Systeme ist bemerkenswert, dass es im Weltall an den Elementen, die den Hauptbestandteil in den organischen Verbindungen bilden, die Lebewesen aufbauen, nämlich Kohlenstoff, Wasserstoff, Sauerstoff und Stickstoff, nicht mangelt.

Die Kerne der Elemente, die sich bilden, entstehen als verschiedene Isotope infolge eines Vereinigungsprozesses, bei dem unterschiedliche Zahlen von Nukleonen zu Atomkernen verschmelzen. So gehen die Bausteine unserer stofflichen Welt aus einer Integration von Elementarteilchen hervor. Die thermodynamischen Voraussetzungen dieser Integration sind das Unterschreiten einer thermischen Energie, die der Gleichgewichtstemperatur der Kernspaltung entspricht und damit eine Kondensation der Teilchen überhaupt erst zulässt, und das Überschreiten einer Aktivierungsbarriere, die die Kernfusion gestattet und die für eine bestimmte Geschwindigkeit des Integrationsprozesses sorgt. Die beiden Energien können als Grenzen eines Fensters auf der Energie- bzw. Temperaturskala für die Bildung der leichten Elemente verstanden werden. Der erste Wert legt bei abnehmender Temperatur fest, ab wann es überhaupt zur Integration von Elementarteilchen zu Elementen kommen kann. Der zweite Wert bestimmt, bis zu welcher Temperatur noch mit einer relevanten Prozessgeschwindigkeit der Elementbildung gerechnet werden darf. In einem völlig homogenen Weltall würde heute wegen der dort herrschenden niedrigen Temperatur keine Elementbildung mehr ablaufen. Die Tatsache, dass aus dem reichlich vorhandenen Wasserstoff ständig mehr schwere Elemente gebildet werden, verdanken wir den enormen Energiedichte- und Temperaturunterschieden im Universum.

Die Entstehung schwerer Elemente

Die Bildung von Elementen oberhalb der zweiten Periode des Periodensystems erfolgt durch weitere Integration von Protonen sowie Bildung und Integration von Neutronen. Mit wachsender Ordnungszahl wächst dabei auch die für die entsprechende Fusion nötige Aktivierungsenergie, so dass die schwereren Elemente nur in Sternen größerer Masse entstehen.

Tendenziell steigt mit zunehmender Masse die Energie, die bei der Bildung der Atomkerne aus der Vereinigung von Protonen und Neutronen freigesetzt wird. Je größer diese Energie ist, umso stabiler ist der entsprechende Atomkern. Dieser Zusammenhang ist jedoch keine monotone Funktion der Masse. Vielmehr wird die Stabilität durch die geometrischen, d. h. die zahlenmäßigen Verhältnissen der beteiligten Baryonen im Atomkern bestimmt. Bestimmte Anzahlen führen zu besonders stabilen Kernen. Dabei spielen sowohl die Protonenzahl als auch die Gesamtzahl der Kernteilchen eine Rolle. Besonders stabil sind Kerne, die 2, 8, 10, 14 oder 28 Protonen oder Neutronen enthalten. Solche Kerne werden auch *magische Kerne* genannt. Doppelt magische Kerne gehören zu den stabilsten überhaupt. So ist unter den leichten Kernen das Alphateilchen (^{4}He) besonders stabil, bei den Kernen der zweiten Periode der Kern des Sauerstoffisotops ^{16}O. Je stabiler ein Kern ist, umso größer ist auch die Häufigkeit seiner Bildung in den thermonuklearen Prozessen. Bei den schwereren Elementen stellen z. B. ^{28}Si und ^{56}Fe besonders häufig gebildete Kerne dar. Es ist jedoch zu berücksichtigen, dass mit zunehmender Anzahl von Protonen immer mehrere Neutronen vorhanden sein müssen, um trotz der hohen Dichte positiver Ladung eine ausreichende Bindung zwischen den Kernteilchen zu erreichen. Deshalb finden wir bei den leichteren Elementen ungefähr die gleiche Anzahl von Protonen und Neutronen im Atomkern, während schwerere Elemente einen zunehmenden Neutronenüberschuss aufweisen.

Damit schwerere Elemente gebildet werden, sind Sterne nötig, in denen das *Sauerstoffbrennen* zünden kann. Ist der Stern nach dem Kohlenstoffbrennen zu leicht, so kann in seinem Inneren die zum Sauerstoffbrennen nötige Temperatur nicht mehr erreicht werden, und er scheidet als Lieferant schwerer Elemente aus. Bei hinreichender Masse kann bei entsprechender gravitationsbedingter Verdichtung die für die Fusion von Sauerstoffkernen nötige Aktivierungsbarriere überschritten werden, und es bilden sich Elemente der dritten Periode.

Bei diesen Fusionsprozessen entsteht nicht nur ein einziges neues Element, sondern stets eine ganze Gruppe von Elementen mit mehreren Isotopen, die in einem gewissen Massenzahlbereich liegen. Das hat damit zu tun, dass neben der Vereinigung zweier Kerne zu einem schwereren Kern eine ganze Reihe weiterer Kernprozesse ablaufen, die die Massenzahlen um Werte zwischen −4 und +4 und Ordnungszahlen um Werte zwischen −2 und +2 verschieben. Diese vergleichsweise langsam ablaufenden Prozesse (*slow synthesis*, s-Prozess) sind z. B. der Einfang oder die Abspaltung von Protonen oder Alphateilchen, aber auch der Betazerfall, bei dem bei gleichbleibender Massenzahl die Ordnungszahl um eins steigen oder sinken kann. So ergeben sich aus einer bestimmten Phase der Elementsynthese durch thermonukleare Prozesse die Isotope einer ganzen Familie. Massenzahländerungen ohne Änderung der Kernladung führen zur Entstehung von Isotopen des Ausgangskerns. Bei gleichzeitiger Änderung der Massen- und der Ordnungszahl entstehen Atome von Elementen aus der Nachbarschaft des Ausgangskerns (Abb. 52).

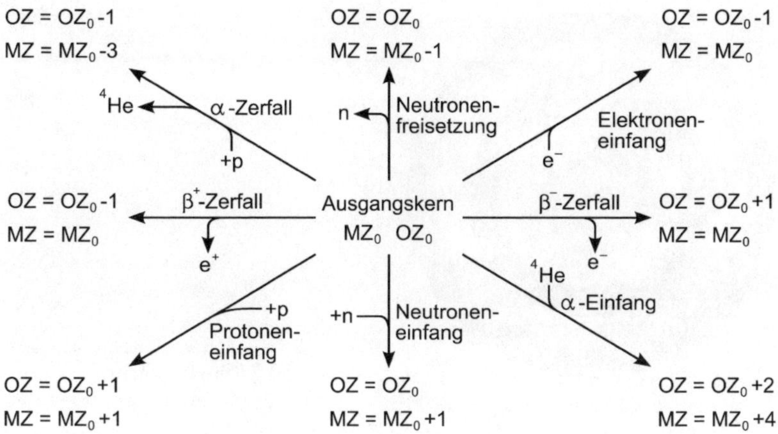

Abb. 52 Bildung von „Isotopfamilien« durch Änderung von Masse- und Ordnungszahlen bei Kernprozessen.

Es hängt von der Größe der Sterne ab, wie der Übergang zwischen den Fusionsphasen abläuft. Bei hohen Massen können im Inneren – im Material der »Asche«, d. h. des Produktes des ursprünglichen Fusionsprozesses – bereits Verdichtungen auftreten, die den neuen Prozess zünden, bevor der alte Prozess in einer außerhalb liegenden Schale völlig zum Erliegen gekommen ist. In solchen Fällen erfolgt der Übergang zwischen den Phasen kontinuierlicher. Ist die beim Erschöpfen des »Brennstoffs« verbliebene Masse dagegen nahe am kritischen Limit, so muss die gravitative Kontraktion weit fortschreiten, bevor der nachfolgende Prozess zündet. Die Fusionsprozesse kommen weitgehend oder ganz zum Erliegen und das Neuzünden der Fusion entspricht einem explosionsartigen Prozess.

Jedes Zünden eines neuen Fusionsprozesses ist mit der Einstellung eines neuen stationären Zustandes des Sternes verbunden. Es wird von einer Ausdehnung des Sternes, dem Aufbau neuer Temperaturgradienten und der Ausbildung eines neuen Gleichgewichts zwischen Gravitation und Strahlungsdruck begleitet. Im Stern bildet sich eine Zwiebelschalenstruktur heraus (Abb. 53)

Jeder Prozess, der mit einer vergleichsweise plötzlichen und starken Erhöhung der Energiefreisetzung verbunden ist, geht mit der Entstehung einer oder mehrerer Stoßwellen einher, die nach außen laufen. Diese können die äußeren Bestandteile des Sternes weit aufblähen oder auch große Teile des äußeren Materials des Sterns ganz

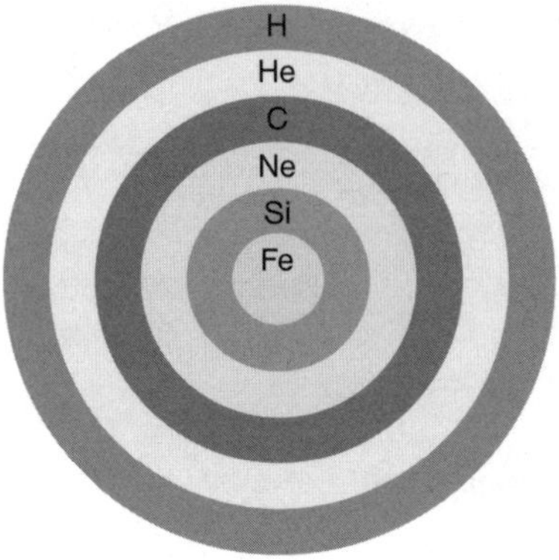

Abb. 53 Schalenaufbau eines Sterns während des Siliziumbrennens.

absprengen und als große Plasma- und Gaswolke zentrifugal wegtreiben. So ist jede Zündung eines neuen Fusionsprozesses auch mit einem mehr oder weniger starken Masseverlust des Himmelskörpers verbunden. Die Größe des Masseverlustes bestimmt, welche Masse verbleibt und ob der Stern gegebenenfalls weitere Phasen von Fusionsprozessen durchlaufen kann.

Reicht schließlich die Masse für die Zündung eines neuen Fusionsprozesses nicht mehr aus, nach dem ein Kernbrennstoff aufgebraucht ist, so steuert jeder Stern auf das Schicksal eines Weißen Zwerges zu. Dieser kann mit kleiner Fläche bei immer weiterer Kontraktion zwar noch lange nachleuchten, wird schließlich aber bei zunehmender Verdichtung seiner Materie allmählich in Dunkelheit versinken. Mit sinkender Temperatur werden die Atomkerne und die Elektronen immer stärker aneinander gekoppelt. Durch die hohen Gravitationskräfte entsteht eine extrem verdichtete Materie, in der die Atomhüllen etwa auf ein Hundertstel des Durchmessers zusammengedrückt sind, wie es der normalen kondensierten Materie auf der Erde entspricht. Dadurch verkürzt sich der mittlere Abstand der Atomkerne um den gleichen Faktor, und die Dichte steigt auf etwa das Millionenfache der Dichte konventioneller Materie an. Ein würfelzuckergroßes Stück solcher Materie wiegt etwa eine Tonne, eine Handvoll entspricht dem Gewicht einer Lokomotive.

Die Integration von Nukleonen zu immer schwereren Atomkernen geht solange vonstatten, wie die aus der entstehenden Bindung frei werdende Energie den Prozess der Vereinigung treibt. Das trifft auch noch für das *Siliziumbrennen*, also die Fusion von Kernen der Massenzahlen um 28, zu. Bis zur Massenzahl 56 ist die Kernentstehung exotherm, also energieliefernd.

Liegen in einem Kern 56 Nukleonen vor, so wird ein besonders stabiler Zustand erreicht. Eine weitere Zuführung von Nukleonen führt zu keiner weiteren Freisetzung von Energie. Grundsätzlich können zwar schwerere Kerne entstehen. Bei ihrer Bildung wird aber keine Energie mehr frei, sondern es muss statt dessen Energie aufgewendet werden, d. h. die Kernbildung wird endotherm. Das bedeutet eine völlige Umkehr im Mechanismus. Während exotherme Prozesse sich – wenn sie einmal gestartet sind – wegen der extremen Energiefreisetzung selbst unterhalten und weiter aktivieren, laufen endotherme Prozesse nur ab, wenn laufend weiter Energie zugeführt wird. Die Bildung schwererer Kerne als Eisen, Kobalt und Nickel ist deshalb an einen speziellen energieliefernden Prozess gebunden und kann daher nicht in normalen Sternen ablaufen.

Nach heutigen Vorstellungen ist wahrscheinlich nur eine Supernovaexplosion in der Lage, die für die Bildung der schweren Elemente nötigen Energien bereitzustellen und die notwendige Materie- und Energiedichte zu realisieren. Eine solche Supernovaexplosion kommt zustande, wenn ein Gravitationskollaps eintritt, der zu einer Verdichtung der Materie führt, die die Dichte der degenerierten Materie in Weißen Zwergen noch weit übertrifft. Dieser Fall tritt offensichtlich regelmäßig ein, wenn beim Siliziumbrennen ein Eisen-Nickel-Kern gebildet wurde, dessen Masse mehr als etwa vier Sonnenmassen beträgt. Wenn der Fusionsbrennstoff zur Neige geht und der sich daraus ergebende Strahlungsdruck nachlässt, stürzt der Kern des Himmelskörpers immer weiter in sich zusammen. Die enorme Gravitation sorgt dafür, dass dieser Kontraktionsprozess nicht auf dem Niveau der degenerierten Atome stehenbleibt, sondern die Atomkerne in engen Kontakt kommen. In dieser Phase entstehen zahlreiche Neutronen neu, und es baut sich eine sehr hohe Dichte von Atomkernen und Neutronen auf. Alle Teilchen sind wegen der herrschenden Temperaturen extrem hoch aktiviert. Schließlich vereinigen sich im innersten Bereich des Sterns riesige Anzahlen von Elektronen, Protonen und Neutronen zu einem gigantischen »Superatomkern«, der im Wesentlichen nur noch Neutronen enthält. Bei dessen Entstehung werden jedoch auch Kerne mit Massenzahlen oberhalb der des Eisens gebildet, die nach außen entweichen können. So wird der zusammenstürzende Eisen-Nickel-Kern zur Synthesemaschine für die schweren Ele-

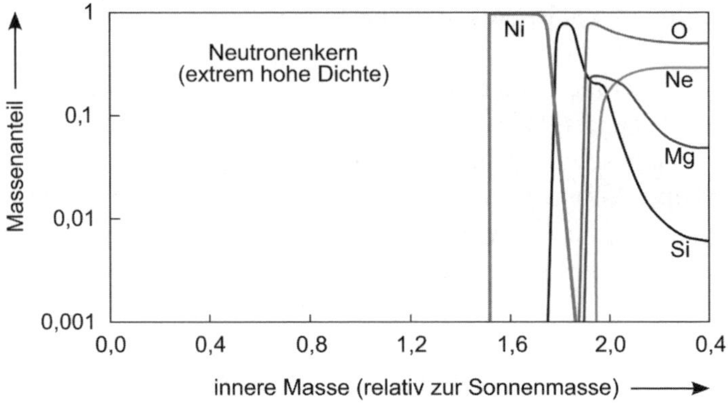

Abb. 54 Massenanteil-Diagramm einer Supernova (Bildung eines Neutronensterns).

mente. Es bildet sich ein weites Spektrum von Isotopen, von denen diejenigen überleben, die stabil sind bzw. hinreichend lange Halbwertszeiten besitzen. Im Gegensatz zu der sonst nach Jahrmillionen zählenden Sternentwicklung vollzieht sich die Ausbildung der Supernova mit ihrem Neutronenkern innerhalb weniger Stunden. Dabei wird wieder ein zwiebelschalenartiger Aufbau ausgebildet (Abb. 54).

Langsame Prozesse des Einfangs von Protonen, Neutronen oder Alphateilchen reichen für diese Elementsynthese nicht aus. Damit es zu größeren Sprüngen in der Massen- und Ordnungszahl kommt, muss auch auf der elementaren Ebene ein neuer Mechanismus greifen (Abb. 55). Dieser Mechanismus wird als schnelle Synthese (*rapid synthesis*, r-Prozess) bezeichnet:

leichter Kern + n Neutronen → schwerer Kern

Die Vereinigung einer größeren Anzahl von Neutronen (einige zehn bis hundert) mit einem Atomkern muss so schnell erfolgen, dass der reagierende Kern zwischenzeitlich nicht wieder zerfallen kann. Das setzt Temperaturen über einer Milliarde Grad und gleichzeitig eine Neutronendichte über 3×10^{25}cm^{-3} voraus. Dazu muss ein extrem hoher Druck herrschen. Diese Werte werden nur beim Zusammenstürzen der schweren Eisen-Nickel-Sterne erreicht. In den äußeren Bereichen des Kerns läuft innerhalb kurzer Zeit (Stunden bis Tage) in ei-

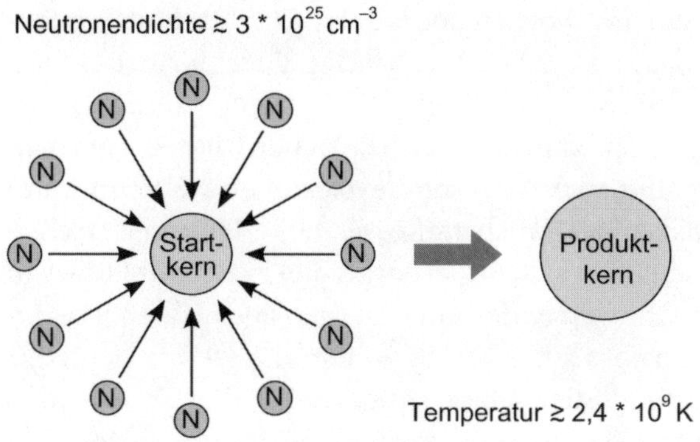

Abb. 55 Nukleosynthese im r-Prozess: Entstehung schwerer Elemente.

nem explosionsartigen Prozess die Elementbildung ab. Die Wandlung der leichten in die schweren Kerne muss abgeschlossen sein, bevor der ungeheure Druck das Material nach außen treiben und in die Umgebung des Sterns schießen kann. Die dazu benötigte Energie muss in kürzester Zeit auf vergleichsweise kleinem Raum freigesetzt werden. Das kann nur der Gravitationskollaps der zentralen Bereiche des Kerns leisten, indem sich die Atomkerne mit der Elektronenwolke zu kondensierten Neutronen verdichten. Bei diesem Prozess verschwindet der Abstand zwischen den Atomkernen, so dass ein linearer Kompressionsfaktor von nochmals etwa 1.000 gegenüber der degenerierten Materie der Weißen Zwerge erreicht wird, was einer linearen Kontraktion von etwa 10^5 gegenüber normaler kondensierter Materie oder einer Volumenkontraktion von etwa 10^{15} entspricht. Ein Volumen von der Größe eines Würfelzuckerstückes hat die Masse von etwa einer Milliarde Tonnen, d. h. eines großen Berges. Ein stecknadelkopfgroßes Stück solcher Materie wiegt mehr als ein beladener Supertanker.

Die bei dieser enormen Kontraktion freiwerdende Energie treibt nicht nur die Synthese der schweren Elemente. Zugleich wird ein erheblicher Teil der Masse des Himmelskörpers innerhalb kürzester Zeit in Energie umgewandelt, die in das Weltall abgestrahlt wird. Während ein Stern wie die Sonne etwa 10 Milliarden Jahre braucht, um die aus der Wasserstoff-Fusion freigesetzte Energie durch seine fortwährende Strahlung ins Weltall zu senden, wird die Energie des kollabierenden schweren Eisen-Nickel-Kerns als Supernovaexplosion innerhalb einiger Tage bis Wochen abgestrahlt. Die Strahlungsintensität beträgt dabei das etwa 10^{11}- bis 10^{13}-fache einer normalen Sternenstrahlung und erreicht damit die gleiche Größenordnung wie die Strahlungsleistung einer ganzen Galaxis. Wegen dieser enormen Strahlungsleistung sind auch Supernovaexplosionen weit entfernter Sterne unserer Galaxis, der Milchstraße, als helle Himmelserscheinungen sichtbar und lassen sich Supernovaexplosionen mit Hilfe von Teleskopen auch in sehr weit entfernten Galaxien beobachten. Das Erscheinen einer Supernova im Jahre 1054, deren Rest wir heute als Krebsnebel im Sternbild Stier sehen, muss für die damals lebenden Menschen ein eindrucksvolles und zugleich beängstigendes Himmelsereignis gewesen sein.

Der enorme Druck der Stoßwelle treibt das Material um den Kern mit hoher Geschwindigkeit nach außen. Daraus entsteht ein sich rasch ausbreitender, sich verdünnender, leuchtender Plasmanebel. Ehemalige Supernovaexplosionen sind deshalb am Himmel als derartige Nebel sichtbar. Mit der Ausbreitung des Nebels transportiert der Stern die von ihm synthetisierten schweren Elemente in die kosmische Umgebung.

Zurück bleibt der restliche Kern mit der enorm dichten Ansammlung von Neutronen, der Neutronenstern. Derartige Neutronensterne finden sich offensichtlich relativ zahlreich im Universum. Sie sind meist als Begleiter eines leuchtenden Sterns durch ihre Gravitationswirkung innerhalb eines Doppel- oder Mehrfachsternsystems nachweisbar.

Übersteigt die Masse des Neutronensterns etwa drei Sonnenmassen, so unterschreitet er den für seine Masse zulässigen Schwarzschildradius. Dieser Radius ($R = 2\ G \times m/c^2$) bezeichnet die Grenze, bei der die Gravitationswirkung so stark wird, dass auch Licht nicht entrinnen kann. Ein solcher Kern stellt dann ein Schwarzes Loch dar (Abb. 56). Die ursprüngliche Masse des Hauptreihensterns, aus dem ein stellares Schwarzes Loch entsteht, muss mindestens etwa eine Größenordnung über der Masse unserer Sonne liegen, damit sich ein solches Schwarzes Loch herausbilden kann.

Da unsere Erde und mit ihr auch die anderen Planeten, die Monde und die Sonne schwere Elemente, d.h. Elemente mit Ordnungszahlen deutlich oberhalb von Eisen und Nickel, enthalten, muss die Materie, aus der unser Sonnensystem besteht, schon mindestens einen Synthesezyklus innerhalb einer Supernova durchlaufen haben. Un-

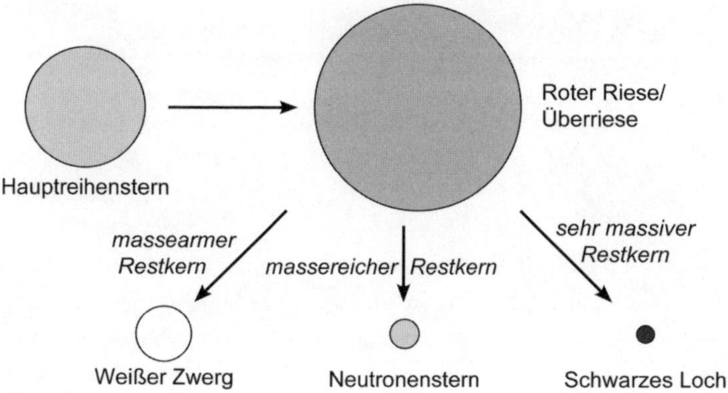

Abb. 56 Massenabhängiges Schicksal eines Roten Riesen.

sere Sonne ist ein Stern der zweiten oder einer späteren Generation. Das Blei unserer Akkumulatoren, das Gold des Schmuckes, unser Quecksilber, das Silber in den Münzen, das Uran, das in Kernkraftwerken eingesetzt wird, und viele andere Metalle, aber auch die schweren Nichtmetalle müssen Produkte einer früheren Supernovaexplosion sein. Da Spuren von Schwermetallen und schweren Nichtmetallen wie etwa Jod auch eine physiologisch wichtige Rolle spielen, ist auch das Leben in der Form, wie wir es kennen, zwingend auf die Elementsynthese in Supernovae angewiesen.

Unklar ist, ob das Periodensystem der chemischen Elemente mit den Transuranen endet. Mit weiter steigender Ordnungszahl werden die Kerne immer instabiler, und auch eine zunehmende Zahl von Neutronen führt nicht zu einer längerfristigen Stabilität. Es wird jedoch für möglich gehalten, dass bei einer deutlich höheren Anzahl von Kernteilchen noch neue »Inseln« der Kernstabilität, d. h. Gruppen von stabilen Isotopen in der Umgebung sehr instabiler, bestehen. Solche Stabilitätsinseln sind nur denkbar, wenn spezielle Symmetrieeffekte im Atomkern zur Absenkung der Energie der Kerne beitragen. Die Tatsache, dass es weder einen Nachweis in irdischen oder kosmischen Mineralien noch aus Kernreaktoren oder Beschleunigern und auch nicht aus astrophysikalischen Messungen gibt, deutet aber darauf hin, dass es diese vermuteten Stabilitätsinseln vielleicht doch nicht gibt.

5 Die Bildung chemischer Verbindungen

Reaktionen in thermischen Plasmen

Bei hohen Temperaturen liegen alle Stoffe in Form von Plasmen vor. In Abhängigkeit von der Art der Aktivierung gibt es thermische und kalte Plasmen (Abb. 57). Oberhalb von Temperaturen, die der Bindungsenergie zwischen den Atomen entsprechen, zerfallen Moleküle und Festkörper in ihre Atome. Die Atome selbst verlieren die am schwächsten gebundenen, d. h. die äußeren, Elektronen.

Die einzelnen chemischen Elemente sind zwar durch die Zahl der Protonen in den Kernen ihrer Atome klar definiert. Die Zahl der Protonen bestimmt auch die grundsätzlichen chemischen Eigenschaf-

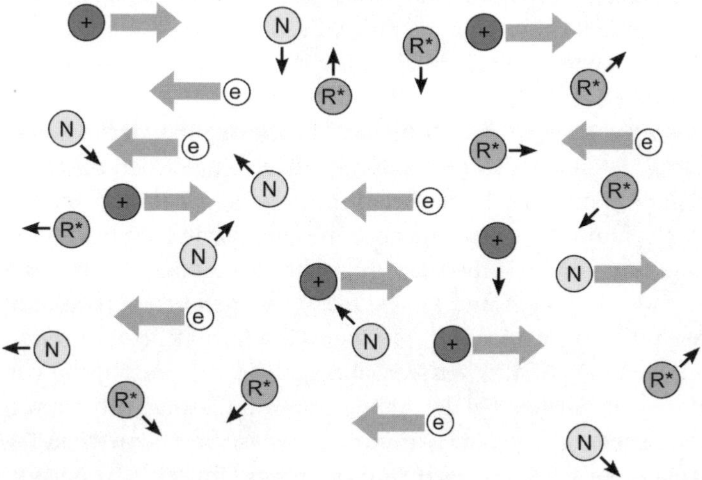

Abb. 57 Teilchen in mäßig und stark aktivierten thermischen und »kalten« Plasmen.

Vom Urknall zum Cyberspace. Michael Köhler

ISBN 978-3-527-32577-1

ten, die man von den einzelnen Atomsorten erwarten darf. Da die Atome jedoch in den Plasmen Elektronen verloren haben, liegen sie in Form von Kationen vor. Die Zahl der für das Zustandekommen von chemischen Bindungen zuständigen Elektronen ist reduziert. Unter Umständen – bei starker thermischer Aktivierung, vor allem bei Elementen der ersten Hauptgruppen – sind gar keine Außenelektronen vorhanden, die sich an Bindungen beteiligen könnten. Die Konsequenz ist, dass die Atome in den Plasmen viel weniger ihre spezifischen chemischen Eigenschaften in die Wechselwirkung mit anderen Teilchen einbringen als die ungeladenen Atome. Kurzzeitig zustande kommende Gruppierungen aufgrund positiver Wechselwirkungen zerfallen außerdem wegen der hohen kinetischen Energie der Teilchen nach kürzester Zeit wieder.

Mit der Abkühlung von Plasmen sinken jedoch sowohl der Ionisationsgrad als auch die kinetische Energie der Teilchen. Einfach geladene und ungeladene Atome spielen mit abnehmender Temperatur eine immer größere Rolle. Mehrfach ionisierte Teilchen werden immer seltener. Bindende Wechselwirkungen zwischen Atomen können dadurch immer mehr zum Tragen kommen. Es entstehen Atomaggregate durch elektronische Wechselwirkung, d. h. durch Bildung von Elektronenpaaren, die gemeinsam die Ladung von zwei Atomrümpfen teilweise oder ganz kompensieren, d. h. es kommt zur Bildung von Molekülionen und Molekülen. Über Wasserstoffatome bilden sich schließlich Wasserstoffmoleküle (Abb. 58). Daneben läuft die Bildung weiterer Spezies ab, die Wasserstoffatome enthalten (Abb. 59).

Die Gesetze, nach denen Atome und Ionen miteinander in Wechselwirkung treten, werden durch den Aufbau von Teilchen nach den Regeln der Quantenmechanik bestimmt. Sie gelten mithin für das ganze Universum. Insofern sind auch die chemischen Eigenschaften der Ionen und Atome universell. Auch die Reaktionen, die zur Bildung der Molekülionen und Moleküle führen, gehorchen damit auf der Erde und im Kosmos den gleichen Gesetzen. Trotzdem unterscheiden sich die chemischen Verhältnisse, die zur Entstehung von mehratomigen Teilchen bei der Abkühlung von Plasmen führen, von den Prozessbedingungen, die wir normalerweise bei chemischen Reaktionen auf der Erde – sei es im Alltag, in der Umwelt oder auch in klassischen industriellen Reaktoren – vorfinden. Das liegt daran, dass die meisten praktisch genutzten Prozesse der Stoffwandlung in der

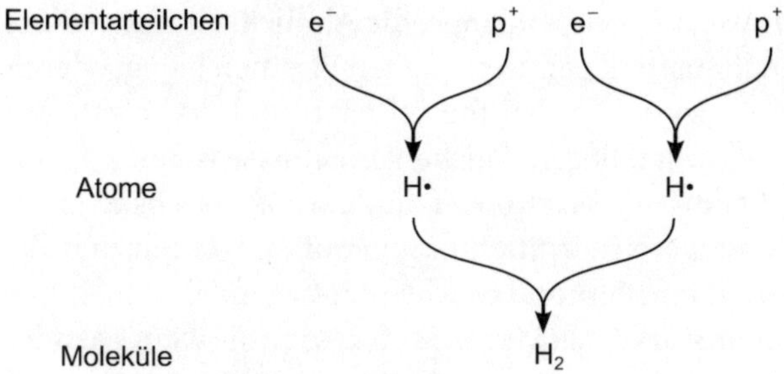

Abb. 58 Bildung eines Wasserstoffmoleküls aus Protonen und Elektronen.

chemischen Technik keine thermischen Plasmen benutzen. Die allermeisten Reaktionen laufen bei moderaten Temperaturen ab, bei denen zumeist kondensierte Phasen vorliegen oder, wenn Gasreaktionen ablaufen, der Ionisationsgrad extrem niedrig ist. Plasmen kommen in der Industrie zumeist als kalte Plasmen zum Einsatz, in denen die Ionisation nicht durch thermische Aktivierung, sondern durch die Einkopplung elektrischer Wechselfelder vorgenommen wird. In solchen Plasmen besitzt nur ein Teil der Teilchen hohe kinetische Energie, ein anderer liegt bei kinetischen Energien, die der Umgebungstemperatur entsprechen, vor. Sich abkühlende thermische Plasmen führen dadurch auch partiell zu anderen chemischen Reaktionen, als es den von kalten Plasmen gewohnten Verhältnissen entspricht.

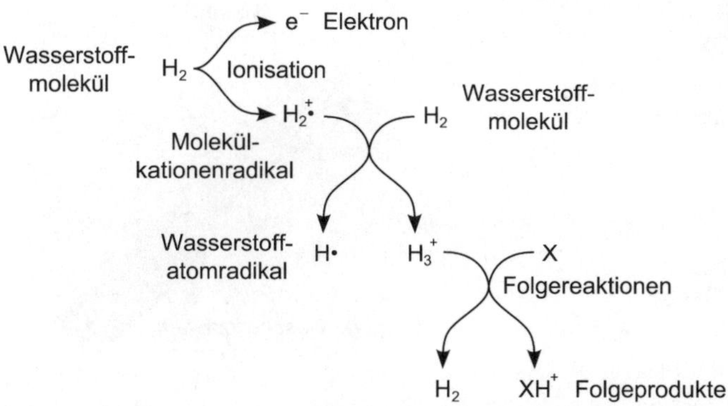

Abb. 59 Elementare kosmische Wasserstoff-Chemie.

Es gibt aber im Weltall auch Vorgänge, die Ähnlichkeit mit den Bedingungen in den industriell genutzten kalten Plasmen haben oder in ihren Eigenschaften zwischen den thermischen und den elektrisch aktivierten kalten Plasmen liegen. Solche Verhältnisse treten z. B. am Rand von kalten Staub- und Gaswolken auf, die aus der kosmischen Umgebung von energiereicher Strahlung getroffen werden und deren Teilchen dadurch ionisiert und beschleunigt werden.

Außerdem laufen starke Aktivierungsprozesse mit weitgehender Ionisation von Teilchen ab, wenn zwei schnell bewegte Gas- und Staubwolken aufeinandertreffen, einander durchdringen und es dadurch zu Stößen zwischen den Teilchen beider Gas- und Staubwolken kommt (Abb. 60).

Bei Relativgeschwindigkeiten der Gas- und Staubwolken von 10 km/s oder sogar mehreren 10 km/s entspricht die kinetische Teilchenenergie, bezogen auf die Relativbewegung von zwei Teilchen der beiden verschiedenen Wolken, Temperaturen von mehreren tausend Kelvin (Abb. 61).

Die chemischen Spezies, die durch plasmachemische Prozesse in den großen Gaswolken im Universum gebildet werden, lassen sich aufgrund ihrer spektralen Eigenschaften identifizieren. In verdünnten Gasen sind die Infrarotabsorptions- und Emissionsspektren durch scharfe Linien gekennzeichnet, die für die Massen der in den

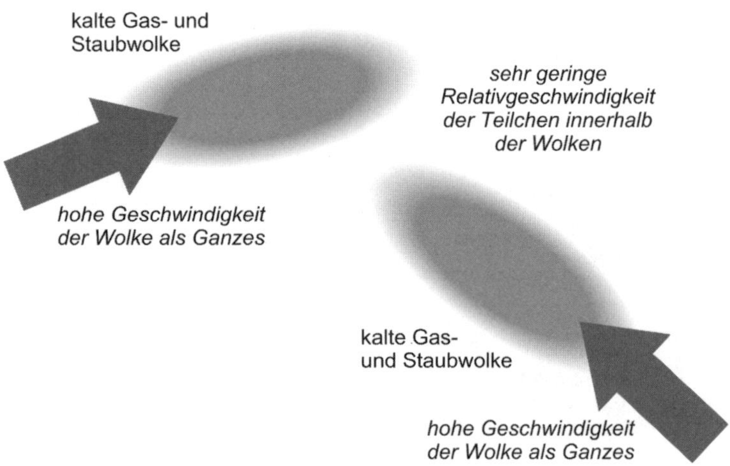

Abb. 60 Geschwindigkeiten innerhalb und zwischen großen im Weltall driftenden Staub- und Gaswolken.

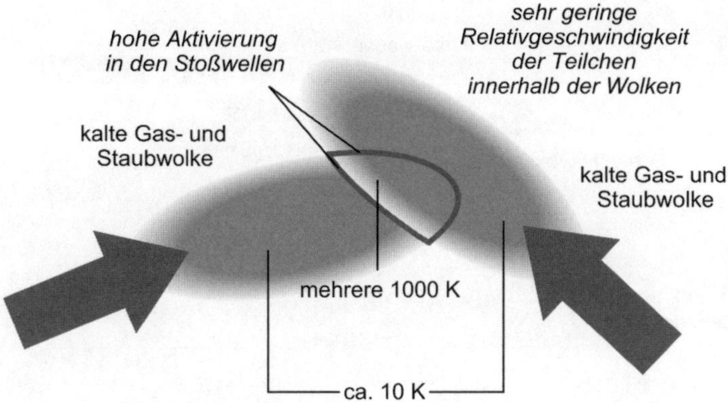

Abb. 61 Ausbildung hoch aktivierter Zonen in Stoßwellen bei der Kollision kalter Gas- und Staubwolken im Weltall.

Molekülen enthaltenen Atome, ihre Bindungsenergien, Bindungslängen und Bindungswinkel charakteristisch sind. Dank dieser Maße konnte eine große Zahl chemischer Verbindungen nachgewiesen werden. Es finden sich Spezies, die in unserer normalen irdischen Umwelt nicht oder nur in sehr geringer Konzentration vorkommen (Abb. 62).

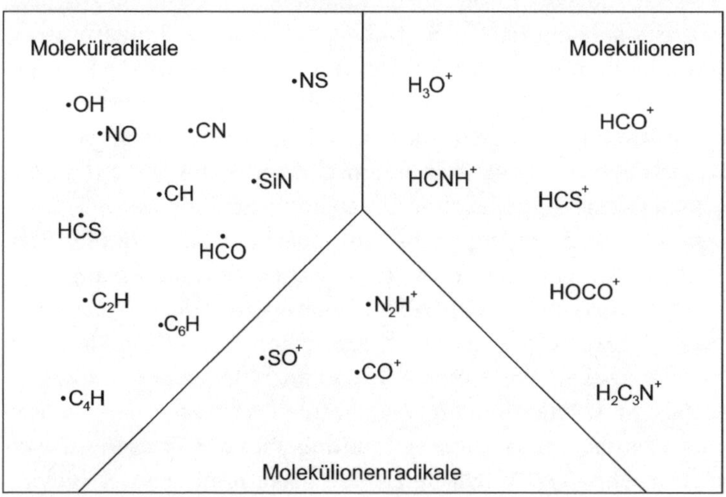

Abb. 62 Durch Infrarotastronomie im Kosmos nachgewiesene reaktive Spezies: Molekülionen, Molekülradikale und Molekülionenradikale.

H_2 Wasserstoff

H_2O Wasser

HCl Chlorwasserstoff

HNCO Isocyansäure

H_2S Schwefelwasserstoff

HNCS Thioisocyansäure

HCN Blausäure

NH_3 Ammoniak

NaCN Natriumcyanid

CO Kohlenmonoxid

MgNC Magnesiumisocyanid

SiH_4 Silan

NH_2CN Cyanamid

HNC Isoblausäure

OCS Kohlenoxidsulfid

Abb. 63 Durch Infrarotastronomie im Kosmos nachgewiesene »normale« anorganische Moleküle.

Daneben treten aber auch viele Moleküle auf, die wir im chemischen Labor seit langem kennen oder die auch außerhalb des Labors in unserer natürlichen Umwelt auf der Erde vorkommen (Abb. 63).

Unter den bekannten Molekülen tauchen auch solche auf, die für die Entstehung organischer Materie charakteristisch sind und vielleicht die Grundlage zur Herausbildung lebender Systeme auf Kohlenstoffbasis gebildet haben. So finden sich typische Kohlenwasserstoffe wie Methan oder Acetylen (Äthin), aber auch Aldehyde, Alkohole, Ketone, Karbonsäuren und Stickstoffverbindungen (Abb. 64).

Das Auftreten dieser Verbindungen könnte überraschend sein, wenn man davon ausgeht, dass organische Verbindungen auf der Erde normalerweise durch lebende Organismen gebildet werden oder – wenn sie künstlich erzeugt sind – zumindest auf Basis fossiler Rohstoffe erzeugt werden, die sich in geologischen Zeiträumen aus abgestorbener Biomasse gebildet haben. Wenn man jedoch berücksichtigt, dass Kohlenstoff, namentlich das Isotop ^{12}C, Wasserstoff und Sauerstoff, vor allem das Isotop ^{16}O, aber auch ^{14}N zu den häufigsten und stabilsten Atomkernen im Weltall zählen, so verwundert das Vorkommen der oben genannten Verbindungen in den großen Gaswolken nicht mehr. Das Weltall liefert demnach, ohne dass es biologischer Prozesse bedarf, die Grundsubstanzen, aus denen sich eine organische Welt entwickeln kann. Bei einem entsprechend großen Angebot abiotisch gebildeter, energiereicher organischer Moleküle ist es

C_2H_2 Acetylen
C_2H_4 Ethylen
CH_3CHO Acetaldehyd
CH_3OCH_3 Dimethylether
H_2CO Formaldehyd
CH_4 Methan
CH_3CH_2CN Propionitril
CH_2CO Keten
CH_3CH_2OH Ethanol
CH_3OH Methanol
CH_3CN Acetonitril
CH_2CHCN Acrylnitril
CH_3NC Essigsäureisonitril
CH_3COCH_3 Aceton
CH_3NH_2 Aminomethan
CH_3SH Thiomethanol

Abb. 64 Organische Moleküle in kosmischen Gaswolken.

auch gut vorstellbar, dass die ersten Lebewesen heterotrophe Organismen waren, also solche, die energiereiche organische Stoffe zur Deckung ihres Energiebedarfs anstelle von Sonnenenergie nutzten.

Inzwischen hat man nachgewiesen, dass auf manchen Himmelskörpern riesige Mengen organischer Substanzen vorkommen. So wird davon ausgegangen, dass auf manchen kalten Monden äußerer Planeten unseres Sonnensystems Flüsse, Seen und ganze Ozeane aus niedrig siedenden Kohlenwasserstoffen, etwa Methan oder Äthan, existieren.

6 Entstehung von Festkörpern und Grenzflächen

Bei hinreichend niedrigen Temperaturen kondensieren alle Stoffe aus der Gasphase zu Flüssigkeiten und Festkörpern. Da die Gleichgewichtstemperatur der kosmischen Hintergrundstrahlung knapp 3 Kelvin beträgt, also mit nicht ganz 3 Grad ziemlich knapp über dem absoluten Nullpunkt liegt und selbst das am leichtesten in die Gasphase zu überführende Element, Helium, bei 4 Kelvin flüssig wird, besteht in kalten Gaswolken eine allgemein sehr hohe Tendenz zur Kondensation. Bewegungsprozesse der Gaswolken und die Wechselwirkung mit energiereicherer elektromagnetischer Strahlung sorgen zwar dafür, dass viele Gaswolken etwas höhere Temperaturen von 10 bis 20 Kelvin aufweisen, doch sind diese Temperaturen niedrig genug, damit sich – abgesehen von Helium und Wasserstoff – die in den Wolken enthaltenen Gasmoleküle zu kleinen Flüssigkeitströpfchen vereinigen.

Die Wahrscheinlichkeit der Entstehung kleiner Festkörper ist naturgemäß in solchen Materiewolken besonders groß, die nicht nur Wasserstoff und Helium, sondern auch Metalle, Halbmetalle und Sauerstoff enthalten. Diese Elemente können zu Oxiden und anderen Festkörpern mit dreidimensionalen Bindungsnetzwerken reagieren, die hohe Schmelzpunkte besitzen. In solchen Fällen können die Festkörper auch bei etwas höheren Temperaturen existieren.

Viele Materiewolken bestehen aus einem Gemisch von Gasmolekülen und Staubpartikeln. Die Bildung von Festkörpern ist im Wesentlichen eine Frage der Temperatur. Sobald sich Teilchen mit niedriger kinetischer Energie begegnen, können die intermolekularen Wechselwirkungskräfte – im einfachsten Fall die London'schen Dispersionskräfte (van-der-Waals-Kräfte im engeren Sinne) – die Teilchen aneinander binden. Gase kondensieren und bilden Tröpfchen oder direkt kleinste Festkörper. Bei sinkender Temperatur erstarren

Vom Urknall zum Cyberspace. Michael Köhler

ISBN 978-3-527-32577-1

Flüssigkeitströpfchen, und die kleinen festen Partikel sammeln auf ihrer Oberfläche weitere Atome und Moleküle ein und wachsen dadurch (Abb. 65).

Die Stabilität solcher durch Kondensation gebildeter kleinster Festkörper ist vor allem an ihr Verhalten gegenüber einer eventuellen Temperaturerhöhung gebunden. Sind es allein schwächere intermolekulare Kräfte, die die Atome und Moleküle in ihrem Inneren zusammenhalten, so lösen sich diese kleinen Partikel bereits bei moderater thermischer Belastung wieder auf. Bestehen die festen Partikel dagegen aus Atomen, die ein dreidimensionales Bindungsnetzwerk aus kovalenten, koordinativen oder metallischen Bindungen oder auch mit starken ionischen Wechselwirkungen aufbauen, so können diese kleinen Festkörper auch bei erhöhter thermischer Belastung bestehen bleiben. Das trifft bei Metall- und Legierungspartikeln, bei ionischen Kristallen, aber auch bei oxidischen, carbidischen und nitridischen Kristallen und Gläsern zu. Gerade die Bildung letzterer ist wegen des Sauerstoffreichtums des Universums sehr wahrscheinlich. Sobald in Kernprozessen Metalle und Halbmetalle gebildet worden sind, kann deren Reaktion mit dem reichlich vorhandenen Sauerstoff zur Bildung oxidischer Strukturen führen.

Inwieweit edlere Metalle und Halbmetalle eher metallisch oder oxidisch vorliegen, wird im Wesentlichen davon bestimmt, ob in der betreffenden kosmischen Region Eisen und Nickel als Endprodukte der exothermen Nukleosynthese im Überschuss gegenüber Sauerstoff vorliegen oder nicht. Falls sie im Überschuss vorhanden sind, dann binden sie bevorzugt den Sauerstoff, so dass Elemente mit einem hö-

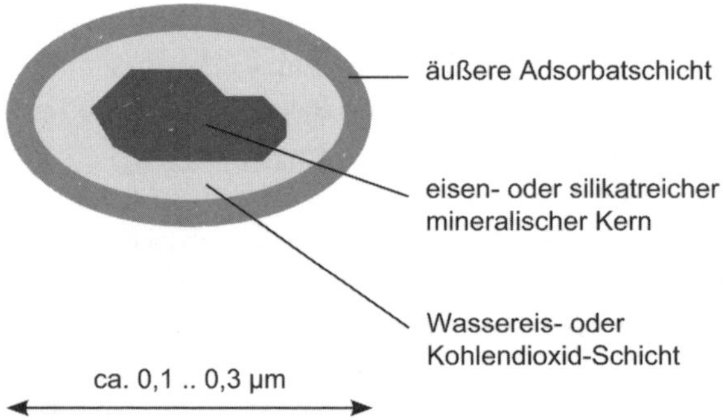

Abb. 65 Aufbau von typischen Partikeln des kosmischen Staubes.

heren Redoxpotential (edlere Elemente) metallisch bleiben. In diesem Fall können sich kleinere und größere Körper bilden, die ganz oder überwiegend aus metallischem Material bestehen. Die zwei Typen von Himmelskörpern spiegeln sich in den zwei Hauptklassen von Meteoriten wider, die auch aus dem Kosmos auf die Erde fallen: Steinmeteoriten und Nickel-Eisen-Meteoriten.

Die Entstehung größerer Himmelskörper bei niedrigen oder moderaten Temperaturen, wie sie auf der Erde herrschen, ist mit einer Separation der Elemente verbunden. Da im Gegensatz zu den Plasmen und heißen Gasen die chemischen Eigenschaften der Elemente nun ganz entscheidend deren gegenseitige Bindung beeinflussen, entstehen unterschiedliche Festkörper und Moleküle je nach qualitativer und quantitativer Zusammenstellung der Elemente und in Abhängigkeit vom zeitlichen Ablauf der Verbindungsbildung. Aufgrund ihrer chemischen Eigenschaften können atmophile und lithophile Elemente unterschieden werden (Abb. 66). Erstere bilden bevorzugt kleine Moleküle, die nur schwache intermolekulare Bindungen ausbilden und die sich deswegen in der Atmosphäre von Planeten oder Monden wiederfinden. Letztere kommen dagegen in Gesteinen vor, weil sie vor allem in die kondensierte Phase gehen und häufig Bestandteil dreidimensionaler Bindungsnetzwerke sind.

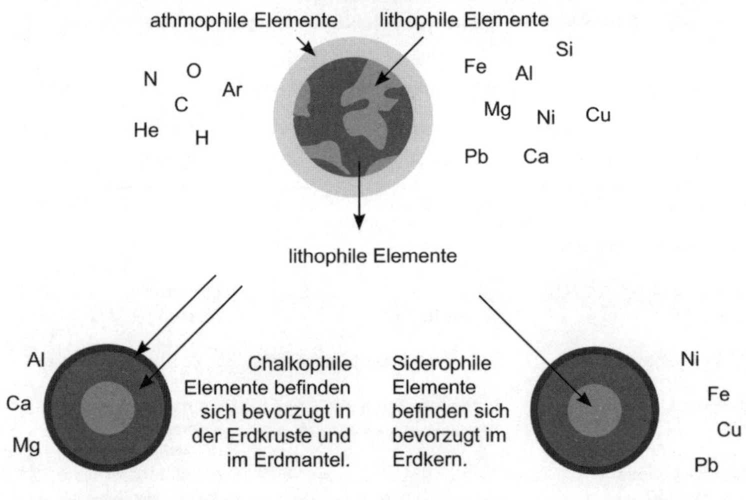

Abb. 66 Scheidung der Elemente bei der Kondensation in präplanetarer Materie: atmophile und lithophile Elemente, chalkophile und siderophile Elemente.

Die lithophilen Elemente können in chalkophile und siderophile eingeteilt werden. Erstere liegen trotz Eisenüberschuss gegenüber dem Sauerstoff im Allgemeinen in oxidierter Form vor. Es sind jene Elemente, die gegenüber Sauerstoff reaktiver als das fast immer in großen Mengen vorkommende Eisen sind. Die siderophilen Elemente sind dagegen solche, die gegenüber Sauerstoff eine geringere Affinität als Eisen aufweisen und deshalb metallisch vorliegen, so lange nur hinreichend viel Eisen in reduzierter Form vorkommt. Zu dieser Gruppe gehören alle Metalle, die edler als Eisen sind, d. h. in der elektrochemischen Spannungsreihe über ihm stehen (Abb. 67).

Die Kombination von Elementen – vor allem von eher kationisch oder partiell positiv geladen vorliegenden Metallen und eher anionisch oder partiell negativ geladenen Nichtmetallen bzw. deren Sauerstoffverbindungen – führt zu einer großen Vielfalt an Festkörper-Typen, die sich nach Kristallbau und Zusammensetzung unterscheiden, den Mineralien. Die Zahl der unterschiedlichen Mineralien übertrifft die Zahl der chemischen Elemente um mehrere Größenordnungen.

Da Mineralien nach elementarer Zusammensetzung und Kristallbau eindeutig definiert sind, bestimmen die mikroskopischen Eigen-

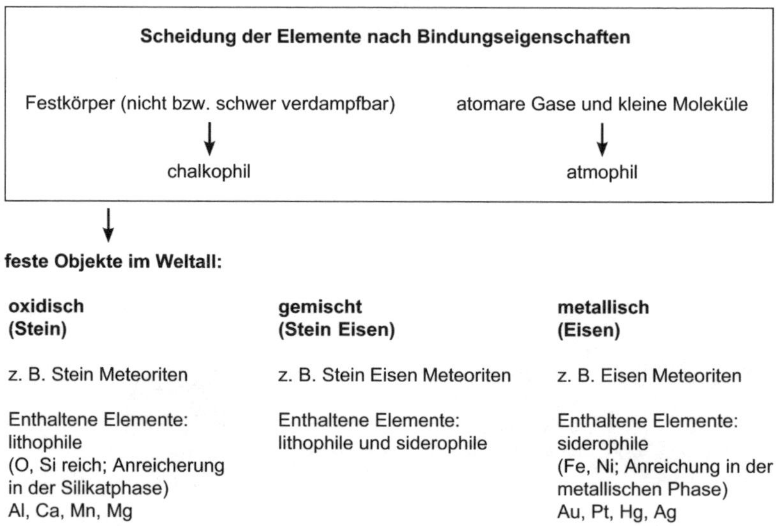

Abb. 67 Elementzusammensetzung in Stein- und Eisen-Meteoriten.

schaften unmittelbar die makroskopischen. Kristalle des gleichen Typs haben – abgesehen vom veränderten Volumen/Oberfläche-Verhältnis – prinzipiell die gleichen Eigenschaften, egal ob sie winzig sind und aus wenigen Elementarzellen bestehen oder makroskopische Objekte darstellen. Die Bedingungen der optimalen Raumerfüllung und der Elektroneutralität, ggf. Winkelverhältnisse bei der Ausbildung von kovalenten oder koordinativen Bindungen bestimmen die prinzipielle Anordnung der Atome und aufgrund der Fernordnung bei Kristallen auch die makroskopisch sichtbare Form. So weisen zum Beispiel Kochsalzkristalle eine kubische Form auf, weil die Natrium- und die Chloridionen im NaCl ein kubisches Ionengitter aufbauen, Alaun dagegen formt aufgrund der sechszähligen Koordinationsumgebung des Aluminiums Kristalle mit regelmäßiger Oktaeder-Form. Die elementaren Gesetze der Chemie und Kristallographie sorgen dafür, dass Mineralien des gleichen Typs überall auf der Welt tatsächlich im Wesentlichen gleich aufgebaut sind.

In den erstarrten Himmelskörpern liegen die Elemente nicht als isolierte Mineralien, sondern als Gesteine vor. Gesteine sind ihrerseits aus Mineralien aufgebaut. Dadurch sind die Zusammensetzungsbedingungen in den Gesteinen viel komplizierter als in den Mineralien. Neben der qualitativen und der mengenmäßigen kombinatorischen Vielfalt der Mineralien in den Gesteinen spielen für die Gestalt und die Eigenschaften der Gesteine die Größe, die Größenverteilung und die Form der sie aufbauenden mineralischen Phasen eine entscheidende Rolle (Abb. 68).

Da aufgrund der großen Zahl von Mineraltypen bereits eine sehr große qualitative Variabilität in der Zusammensetzung besteht, darüber hinaus aber sehr unterschiedliche Formen, Größen und Anordnungen auftreten können, ist die Zahl von Gesteinsvarietäten praktisch unendlich groß (Abb. 69). Gesteine unterschiedlicher Herkunft können deshalb zwar verwandt sein, sie weisen aber im Allgemeinen stets spezifische Merkmale auf. Gesteine spiegeln im Allgemeinen den Prozess ihrer Entstehung und damit auch die Bedingungen während ihrer Bildung wider. Sie lassen sich in der Regel individuellen Vorkommen zuordnen.

Die enorme Vielfalt an Gesteinen sorgt für eine ebenso enorme Vielfalt lokaler Oberflächenverhältnisse. Gesteine, die zerbrechen oder verwittern, bilden je nach ihrer Beschaffenheit, ihrer Morphologie und ihren chemischen Eigenschaften unterschiedliche Oberflä-

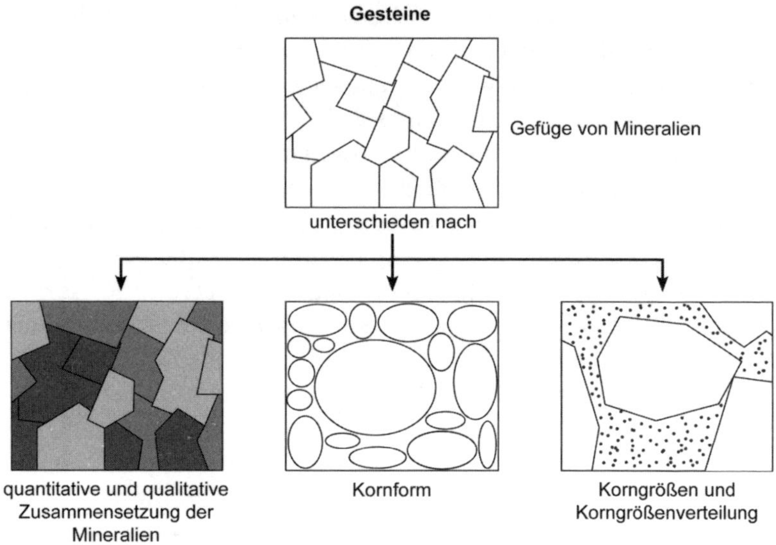

Abb. 68 Variabilität von Gesteinen nach stofflicher Zusammensetzung, Form, Größe und Größenverteilung der sie aufbauenden Mineralien (schematisch).

Kombinatorik des Gesteinsaufbaus

Parameter:

ca. 10^4 Minerale
in 5 Korngrößenklassen* $g = 5$
in 5 Klassen von Kornformen* $f = 5$

ergibt (rein rechnerisch) bei einem aus 3 Mineralen aufgebauten Gestein eine mögliche Zahl von Varianten Z:

$$Z = (m1 * f1 * g1) * (m2 * f2 * g2) * (m3 * f3 * g3)$$

$$= \text{ca. } (2{,}5 * 10^5)^3 = \text{ca. } 1{,}56 * 10^{16}$$

Diese Zahl wird aufgrund der tatsächlichen Entstehungsbedingungen eingeschränkt, erweitere sich aber mit der Verfeinerung der Gefügeklassen und der Komplexität der Zusammensetzung.

* Diese Zahlen sind hier willkürlich festgelegt, um eine grobe Klassifikation quantitativ zu beschreiben.

Abb. 69 Größenordnungsmäßige Beschreibung der kombinatorische Vielfalt im Aufbau von Gesteinen.

chen aus. Damit weist auf festen Himmelkörpern die anorganische Materie oft sehr unterschiedliche Typen von Oberflächen auf. Grenzflächen-orientierte Vorgänge, wie sie für die Entstehung, Weiterentwicklung und Ausbreitung des Lebens eine zentrale Rolle spielen, finden auf erstarrten Himmelskörpern, deren Oberfläche tektonischen und erosiven Veränderungen unterliegt, deshalb ein weites Spektrum anorganischer Oberflächenzustände vor.

7 Die molekulare Evolution

Das naturwissenschaftliche Verständnis des Lebens als besondere Form molekularer Selbstorganisation

Während die Entstehung chemischer Verbindungen, von kleinen und großen Molekülen, kurzlebigen Ionen und Radikalen, exotischen Plasmaspezies und die Bildung von Festkörpern gut verstanden ist und im Labor immer wieder vollzogen wird, ist die Entstehung von kleinen lebensfähigen Einheiten bisher nicht geklärt. Es lassen sich zwar wesentliche Merkmale lebender Systeme angeben wie z. B. Ferne zum thermodynamischen Gleichgewicht/Metabolismus, Gestaltbildung, Reaktionsvermögen, Bewegung, Reproduktionsvermögen, Mutabilität. Auch sind inzwischen sehr viele Details der Struktur, Eigenschaften und Funktionen von biologischen Molekülen, Molekülkomplexen, Viren, Zellorganellen und ganzen Zellen bekannt. Aber die Kenntnis reicht nicht soweit, dass dadurch die Bildung einer lebensfähigen kleinsten Einheit im Labor aus molekularen Bausteinen möglich wäre. Einzelne biomolekulare Prozesse, auch komplexe Vorgänge sind so gut verstanden, dass sie sich im Labor nachvollziehen lassen. Ein Beweis des vollständigen Verständnisses von Leben durch die Synthese einer einzigen Zelle – und sei sie auch noch so primitiv – steht jedoch bisher aus. So entsteht der Eindruck, dass die Vorstellung des Lebens als eine besondere Form molekularer Selbstorganisation zu kurz greift, wenn das Wesen des Lebens erfasst werden soll. Dessen ungeachtet sind molekulare Selbstorganisationsprozesse so fundamental für lebende Systeme, dass sie als eine essenzielle Grundlage des Lebens verstanden werden müssen.

Es besteht kein Zweifel, dass jede Zelle ihre Funktion auf der Basis biomolekularer Prozesse organisiert. In zahlreichen Experimenten konnte immer wieder gezeigt werden, wie chemische Vorgänge mit

Vom Urknall zum Cyberspace. Michael Köhler

ISBN 978-3-527-32577-1

den biologischen Prozessen zusammenhängen. Es gibt inzwischen auch ein hohes Maß an Verständnis für die Nutzung molekularer Selbstorganisationsmechanismen durch die lebende Natur. Zellen funktionieren durch das komplexe Zusammenspiel einer großen Zahl von Molekülen mit unterschiedlichen Eigenschaften, wobei die spezifischen Fähigkeiten der Moleküle zur Interaktion der Schlüssel für die räumliche und auch die zeitliche Organisation innerhalb der Zelle sind. Deshalb könnte es sein, dass die bisherige Unfähigkeit, eine Zelle de novo zu synthetisieren, nur aus der großen Zahl der dafür benötigten unterschiedlichen Moleküle resultiert. Der Übergang von komplexen Molekülen, die sich seit mehreren Jahrzehnten im Labor herstellen lassen, zur funktionsfähigen Zelle wäre dann nur ein quantitatives, kein qualitatives Problem. Ein »Minimalorganismus« ließe sich synthetisieren. Es kann aber auch sein, dass trotz der enormen Detailkenntnis noch eine oder mehrere prinzipielle Eigenschaften von Leben nicht erkannt oder zumindest nicht ausreichend verstanden sind.

Obwohl mit diesem – zugegebenermaßen unbefriedigenden – Stand der Naturwissenschaft eine vollständige Erklärung des Phänomens Leben nicht möglich ist und auch kein Modell existiert, das die Entstehung von Leben aus unbelebter Natur vollständig beschreiben könnte, lohnt es sich, den Übergang von den unorganisierten Molekülen hin zur biomolekularen Selbstorganisation näher zu betrachten. Die Analyse der Struktur und des Verhaltens von Molekülen erlaubt uns, die Mechanismen, die in Zellen und in der Wechselwirkung von Zellen mit ihrer Umgebung ablaufen, besser zu verstehen und gestattet darüber hinaus, Hypothesen zu einzelnen Prozessen in der frühen Phase der Lebensentstehung aufzustellen. Insofern verbessert sich das Verständnis von Lebensprozessen mit jeder neuen Erkenntnis über molekulare Prozesse in lebenden Systemen und mit jeder nachvollzogenen biomolekularen Reaktion außerhalb der Zelle im Labor.

Diese Vorgehensweise ist jedoch nicht durch eine theoretische oder philosophische Einsicht in das Wesen lebender Systeme bestimmt, sondern wird durch naturwissenschaftlichen Pragmatismus vorgegeben. Die Naturwissenschaft und insbesondere die auf die molekulare Basis ausgerichtete Chemie ist ihrem Charakter nach reduktionistisch. Aussagen sind im Allgemeinen nur möglich, wenn komplexe Systeme auf Komponenten reduziert werden und das Verhältnis der

Komponenten untereinander erfasst und erklärt werden kann. Das Wissen über biomolekulare und physikalische Zusammenhänge in der stofflichen Welt der Zelle ist bereits enorm und wächst beständig weiter an. Dieses inzwischen sehr umfangreiche Wissen bildet die Basis für zahlreiche neue Methoden in der Biochemie, der Molekularbiologie, der bioorganischen Chemie und der Zellbiologie und wird z. B. in der Biotechnologie und in der Medizin intensiv genutzt. Es gestattet, einzelnen Organismen Informationsinhalte zuzuweisen, Spezies und Individuen zu unterscheiden und unterschiedliche Funktionen und Verhaltensweisen von verschiedenen Zelltypen, Geweben, Organen und Organismen zu erklären. Diese Erklärungen sind im Allgemeinen durch experimentelle Befunde bestätigt worden und können durch neue Experimente jederzeit überprüft werden. Da eine vollständige Erklärung des Phänomens Leben bisher nicht möglich ist, sollen im Folgenden einige zentrale Aspekte der molekularen Selbstorganisation in lebenden Systemen erklärt und ihre mögliche Rolle in der frühen Evolution des Lebens diskutiert werden. Dabei muss man sich bewusst machen, dass dieser Abschnitt weder einen Ersatz für das Verständnis des Wesens von *Leben* darstellt noch einen Beweis für die spontane Entwicklung lebender Systeme aus abiogenen Stoffen erbringen kann. Die Kenntnis der Mechanismen der molekularen Selbstorganisation, wie sie in lebenden Zellen eine wesentliche Rolle spielen, erlaubt es jedoch, die spontane Entstehung von Strukturen und Funktionen lebender Systeme plausibel zu machen.

Selektion und Anpassung von Molekülen in hierarchisch organisierten Systemen

Das hierarchische Prinzip in der molekularen Struktur

Auch eine kleine, primitive Zelle enthält viele Milliarden von Molekülen. Zellen sind jedoch keine Ansammlungen von Molekülen, die einem chemischen Reaktor vergleichbar sind, sondern die Art und das zahlenmäßige Verhältnis der Moleküle entsprechen den spezifischen Anforderungen und Eigenheiten der jeweiligen Zelle unter den speziellen Lebensumständen. Diese Anpassung können lebende Systeme nur durch eine räumliche Organisation der molekularen Bestandteile erreichen. Wegen der großen Zahl der beteiligten Atome und Moleküle ist eine Kontrolle dieser Zusammensetzung nur durch ein hierarchisches Organisationsmuster erreichbar.

Viele der kleinen in lebenden Systemen vorkommenden Moleküle finden sich auch in der unbelebten Natur. Der entscheidende Unterschied in der prinzipiellen Organisation lebender und abiogener Stoffsysteme liegt in der besonderen Nutzung von Makromolekülen. Lebende Systeme enthalten stets ein Spektrum von großen Molekülen wie Polysacchariden, Proteinen und Nukleinsäuren, die für die Lebensprozesse essenziell sind und sich nach Aufbau und Funktion von Organismus zu Organismus unterscheiden.

Das Wesen von Komplexität liegt nicht so sehr in der schier unermesslichen Zahl der Elemente und der prinzipiellen Subordination von Elementen unter andere. Komplexität ist vielmehr das Vermögen, auch sehr große Vielfalten zu ordnen, d. h. auf eine verhältnismäßig kleine Zahl von Parametern zurückzuführen. Der entscheidende Vorteil einer hierarchischen Organisation besteht in der Beschränkung auf wenige Kategorien innerhalb einer jeden Gruppe und der Möglichkeit, trotz großer Zahl von Elementen in der jeweiligen Gruppe nur wenige Typen unterscheiden zu müssen. Hierarchien sind deshalb robust gegenüber moderaten Änderungen ihrer Elemente. Je weniger Kategorien innerhalb einer Gruppe vorhanden sind, umso größer kann das Spektrum von Eigenschaften innerhalb jeder einzelnen Kategorie sein, ohne dass das Wesen der Kategorie verloren geht. Das Entscheidende ist demnach die Beschränkung der Zahl der Kategorien. Dieses Prinzip ist in der biomakromolekularen Organisation geradezu perfekt realisiert. Es gibt nur eine Gruppe von vier Hauptkategorien größerer Moleküle, in denen alle Atome durch kovalente Bindungen verknüpft sind: Lipide (Fette), Saccharide (Kohlenhydrate), Proteine und Nukleinsäuren (Abb. 70).

Diese vier Kategorien sind durch klare Unterschiede in den molekularen Bauprinzipien gekennzeichnet. So bestehen beispielsweise alle Nukleinsäuren aus nur vier Typen von Nukleotiden, wobei jeder dieser Bausteine seinerseits aus drei Untereinheiten (Phosphatrest, Zucker, Nukleinbase) besteht, von denen zwei konstant sind und nur der dritte, die Nukleinbase, variabel ist (Abb. 71).

Speziell bei den Proteinen ist auf der Ebene der Bausteine die Gliederung der Funktionen deutlich nachzuvollziehen: Im Ganzen kommen nur 20 verschiedene Aminosäuren vor, und im Wesentlichen gibt es vier Typen von Aminosäuren: lipophile mit höherer Beweg-

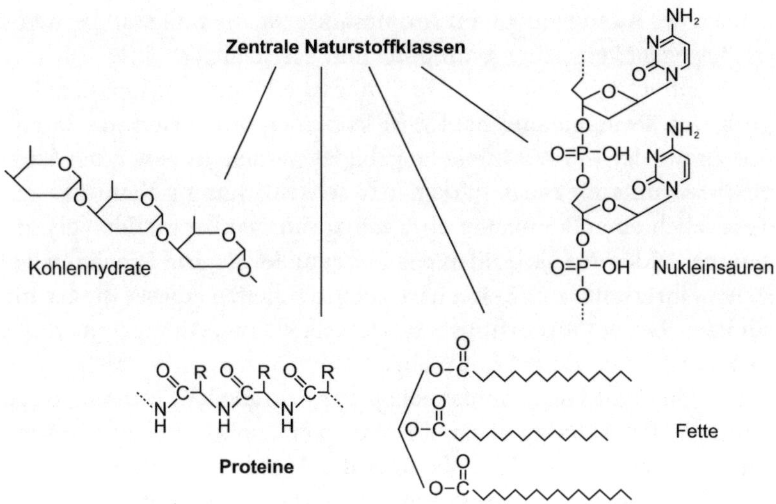

Abb. 70 Hauptkategorien biomolekularer Verbindungen: Kohlenhydrate, Proteine, Nukleinsäuren, Fette.

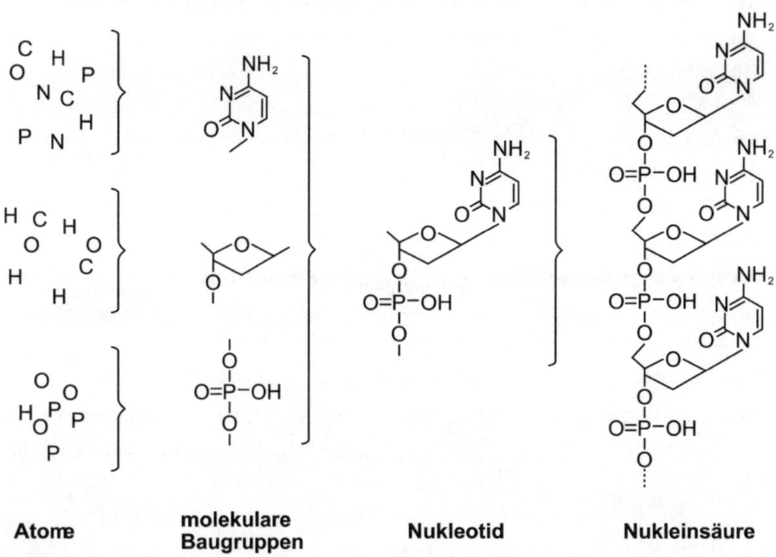

Abb. 71 Hierarchische molekulare Organisation der Atome in den Nukleinsäuren.

lichkeit der Atomgruppen im Aminosäurerest, lipophile mit geringerer Beweglichkeit, sauer hydrophile und basisch hydrophile. Auch in der Raumorganisation ist das hierarchische Prinzip wiederzufinden (Abb. 72). Proteine sind häufig in Domänen organisiert, die durch Abschnitte der Aminosäurekette gebildet werden, in denen die Aminosäuren untereinander stärker in Wechselwirkung stehen und zumeist auch einen kompakteren Raumzusammenhang bilden als gegenüber anderen Abschnitten des Makromoleküls. Die Domänen bestehen ihrerseits aus Sekundärstruktureinheiten, diese wiederum sind aus Aminosäuren aufgebaut, die aus kleinen Atomgruppen bestehen.

Das hierarchische Organisationsprinzip ermöglicht zum einen die Kontrolle der Ordnung in einer großen potenziellen Vielfalt, zum anderen gestattet es die Kontrolle über die Anordnung von Elementen im Raum. Jede Hierarchie ist durch eine bestimmte Zahl von Ebenen und die Zahl von Elementen je Ebene (Knotenstärke) gekennzeichnet. Im Allgemeinen sind diese Zahlen innerhalb lebender Systeme nicht universell. Es gibt jedoch – wie die Beispiele der Nukleinsäure (vier Nukleotid-Typen) und der Proteine (20 verschiedene Aminosäuren) lehren – einzelne Knotenstärken, die tatsächlich universellen Charakter haben.

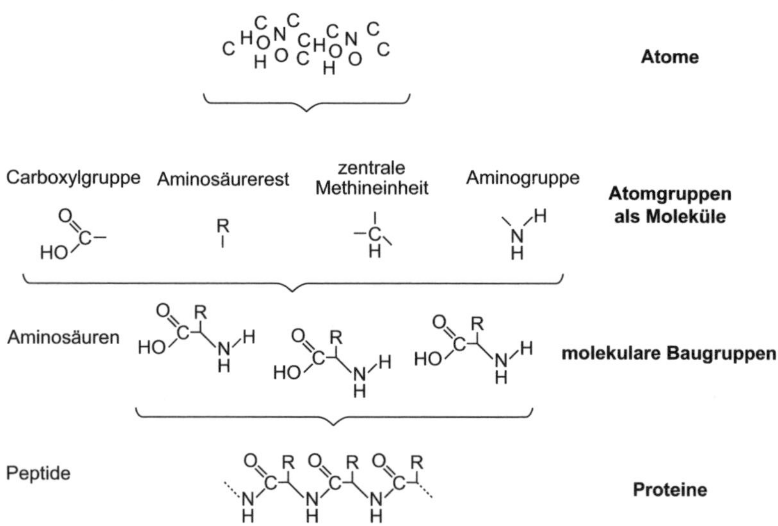

Abb. 72 Hierarchische molekulare Organisation der Atome in den Proteinen.

Hierarchischen Gliederungen wohnt ein exponentielles Ordnungsprinzip inne. Die Zahl der Elemente von subordinierten Ebenen geht multiplikativ in die Gesamtzahl der Elemente ein. Im Falle der vereinfachten Annahme einer selbstähnlichen Hierarchie (Abb. 73) lässt sich die Gesamtzahl von Elementen N durch ein einfaches Exponentialgesetz als Funktion der Zahl der Ebenen z und der Knotenstärken k darstellen:

$$N = k^{(z-1)}$$

Auch bei kleinen Knotenstärken wächst die Zahl der organisierten Elemente mit der Zahl der Organisationsebenen sehr rasch an. So genügen sieben Ebenen bei einer Elementzahl von ca. einer Milliarde, wenn die Knotenstärke etwa 20 beträgt. Bei einer Knotenstärke von nur vier sind 15 Ebenen erforderlich.

Lebende Systeme sind nicht tatsächlich in selbstähnlichen Hierarchien organisiert. Aber das Sparsamkeitsprinzip in der Knotenstärke findet sich immer wieder. Im Falle der Proteine lässt sich diese hierarchische Gliederung zumindest für die unteren Hierarchieebenen auch zahlenmäßig gut erfassen:

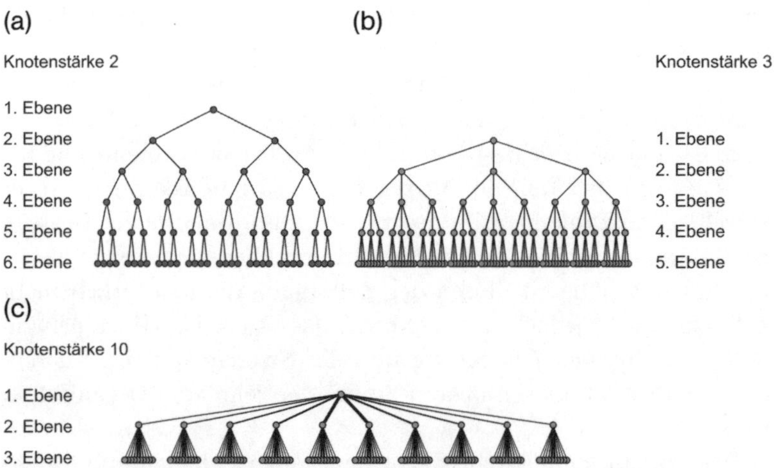

Abb. 73 Beispiele selbstähnlicher Hierarchien: a) Knotenstärke 2, b) Knotenstärke 3, c) Knotenstärke 10.

- ca. 2–15 Atome je Atomgruppe
- exakt 4 Atomgruppen je Aminosäure
- ca. 3–5 Aminosäuren je Aminosäuretyp
- exakt 4 Aminosäuretypen (exakt 20 Aminosäuren)
- größenordnungsmäßig 20 Aminosäuren je Sekundärstruktureinheit
- größenordnungsmäßig 5 Sekundärstruktureinheiten je Domäne
- größenordnungsmäßig 4 Domänen je Proteinmolekül
- größenordnungsmäßig 5 Proteine, gegebenenfalls aber auch sehr viel mehr in einem Proteinaggregat
- mehrere Proteinaggregate in einem supermolekularen Funktionskomplex

Setzt man grob vereinfachend eine ungefähre Knotenstärke von vier an und zählt den Schritt von der Aminosäure zum Sekundärstrukturelement als zwei Ebenen, so lassen sich von der Ebene der Atome bis zur Ebene der supermolekularen Funktionskomplexe 10 Organisationsebenen definieren, die eine Gliederung schaffen, in der etwa 10^6 Atome räumlich und funktionell organisiert sind. Die Gesamtzahl der Atome in den einfachsten Zellen liegt etwa fünf Größenordnungen darüber, die Zahl der in organischen Makromolekülen enthaltenen Atome etwa um vier Größenordnungen. Unter Annahme einer Fortpflanzung der ungefähren Knotenstärke von vier nach oben, würde das bedeuten, dass zwischen den supermolekularen Funktionskomplexen und der Gesamtstruktur der Zelle noch einmal 5–6 Zwischenebenen der hierarchischen Organisation zu suchen wären.

Es ist zu bedenken, dass bereits beim Aufbau der Proteine und bei der Zusammenstellung der Aggregate und Funktionskomplexe recht verschiedene Zahlen von Komponenten zusammentreten. Deshalb ist die Annahme eines starren Musters von Ebenen und Knotenstärken auf den höheren Stufen der Zellorganisation sicherlich nicht zulässig. Es ist jedoch anzunehmen, dass sich das Grundprinzip der hierarchischen Gliederung und der Sparsamkeit mit Knotenstärken auch auf diesen oberen Stufen der zellulären Organisation fortsetzt.

Das Prinzip der hierarchischen Gliederung ist nicht nur für die Organisation der Zelle als solche von Bedeutung. Die hierarchische Gliederung lebender Systeme ist auch ein entscheidendes Element der Anpassung und Entwicklung in der Evolution. Wurden ursprünglich nur die Individuen und gegebenenfalls die Arten als Zielscheibe (*Target*) der Selektion angesehen, so können nach neueren Überlegungen alle Einheiten innerhalb eines hierarchisch organisierten lebenden Systems als Angriffspunkte für die Selektion dienen. Das Prinzip der Selektion auf allen Ebenen bringt zwei wichtige Probleme der Biologie der Klärung näher, nämlich erstens das Problem der Beherrschung der kombinatorischen Explosion und zweitens die einheitliche Betrachtung des Informationshandlings in der Anpassung von Zellen und Individuen auf der einen Seite und der Evolution von Populationen und Arten auf der anderen Seite.

Die kombinatorische Explosion in der molekularen Struktur

Es erstaunt auf das Höchste, wie es der Natur gelingt, mit hoher Zuverlässigkeit aus einer einzigen Zelle, der Zygote, hochkomplexe vielzellige Organismen und damit gut organisierte makroskopische Systeme zu generieren. Bis heute nicht richtig verstanden ist, wie sich der molekulare Apparat, der solch eine Individualentwicklung steuern kann, spontan entwickelt hat.

Ein besonderes Problem stellt dabei die Entstehung der für Lebensprozesse geeigneten Moleküle dar. Das Problem liegt dabei nicht in den verfügbaren Bausteinen, denn sowohl die Elemente, aus denen Biomoleküle bestehen, als auch Vorläufermoleküle, in denen diese Elemente enthalten sind, und auch Reaktionen, die sie hervorbringen können, laufen auch außerhalb biologischer Systeme ab, setzen diese also nicht voraus. Problematisch ist dagegen die Formulierung der richtigen Zusammensetzung. So besteht etwa ein durchschnittliches Protein aus ca. 300 Aminosäuren. Eine Zelle benötigt zu ihrem Funktionieren einige tausend bis einige zehntausend unterschiedlicher Typen solcher Moleküle. Mit oberflächlichem Blick könnte man annehmen, dass diese sich im Laufe der Evolution einfach durch Selektion aus einem großen Reservoir von Zusammensetzungsvarianten herauskristallisiert haben, die heute in der Zelle vorgefundenen Proteine also Produkte eines Selektionsprozesses sind. Die extreme Unwahrscheinlichkeit und damit die Unzulässigkeit eines solchen Ansatzes wird jedoch durch eine einfache Abschätzung deutlich: Damit ein bestimmtes Protein der Länge 300 entsteht, muss an jeder der einzelnen Positionen genau eine be-

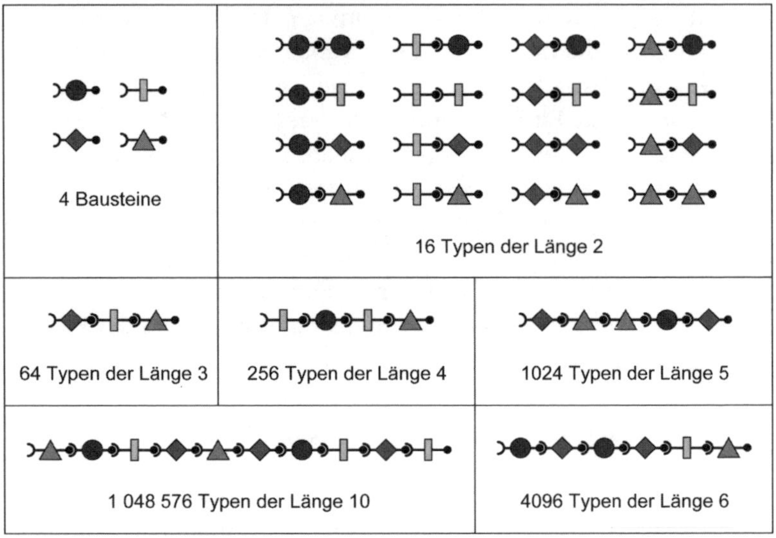

Abb. 74 Kombinatorische Explosion: exponentielle Zunahme der Variantenzahl bei Verlängerung einer Kette (Beispiel: vier Bausteintypen).

stimmte Aminosäure sitzen. Die Variantenzahl wächst aber exponentiell mit der Länge (Abb. 74).

Die vollständige Zahl der Varianten N von Molekülen, die in einem der freien Selektion unterworfenen Variantenpool enthalten sein müssten, berechnet sich bei 20 unterschiedlichen Aminosäuren dann zu:

$$N = 20^{300} \sim 10^{390}$$

Diese Zahl ist derart enorm groß, dass es innerhalb des existierenden Universums, geschweige denn auf der Erde, völlig unmöglich wäre, alle Varianten entstehen zu lassen und auf ihre Tauglichkeit zu testen. Selbst wenn man in Rechnung stellt, dass einzelne Aminosäuren gegen andere ausgetauscht sein könnten, ohne dass die Funktion wesentlich beeinträchtigt wird, und sich dadurch die Gesamtzahl der Varianten um Dutzende Größenordnungen vermindert, bleibt die Zahl der möglichen Varianten immer noch superastronomisch groß. Freie Variation und Selektion auf der Ebene der Proteine scheidet also für eine spontane Entstehung der »richtigen« Moleküle völlig aus. Dasselbe gilt für die Nukleinsäuren, bei denen ein Molekül, das aus etwa 1.000 Nukleotiden besteht, was der typischen Länge eines codierenden Abschnittes für ein Protein (*molekularbiologisches Gen*) entspricht, in 10^{600} Varianten vorkommen kann. Die Zahl aller im Weltall zustande gekommenen Elementarereignisse wurde demgegenüber von C. F. v. Weizsäcker mit »nur» 10^{120} abgeschätzt. Das ist zwar eine – absolut gesehen – sehr, sehr große Zahl, es ist jedoch eine verschwindend winzige Zahl, verglichen mit der Zahl der molekularen Möglichkeiten im Aufbau der Proteine und Nukleinsäuren.

Synthetische Makromoleküle unterliegen der analogen kombinatorischen Variabilität wie die in der molekularen Evolution gebildeten Biomakromoleküle. So ist die Zahl von molekularen Varianten selbst bei nur zwei Bausteintypen wie bei einem einfachen linearen Copolymer ebenfalls riesig groß. Nimmt man eine Zahl von 10.000 Monomereinheiten an, so entspricht (bei einer asymmetrischen Verknüpfung der Bausteine) die Zahl N2 den Molekülvarianten bei einem binären Copolymer:

$$N2 = 2^{10.000} \sim 10^{3.000}$$

bei einem ternären Copolymer der gleichen Länge beträgt der Variationsgrad N3

$$N3 = 3^{10.000} \sim 10^{5.000}$$

Diese Variantenzahlen liegen wegen der größeren Länge dieser Hochpolymere also noch einmal weit oberhalb der Variantenzahlen der Proteine und Nukleinsäuren. Sie spielen aber für die Praxis der Materialentwicklung keine Rolle, da die Materialeigenschaften der zurzeit hergestellten und eingesetzten Polymere im Wesentlichen durch die mengenmäßigen Anteile der Monomere und deren statistische Verteilung, nicht aber durch die exakte Sequenz bestimmt werden. Für die oben diskutierten Biomoleküle, insbesondere die Proteine, ist jedoch über die mengenmäßige Zusammensetzung hinaus die genaue Abfolge der Bausteine wesentlich für die Struktur und die Funktion.

Integration und ebenenspezifische Selektionsmechanismen in der biologischen Entwicklung

Wenn man von einer spontanen molekularen Evolution ausgeht, muss man voraussetzen, dass im Zuge dieser Evolution nur ein winziger Bruchteil des gigantischen vollständigen Möglichkeitsraumes von Biomakromolekülen der Testung unterworfen worden ist. Damit ein Variations- und Selektionsprozess ablaufen konnte, musste die Zahl der zu testenden Varianten signifikant kleiner gehalten werden, ohne die prinzipiellen Möglichkeiten der molekularen Zusammensetzung zu sehr einzuschränken. Das ist nur möglich, wenn anstelle des gesamten Proteins molekulare Module, d. h. Teilabschnitte, der Variation und Selektion unterworfen worden sind. Das Kriterium der Selektion beschränkt sich dabei nicht mehr allein auf die Funktion des fertigen Proteins, sondern auch auf die Teilfunktionen der betrachteten Module. Bei einer mehrfachen Untergliederung (Aminosäuren, Sequenzmotive mit ca. 3–5 Aminosäuren, Sekundärstrukturelemente mit ca. 20 Aminosäuren, Domänen bestehend aus Sequenzabschnitten mit ca. 10^2 Aminosäuren) könnte jede dieser Ebenen Gegenstand der Variation und Target der Selektion gewesen sein. Dabei wäre die Zahl möglicher zu testender Varianten auf der Ebene der Sekundärstrukturelemente und der Domänen stets geringer als die rein rechnerische Zahl bei vollständiger Variation der Aminosäuren, weil strukturelle und funktionelle Charakteristika der jeweils zu selektierenden Bausteine bereits ihrerseits Produkte eines Selektionsprozesses und damit einer Variantenzahlreduktion sind.

Die Frage nach dem Funktionieren einer solchen hierarchisch gegliederten Evolution der Biomoleküle entspricht der Frage nach den Variationsmechanismen der betrachteten Strukturelemente. Auf der Ebene der Aminosäuren sind es die Nukleotidsubstitutionen, also nicht-rasterverschiebende Punktmutationen, die für die Variabilität sorgen. Für die darüberliegenden Ebenen kommen weniger Substitutionen als Deletionen, Insertionen und Tandemduplikationen kleinerer und größerer Sequenzabschnitte in Frage (Abb. 75).

Tatsächlich lassen sich solche Prozesse überall im Erbgut nachweisen. Der Einbau duplizierter und später variierter Sequenzabschnitte ist zwar ein relativ seltenes Ereignis in den einzelnen Populationen, hat aber im Laufe der Evolution häufig genug stattgefunden, um aus einfachen molekularen Ausgangsmotiven komplexe Genome entste-

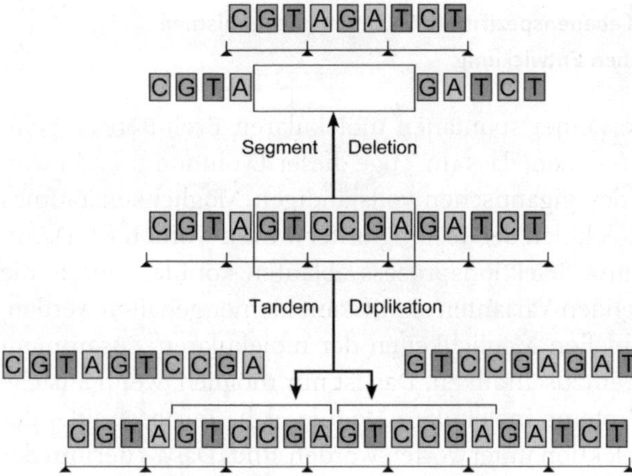

Abb. 75 Lokale Mutationen in einer Nukleinsäure: Substitution, Insertion, Deletion als Punktmutationen, Deletion von Abschnitten und Tandem-Duplikation.

hen zu lassen. Verwandtschaft von Genen innerhalb eines Genoms lässt sich praktisch durch das gesamte Größenspektrum der Nukleinsäuresequenzen und damit auch der Proteinzusammensetzung verfolgen, angefangen von einfachsten Nukleotid- bzw. Aminosäuremotiven bis hin zu ganzen Genen, Chromosomenabschnitten und vollständigen Chromosomen (Abb. 76).

Die entscheidende Einheit für Variations- und Selektionsprozesse ist die Population. Populationen sind Gruppen von Individuen, die sich als Gemeinschaft fortpflanzen, also ihre Eigenschaften über ihre Erbinformation an Nachkommen übertragen. Als evolutionswirksame Selektion wird im Darwin'schen Sinne das Phänomen verstanden, dass bei variierenden Eigenschaften der Nachkommen jene mit der unter den gegebenen Umweltbedingungen besseren Ausstattung eine größere Aussicht auf Fortpflanzung haben (*survival of the fittest*). Sind Angehörige einer Population in der Lage, Nachkommen zu produzieren und ist die Zahl der produzierten Nachkommen größer als die Zahl der zur Fortpflanzung kommenden Nachkommen (Überschuss erzeugter Nachkommen), so tritt zwangsläufig ein Selektionseffekt ein (Abb. 77).

Damit bleibt der Begriff der Population nicht auf die Kategorie der gemeinsam auftretenden, artgleichen biologischen Individuen be-

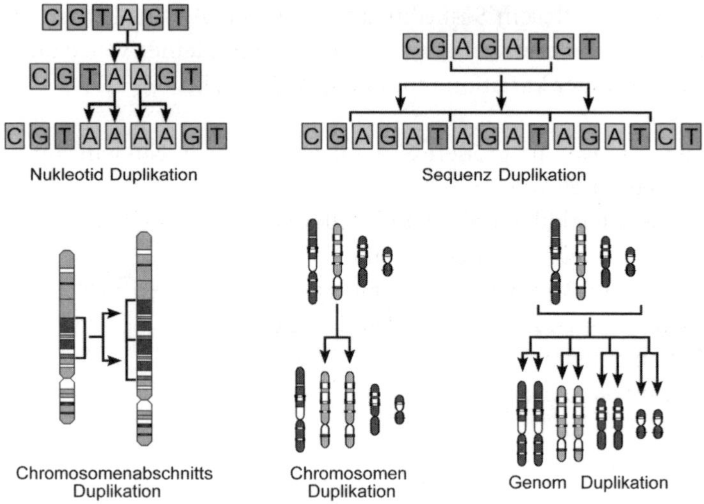

Abb. 76 Erbgut-Duplikationen auf unterschiedlichen Organisationsebenen des Erbmaterials.

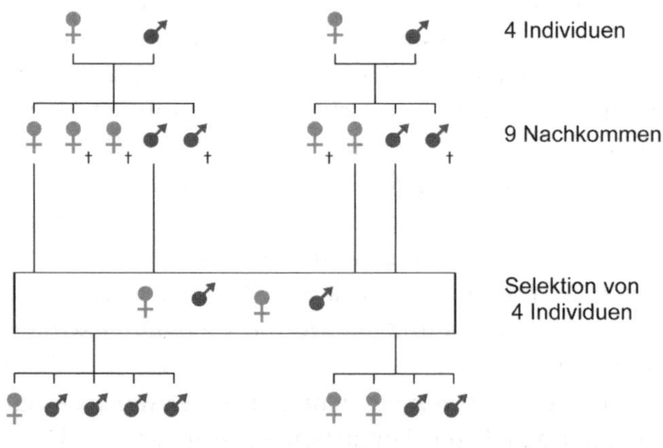

Abb. 77 Zwangsläufigkeit eines Selektionseffektes bei Überschussproduktion von Nachkommen, wenn dieser Überschuss die Wachstumsmöglichkeiten einer Population als Ganzes übertrifft.

schränkt, sondern kann auf beliebige fortpflanzungsfähige Objekte ausgedehnt werden. Die Gültigkeit dieser Verallgemeinerung wurde durch R. Dawkins etwa für die nackten Gene als Population konkurrierender molekularer Informationsträger (*selfish genes*) diskutiert.

Sie trifft aber in diesem Sinne auch für alle anderen denkbaren Populationen im weiteren Sinne zu, die sich in irgendeiner Weise unter mehr oder weniger Variation reproduzieren, so z. B.:

- Sequenzmotive und größere Sequenzabschnitte in Nukleinsäure- und Proteinmolekülen
- Moleküle, Molekülkomplexe und Zellorganellen in Zellen
- Zellen in Geweben und Organismen
- Individuen in Populationen (im biologisch engeren Sinne)
- Subpopulationen in größeren Populationen
- Verhaltensmuster
- Kommunikationsstrategien
- Populationen in Biozönosen
- Biozönosen in Ökosystemen

In all diesen Systemen bedeutet eine Selektion, dass sich das zahlenmäßige Verhältnis von Elementen eines Typs (z. B. des nicht selektierten) relativ zu einem anderen Typ (z. B. des selektierten, d. h. besser reproduzierten Typs) verändert. Populationen sind bezüglich der zahlenmäßigen Zusammensetzung der in ihnen enthaltenen reproduktionsfähigen Varianten »elastisch«. Die Eigenschaften der Populationen unterliegen einer ständigen Drift aufgrund von Selektionseffekten. Bei Veränderung von Umweltbedingungen reagieren Populationen durch eine Verschiebung der Variantenverhältnisse, was einer Anpassung der Population an die Veränderung entspricht. Ändern sich die Bedingungen für das Überleben von vor der Umweltveränderung nicht vorhanden gewesenen Mutanten in der Population, so wird deren Antwortverhalten auf die veränderten Umgebungsbedingungen »plastisch«.

Adaptation durch Selektion von Elementen ist eine zwangsläufige Erscheinung in allen denkbaren Populationen, in denen ein Überschuss an Nachkommen gebildet wird. In hierarchisch organisierten Systemen kann sich ein solcher Adaptationsprozess durch Selektion von Elementen auf allen Ebenen der Hierarchie vollziehen. Voraussetzung ist lediglich, dass der Zeitbedarf für die Variation und Reproduktion der Elemente in den jeweiligen Variations- und Reproduktionsmechanismen hinreichend klein ist, um bei dynamischer Umwelt wirksam zu werden, d. h. die Zeitskalen der Umweltveränderung müssen hinreichend groß gegenüber den Zeitskalen der Variation und Reproduktion innerhalb der jeweiligen Population sein, in der sich die Selektion vollzieht.

Es ist anzunehmen, dass auch in der frühen Phase der Evolution dieser Zusammenhang zwischen Variation und Selektion in hierarchischen Strukturen wirksam war. So sind vermutlich bereits die ersten abiologisch entstandenen Moleküle, die zu einer Replikation befähigt waren, einer hierarchisch wirksamen Selektion unterworfen gewesen. Zum einen wurde das einzelne Molekül bzw. die unter seinem Einfluss entstandenen Kopien direkt aus einer Population von Molekülen mit variierender Zusammensetzung selektiert. Zugleich war aber auch das chemische Umfeld der Selektion unterworfen, darunter Substanzen, die die Replikation förderten (Katalysatoren), hemmende Substanzen (Inhibitoren) und Substanzen, die den Abbau förderten.

Das modulare Prinzip in den Molekülarchitekturen von Proteinen

Der Blick auf die Proteine lehrt uns, dass das hierarchische Organisationsprinzip nicht nur auf Molekülensembles anwendbar ist, sondern auch das einzelne Molekül betreffen kann. Schon die Betrachtung zur molekularen Kombinatorik hat gezeigt, dass der Möglichkeitsraum molekularer Anordnungen durch eine Selektion innerhalb eines gegliederten Systems eingeschränkt werden musste. Diese Gliederung wird durch den streng modularen Aufbau der Moleküle erreicht.

Die Modularität im Aufbau von Molekülen hat neben dem Aspekt der abgestuften Zahlen von Elementen, die integriert werden, zwei weitere wesentliche Aspekte. Das ist zum einen die Beschränkung auf ein Minimum von Typen innerhalb einer Ebene. Zum anderen ist das die Abstufung in der Stärke der Kopplungen zwischen den Elementen, die auf einer Stufe integriert werden. Beide Aspekte werden im hierarchischen Aufbau der Proteine nicht schematisch auf allen Ebenen in gleicher Weise realisiert. Aber sie sind auf einzelnen Ebenen eindrucksvoll belegt.

Das Sparsamkeitsprinzip findet sich am deutlichsten ausgeprägt auf den untersten Ebenen, also den kleinsten Einheiten. So besteht jede Aminosäure aus vier molekularen Modulen, von denen drei bei allen Aminosäuren gleich sind, die zentrale C–H-Einheit (2. Kohlenstoffatom) und die beiden zueinander komplementären Kopplungsgruppen (Carboxylgruppe und Aminogruppe). Lediglich der 4. Baustein (Aminosäurerest) wird variiert. Seine chemischen Eigenschaften sind für die gesamte Variationsbreite der Proteineigenschaften verantwortlich.

Die vier Atomgruppen, die die Aminosäuren aufbauen, sind untereinander durch wenig polare bzw. unpolare kovalente Bindungen verknüpft. Diese Bindungen gehören zu den chemisch stabilsten Bindungen, die überhaupt in den Proteinen auftreten. Sie sind nicht hydrolyseanfällig und deshalb robust gegenüber den allermeisten Medienveränderungen. Ihre hohe Stabilität führt dazu, dass Aminosäuren als sehr stabile Bausteine genutzt werden können.

Die Aminosäuren werden ihrerseits durch Peptidbindungen in einem Kondensationsprozess verknüpft. Zwar stellen auch diese Verknüpfungen kovalente Bindungen dar und sind dementsprechend stabil. Sie sind aber chemisch deutlich leichter angreifbar als die kovalenten Bindungen zwischen den elementaren Atomgruppen innerhalb der Aminosäuren, weil sie polarer sind und durch Hydrolyse gespaltet werden können. Die etwas größeren Baustein-Einheiten (Aminosäuren) werden demnach durch etwas »schwächere« Bindungen verkoppelt als die kleinsten Bausteine (Atomgruppen) innerhalb der Aminosäuren.

Dieses Prinzip der abgestuften Kopplungsstärken findet sich in modifizierter Form in der Domänenstruktur der Proteine wieder. Zwar sind alle Aminosäuren durch die Peptidkette kovalent verknüpft. Nichtkovalente Wechselwirkungen zwischen Aminosäuren, die auf Grund der Proteinfaltung in Nachbarschaft kommen, sorgen aber zusätzlich zu der kovalenten Verknüpfung für einen räumlichen Zusammenhalt, der die dreidimensionale Raumstruktur der Proteine festlegt. Innerhalb einer Domäne liegt eine hohe Dichte solcher nichtkovalenter Wechselwirkungen zwischen den Aminosäuren der Domäne vor. Zwischen den Domänen ist diese Dichte geringer (Abb. 78). Die Domänenstruktur wird dadurch mit Hilfe von Bindungsklassen aufrechterhalten, die in ihrer Stärke unter den hydrolytisch spaltbaren Peptidbindungen stehen. Dabei spielen elektrostatische Wechselwirkungen und insbesondere Wasserstoffbrückenbindungen eine wichtige Rolle. Die Faltung wird aber auch durch hydrophobe Bereiche in der Domänenstruktur unterstützt, die für eine kooperative Wechselwirkung von lipophilen Gruppen über Van-der-Waals-Bindungen (London'sche Dispersionskräfte) sorgen.

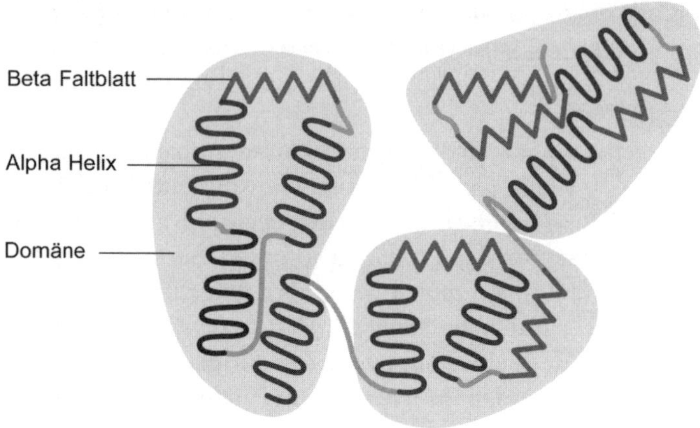

Abb. 78 Domänenorganisation von gefalteten Proteinen (Beispiel, schematisch).

Das Prinzip der Nutzung schwächerer Bindungen für die Kopplung von Elementen tritt auch auf der Ebene der Verknüpfung von ganzen Proteinmolekülen zu Proteinaggregaten und funktionellen Superstrukturen auf. Auch der Zusammenhalt funktionell zusammengehörender Proteine, zwischen denen keine kovalente Verknüpfung besteht, wird durch ein Ensemble von schwächeren molekularen Wechselwirkungen realisiert. Dabei spielen hydrophile und hydrophobe Wechselwirkungen eine große Rolle.

Allgemein gilt die Regel, dass elementare Einheiten durch einzelne stärkere – insbesondere in einem gegebenen Milieu über längere Zeiträume stabile – Wechselwirkungen zusammengehalten werden, während größere Einheiten eher durch Kollektive von schwächeren Bindungen gekoppelt sind (Abb. 79). Deshalb werden für die Verknüpfung von elementaren molekularen Einheiten vorwiegend kovalente Bindungen genutzt, deren Stärke zudem über die Polarität eingestellt werden kann, wohingegen größere molekulare Module durch Gruppen von schwächeren Bindungen, sogenannte polyvalente Wechselwirkungen, zusammengehalten werden.

Diese Abstufung in den chemischen Wechselwirkungsstärken ist der eigentliche Schlüssel des modularen Prinzips in der molekularen Selbstorganisation. Sie gewährleistet die relativ hohe Stabilität der elementaren Einheiten und sichert zugleich die Flexibilität in den komplexeren Strukturen. Das wirkt sich unmittelbar auf den Aufbau,

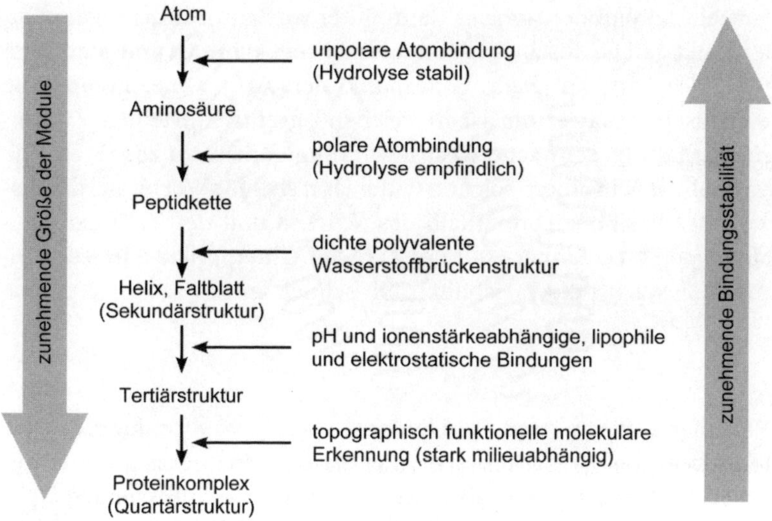

Abb. 79 Antiparallel organisierte Abstufung von Modellgröße und Kopplungsstärke im hierarchischen Aufbau der Proteine.

die innere mechanische Beweglichkeit und damit die chemische Funktion der Moleküle aus. Das Zusammenspiel von Flexibilität der größeren und diverser aufgebauten Einheiten auf der einen Seite und der wenig variierten, langfristig stabilen, elementaren Bausteine auf der anderen Seite sichert zugleich die Möglichkeit der Variation und Selektion auf den mittleren und höheren Ebenen der Hierarchien der Molekülstrukturen im Zuge ihrer Evolution.

Information in Molekülen

Jedes Molekül ist durch seinen Aufbau aus einer bestimmten Anzahl und bestimmten Sorten von Atomen durch einen charakteristischen Informationsinhalt gekennzeichnet. Im Allgemeinen wird diese Information durch Summenformeln für die atomare Zusammensetzung bzw. durch Strukturformeln für den räumlichen Aufbau beschrieben.

Die Gestaltungsmöglichkeit bei der Anordnung von Atomen ist im Prinzip sehr groß. Sie kann abgeschätzt werden, indem man sich ein virtuelles dreidimensionales Raumgitter vorstellt, auf dem jeder Gitterpunkt gerade durch ein Atom besetzt sein kann. Grundsätzlich ist jede Atomsorte an jedem Gitterpunkt denkbar – vorausgesetzt, die thermische Aktivierung ist hinreichend gering, um einen Zusammenhalt durch schwache Wechselwirkungen nicht zu zerstören. Die Variabilität N in einem solchen Gitter lässt sich für Würfel aus der Anzahl der Positionen innerhalb des Würfels und der Zahl der Bausteintypen k berechnen. Mit der Zahl der Gitterpunkte z in jeder Dimension wächst die Variabilität sehr schnell an:

$$N = k^{(z * z * z)}$$

Bei einer Zahl von rund 100 Elementen beträgt $N = 100$ für $z = 1$ (nur ein Atom). Bei zwei Atomen beträgt die Zahl rechnerisch immerhin schon 100^8 ($= 10^{16}$), eine Zahl, die sich durch die auftretenden äquivalenten Anordnungen bei Drehung des Würfels etwas, aber nicht sehr stark, vermindert. Bei einer Ausdehnung über drei Gitterpunkte, d. h. 27 Gitterpositionen, beträgt die Anordnungsvielfalt bei vollständiger Kombination bereits $100^{27} = 10^{54}$ und bei fünf Gitterpunkten schon $100^{125} = 10^{250}$ (abzüglich der äquivalenten Positionen bei Drehung). Ein solcher Würfel hätte ein Volumen von nicht mehr als rund einem Nanometer. Seine Variationsbreite sprengt aber bereits die Möglichkeiten, die alle Atome des Universums zusammengenommen bieten.

Eine enorme molekulare Vielfalt kann demnach schon bei kleinsten chemischen Einheiten auftreten. Deshalb sind molekulare Strukturen oder komplexe Festkörper grundsätzlich geeignet, um in hoher Dichte Informationen zu speichern. Das Problem liegt darin, Mechanismen zu entwickeln, die es erlauben, Informationen in Moleküle einzuschreiben oder auszulesen, in andere Moleküle zu übertragen, zu testen und zu variieren. Die in den Molekülen codierte Information muss dazu in einer einfach und streng standardisierten Form vorliegen. Nur bei einer solchen strengen Standardisierung können Apparate entwickelt werden, die in der Lage sind, die Informationen zu übertragen, zu lesen, zu schreiben, zu korrigieren und zu variieren.

In den lebenden Systemen ist zwar allen Molekülen eine bestimmte Information inhärent, als Informationsmoleküle sind aber nur solche Spezies zu verstehen, in denen Information in einer standardisierten und damit universell zugänglichen Form gespeichert ist und für die Apparate der Prozessierung, zumindest aber für einen der Informationsprozessschritte, also z. B. das Schreiben oder das Lesen der Information, existieren. Die zellulären Mechanismen der Handhabung und Verarbeitung von Information sind deshalb auch ausschlaggebend für die Form, in der Informationen in Biomolekülen gespeichert sind.

Informationen können entweder parallel oder seriell verarbeitet werden. Technische Beispiele für die parallele Informationsübertragung und -verarbeitung sind z. B. Bildübertragungsverfahren oder optische Operationen. Will man mit einem und demselben Apparat viele Bilder übertragen, so werden einzelne parallele Übertragungsschritte hintereinander geschaltet und so Serien von Parallelübertragungsschritten realisiert. Die einfachste Form der Informationsübertragung und -verarbeitung ist deshalb die serielle, weil damit beliebig lange Datensätze in einer einheitlichen Art und Weise behandelt werden können. Deshalb liegt dieses Prinzip auch praktisch der gesamten digitalen Elektronik und damit fast der gesamten modernen elektronischen Kommunikation zu Grunde. Alle Informationen werden als Abfolge von Zeichen in einer strengen zeitlichen Ordnung gehandhabt. Die Zahl der Zeichentypen kann dabei sehr stark beschränkt werden – im Extremfall auf zwei alternative Zustände (L/0). Aus diesen Elementarzuständen können durch Kombination beliebige Zeichensätze höherer Ordnung synthetisiert werden. Die Information einer Zeichenfolge steckt in der Anordnung, d. h. der Abfolge der Zeichen innerhalb der Kette. Dieses Prinzip ist lange vor der Erfindung der digitalen Elektronik im Prinzip der menschlichen Sprache verwirklicht worden und spätestens seit der Erfindung der Schrift auch in seiner formalen Struktur erkannt und weitergestaltet worden.

Das Prinzip der seriellen Informationsbearbeitung ist auch in der durch die biologischen Systeme hervorgebrachten biomolekularen Informationsspeicherung realisiert. Damit ist dieses Prinzip viel älter als die menschliche Sprache. Es stammt mit großer Wahrscheinlichkeit bereits aus der frühen Phase der biomolekularen Evolution. Wie in der Schrift und in der Elektronik werden auch in den Biomolekülen die Informationen als Zeichenketten codiert und in dieser Form auch kopiert und verarbeitet.

Die lineare Anordnung der Zeichen in der Zeichenkette wird in der molekularen Codierung ganz durch die lineare Anordnung von molekularen Bausteinen in einer molekularen Kette abgebildet. Durch die Organisation der Zeichen in einer Kette reflektiert der Molekülbau bereits das Prinzip der seriellen Informationsverarbeitung. Der Kettenaufbau erfolgt richtungsorientiert. In den Nukleinsäuren wird die Richtung durch die in der Esterbindung mit dem Phosphatrest der Nukleotide angesprochenen OH-Gruppen des Zuckers festgelegt. In den Peptiden und Proteinen ist der Richtungssinn durch den asymmetrischen Aufbau der Kopplungsgruppen der Aminosäuren, d. h. durch die Carboxylgruppe auf der einen und die Aminogruppe auf der anderen Seite, vorgegeben. Die asymmetrische Art der Verknüpfung der Bausteine innerhalb der Kette gibt jeweils den Richtungssinn in der Zeichenkette an. Die Zeichen eines molekularen Alphabets werden durch die molekularen Bausteine gebildet, die in die jeweilige Molekülkette eingebaut und beim Auslesen unterschieden werden können. So nutzen die Nukleinsäuren ein Alphabet mit vier Buchstaben, die Proteine ein Alphabet mit 20 Buchstaben.

Während die Chemiker in den letzten Jahrzehnten gelernt haben, wie die molekulare Maschinerie des Kopierens und Auslesens der biomolekularen Information aus den Nukleinsäuren funktioniert und selbst mit dieser Maschinerie umgehen und sie technisch nutzen können, ist noch kein synthetisches Stoffsystem bekannt, dass analog zu den Nukleinsäuren Informations-Operationen mit anderen molekularen Zeichenketten gestattet. Für ein solches synthetisches System kämen unterschiedliche Stoffklassen in Frage, die auch synthetisch gut zugänglich sind. Was fehlt sind die hochselektiv arbeitenden Katalysatoren, die molekularen Nanomaschinen, die für das Kopieren, die Variation und die Übersetzung der Information gebraucht werden.

Raumorganisation durch Dimensionsreduzierung

In der klassischen Technik werden Systeme durch Montage von Bauelementen auf Oberflächen zusammengesetzt. Prinzipiell können dazu alle drei Dimensionen des Raumes genutzt werden.

Müssen sehr viele Bauelemente integriert werden, wie das bei den Festkörperschaltkreisen der Mikroelektronik und anderen mikro- und nanotechnischen Systemen der Fall ist, scheidet eine dreidimensionale Montage wegen des enorm hohen Anspruchs an die Fertigungssysteme aus. Statt dessen beschränkt sich die Technik im Wesentlichen auf zwei Dimensionen. Hochintegrierte Mikro- und Nanosysteme werden in Planartechnik hergestellt, d. h. alle Montagen erfolgen auf (weitgehend) ebenen Oberflächen. Der Preis dafür ist, dass das so gestaltete System im Wesentlichen eine zweidimensionale Gestalt hat. Der Integrationsgrad wird durch die Packungsdichte in der Fläche bestimmt. Die dritte Dimension bleibt für eine Erhöhung des Integrationsgrades (fast) ungenutzt.

Lebende Zellen sind dreidimensionale Gebilde, und auch die biologischen Makromoleküle, vor allem die Enzyme, d. h. die chemisch aktiven »Nanomaschinen«, sind dreidimensional aufgebaut. Der Aufbau von dreidimensionalen Strukturen ist vergleichsweise kompliziert. Um jedem Bauelement im Raum den richtigen Platz zu geben, müssen die Koordinaten in allen drei Raumrichtungen exakt festgelegt sein und im Normalfall – bei allen nicht kugelsymmetrischen Objekten – auch die drei Rotationsachsen richtig eingestellt sein. Will man ein molekulares Nanoobjekt mit dreidimensionaler Architektur direkt aus den Bauelementen in die endgültige Form assemblieren, müssen für jedes Bauelement diese Koordinaten bestimmt und das Bauelement gegenüber den Anschlussbauelementen positioniert werden. Die Montage kann wie in jeder klassisch mechanischen Montage nur von einer Oberfläche aus erfolgen.

Tatsächlich hat sich die lebende Natur beim Aufbau komplexer dreidimensionaler Architekturen nicht diesen komplizierten Verhältnissen unterworfen. Die Natur schafft es aber trotzdem, dreidimensionale Architekturen von Nanoobjekten aufzubauen, indem sie für den äußeren Systemaufbau unter Zuhilfenahme von Instrumenten die Dimensionalität auf das äußerste Minimum reduziert, nach der Fertigstellung des dimensionsreduzierten Nanoobjektes diesem jedoch die Fähigkeit gibt, selbstständig in die funktionelle dreidimensionale Raumstruktur überzugehen. Dazu zerlegt die Natur die Assemblierung in zwei Teilprozesse, indem sie die logische Verknüpfung der Bauelemente und die Packung der Bauelemente im Raum entkoppelt (Abb. 80). Sie geht dabei folgendermaßen vor:

1. Herstellung der linearen Verknüpfung aller wesentlichen für den Systemaufbau benötigten Elemente;
2. lagerichtige Anordnung der linear verknüpften Bausteine durch Packung im Raum.

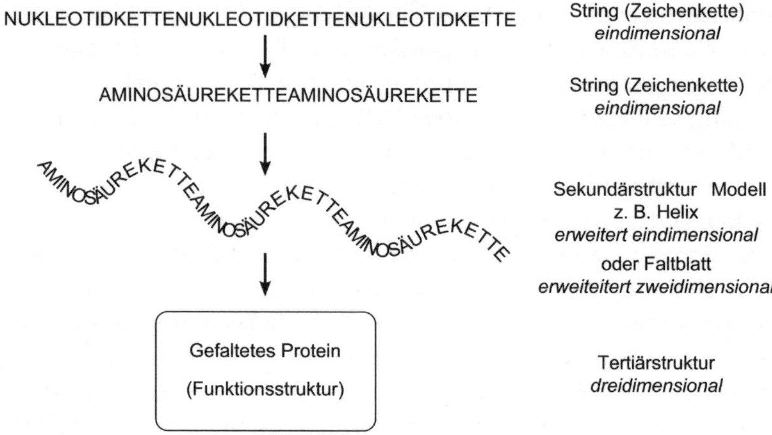

Abb. 80 Von der Zeichenkette (String, eindimensional) zur dreidimensionalen Funktionsstruktur von Proteinen (schematisch): Dimensionsreduzierung und Entkopplung von logischer Verknüpfung durch äußere Werkzeuge und Raumanordnung beim Aufbau von Proteinen in der Biosynthese.

Die weitestgehende Dimensionsreduzierung, die noch eine eindeutige Verknüpfung aller Bauelemente erlaubt, findet sich im eindimensionalen Fall. Das Ordnungsmerkmal ist die Reihenfolge der Anordnung. Grundsätzlich kann eine bestimmte dreidimensionale Anordnung von Elementen im Raum durch eine lineare Verknüpfungsvariante abgebildet sein. Während eine bestimmte räumliche Anordnung mit einer eindeutigen Koordinatenzuordnung auch eindeutig in eine bestimmte eindimensionale Ordnung überführt wird, gibt es für jede lineare Anordnung sehr viele unterschiedliche räumliche Anordnungsvarianten. Der »Trick der Natur« besteht darin, durch die spontane, aber hochspezifische Interaktion der Kettenglieder exakt eine der vielen möglichen Raumanordnungen einzustellen.

Die lineare Anordnung von Baueinheiten schließt zwei sehr wichtige Vorteile ein: Die Montage der Baueinheiten kann bei linearer Verknüpfung von Instrumenten (»molekularen Maschinen«) unterstützt werden, die statt aus einem Halbraum aus einem nur durch den sich formenden linearen Körper geringfügig eingeschränkten Vollraum operieren können. So ist es möglich, dass die wachsende Kette der verknüpften Bauelemente fast vollständig von »Werkzeug-Molekülen« eingeschlossen ist. Durch diesen Zugriff der Werkzeuge aus fast allen Raumrichtungen kann der Prozess der Verknüpfung mit sehr hoher Selektivität geführt werden. Außerdem ist es möglich, unterschiedliche Baugruppen mit gleicher Zuverlässigkeit einzubauen, solange nur gewisse Minimalanforderungen (z. B. bestimmte, räumlich zugängliche Kopplungsgruppen) erfüllt sind. Damit wird die lineare Verknüpfung zu einem hochspezifischen, aber zugleich universellen Prozessschritt der Assemblierung.

Der Übergang von der eindimensionalen Anordnung zur dreidimensionalen Raumstruktur erfolgt bei den Proteinen im Allgemeinen ohne direkte Unterstützung von spezifischen Montageinstrumenten. Das setzt voraus, dass das Ablaufschema der Packung im Raum durch die Anordnung der Bausteine in der Kette und ihre Eigenschaften implizit enthalten ist. Das Beispiel der Proteine zeigt, dass die Natur genau diese implizite Information in Form geeigneter Aminosäureabfolgen codiert, die dann je nach vorgesehener Funktion des Proteins zu unterschiedlichen Faltungsmustern der Aminosäurekette führt (vgl. Abb. 80).

Es ist davon auszugehen, dass in der Evolution alle Aminosäuresequenzen, die keine eindeutig begünstigten dreidimensionalen Faltungsmuster lieferten, nicht bewahrt wurden. Vermutlich setzte der Selektionsprozess in Richtung eindeutiger Faltungsmuster schon bei relativ kurzen Peptiden an. So wäre es erklärbar, dass bereits frühzeitig bestimmte Sequenz- und Strukturmotive manifestiert wurden, die unter moderater Variation dann in viele Proteinen Eingang fanden.

Definition von »Innen« und »Außen« durch molekulare Selbstassemblierung zu Membranen

In biologischen Zellen ist eine Menge von Molekülen enthalten, die in der Umgebung der Zelle gar nicht oder nur in sehr kleinen Konzentrationen vorkommen. Das betrifft zum einen die zellspezifischen Makromoleküle, aber auch kleinere Moleküle wie z. B. ATP und eine Vielzahl von Stoffwechselintermediaten, die für die Zelle lebenswichtig sind. Ohne eine Diffusionsbarriere würde eine solche Ansammlung von Stoffen binnen kürzester Zeit zerfallen. Die Ausbreitung einer Konzentrationsfront gehorcht einem quadratischen Abstandsgesetz (Abb. 81).

Das bedeutet, dass die Zeit, die eine Konzentrationswolke braucht, um sich über eine bestimmte Entfernung auszubreiten, quadratisch

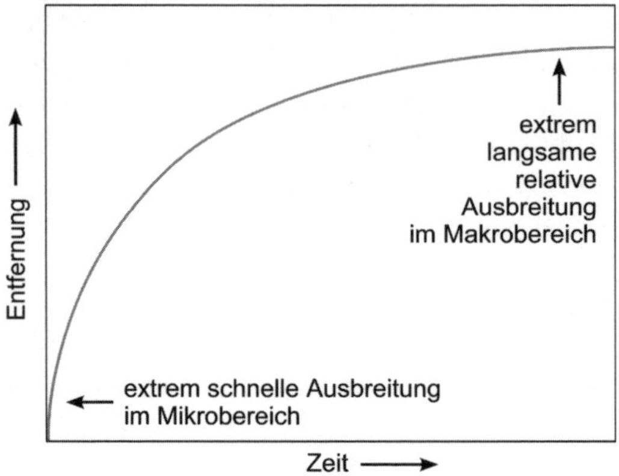

Abb. 81 Relative Ausbreitungsgeschwindigkeit von Diffusionsfronten (schematisch).

mit der Distanz anwächst. So liegt der Zeitbedarf für die diffusive Ausbreitung bei kleinen Molekülen in Wasser bei einer Strecke von 1 mm etwa im unteren Minutenbereich, für die Ausbreitung über Zentimeter werden Stunden benötigt. Der Zeitbedarf verkürzt sich jedoch auf Sekunden, wenn die Distanz nur noch 0,1 mm beträgt, und sie liegt im mittleren Millisekundenbereich, wenn die Entfernung auf etwa 10 µm absinkt oder sogar unter eine Millisekunde bei Entfernungen um 1 µm. Der Mikrometerbereich ist aber gerade der Größenbereich von Zellen. Ohne Begrenzung würden kleinere Moleküle augenblicklich aus dem Volumen einer Zelle herausdiffundieren. Zellen sind deshalb essenziell abhängig von einer Grenze, die den diffusiven Stoffaustausch mit der Umgebung drastisch einschränkt. Diese Funktion erfüllt die Zellmembran. Vor allen anderen Funktionen der Zellmembran ist die Wirkung als Diffusionsbarriere die entscheidende und wahrscheinlich auch die am Anfang der Evolution stehende.

Molekulare Membranen bestehen aus amphiphilen Molekülen. Amphiphile Moleküle sind Teilchen, die aus einem bevorzugt mit Wasser (hydrophile Seite) und einem bevorzugt mit Fetten wechselwirkenden Teil (lipophile Seite) bestehen. Solche Teilchen sind weder in unpolaren Lösungsmitteln noch in Wasser besonders gut löslich. Dafür sind sie grenzflächenaktiv. Sie reichern sich an der Oberfläche von Flüssigkeiten an, belegen Festkörperoberflächen oder die Pha-

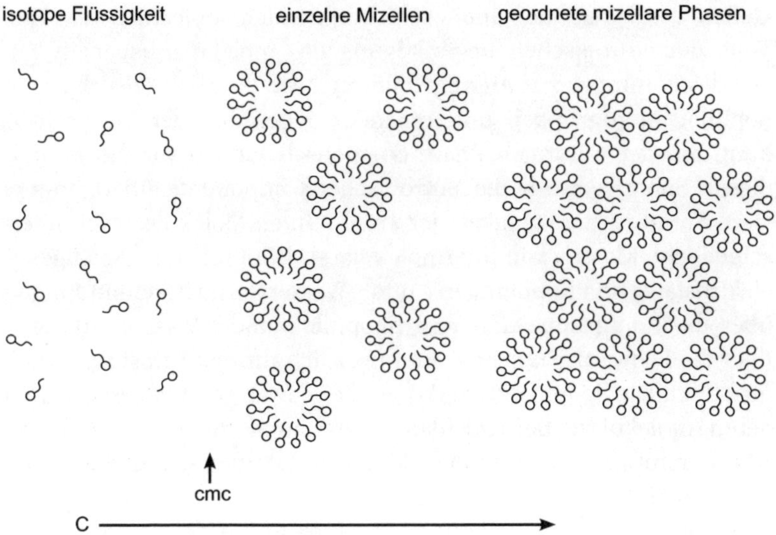

Abb. 82 Konzentrationsabhängige Bildung von Mizellen: molekular-disperser Zustand (Lösung), Kugelmizellen, geordnete mizellare Phasen.

sengrenze zwischen zwei nicht-mischbaren Flüssigkeiten. Darüber hinaus bilden sie spontane Aggregate aus Nanophasen, die sphärisch (Kugelmizellen), gestreckt (Stäbchenmizellen) oder geschichtet sein können (Abb. 82).

An den jeweiligen Grenzflächen bilden sich je nach Konzentration der amphiphilen Spezies, der Löslichkeit und anderen Eigenschaften mehr oder weniger geschlossene molekulare Monofilme, in der alle grenzflächenaktiven Moleküle ihre hydrophile Domäne (im Allgemeinen eine polare bzw. ionische Gruppe, die »Kopfgruppe«) auf die wässrige Phase ausrichten, während der unpolare Teil (lipophile »Schwanzgruppe«) in den Gasraum bzw. in die weniger polare Phase gerichtet ist. Solche molekularen Monoschichten trennen stets unterschiedliche Phasen.

Die Ausbildung der Molekülschichten aus Amphiphilen ist ein typisches Beispiel spontaner molekularer Assemblierung. Sie kommt zustande, wenn eine ausreichende Beweglichkeit der Moleküle gegeben ist, eine Bedingung, die für gelöste Moleküle im flüssigen Aggregatzustand stets erfüllt ist, und wenn durch die Zusammenlagerung ein thermodynamisch begünstigter Zustand ausgebildet wird.

Genau das ist bei den monoschichtbildenden Molekülen der Fall. Trotz der entropischen Begünstigung des molekulardispersen Zustandes kommt es zur Aggregatbildung, weil die Wechselwirkung lipophiler Atomgruppen untereinander gegenüber der Wechselwirkung mit der wässrigen Phase energetisch stark bevorzugt ist und dieser Energiegewinn die entropische Komponente überkompensiert. Somit ist die Fähigkeit der amphiphilen Moleküle, zwei unterschiedliche Klassen von intermolekularen Bindungen zu betätigen – elektrostatische Kopplungen und Wasserstoffbrückenbindungen über die Kopfgruppe und rein lipophile van-der-Waals-Bindungen über die Schwanzgruppen – verantwortlich für den Selbstorganisationseffekt. Die lipophile Interaktion der Schwanzgruppen wird durch deren molekulare Beweglichkeit, d. h. durch die rotationsfähigen Atombindungen zwischen den Kohlenstoffatomen der aliphatischen Reste, unterstützt.

Amphiphile Moleküle können in einer Emulsion als molekulare Monoschicht Tröpfchen einer Phase in einer anderen Phase stabilisieren. Während es bei Abwesenheit von amphiphilen Molekülen normalerweise beim Kontakt von Tröpfchen der gleichen Phase untereinander zu ihrer Vereinigung (Koaleszenz) kommt, wird diese bei Anwesenheit der molekularen Monoschichten unterdrückt, so dass Emulsionen langfristig stabil werden (Abb. 83).

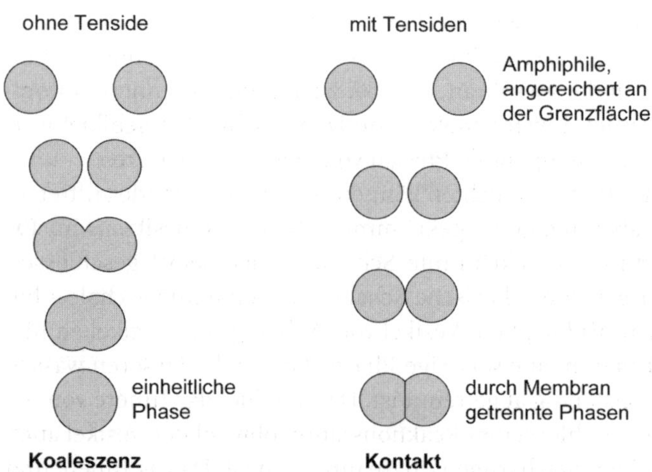

Abb. 83 Koaleszenz und Koexistenz von Nano- und Mikrophasen bei Abwesenheit oder Anwesenheit molekularer Grenzschichten.

Amphiphile Moleküle unterstützen damit auch die Ausbildung von separierten wässrigen Phasen, die in einer Ölphase verteilt sind. Es ist vorstellbar, dass vor der Entwicklung von Zellen separierte wässrige Phasen in Ölphasen spontan gebildet wurden und auf diese Weise kleine, voneinander getrennte Reaktionsräume entstanden, in denen gelöste Bestandteile in unterschiedlichen Konzentrationen vorkommen konnten und unterschiedlichen chemischen Reaktionen unterworfen waren. Die Bildung stabiler, von einer Molekülschicht umgebener Emulsionströpfchen ist der einfachste Fall, in dem sich kleine Reaktionsräume herausbilden, für die es ein »Innen« und ein »Außen« gibt. Die Beschränkung des Stoffaustausches zwischen innen und außen ist allerdings weniger der molekularen Schicht an der Grenzfläche als vielmehr den stark unterschiedlichen Solvatationseigenschaften der Lösungsmittel in der äußeren und der inneren Phase geschuldet.

Amphiphile Moleküle können sich jedoch auch in Form von Doppelschichten zusammenlagern. In wässriger Umgebung sind die hydrophilen Kopfgruppen aller Moleküle zum Lösungsmittel gerichtet, während die lipophilen Schwanzgruppen der beiden einander gegenüberstehenden Molekülschichten in Kontakt sind. Solche Doppelschichten sind nach außen in beiden Richtungen hydrophil, besitzen aber im Inneren eine lipophile Zwischenschicht, die durch die über van-der-Waals-Bindungen interagierenden Schwanzgruppen gebildet wird. Molekulare Doppelschichten trennen damit gleiche Phasen, in diesem Fall zwei wässrige Phasen. Bei inverser Orientierung der Einzelmoleküle in der Membran, d. h. bei zueinander orientierten Kopfgruppen, können inverse molekulare Doppelschichten gebildet werden, die dann zwei lipophile Phasen voneinander separieren.

Molekulare Doppelschichten können als planare Gebilde auftreten, sie können aber auch eine gekrümmte Oberfläche besitzen. Im Extremfall kann diese gekrümmte Schicht in sich selbst geschlossen sein, so dass sie eine sphärische Schale – z. B. eine Kugelschale – bildet. In diesem Fall liegt ein Vesikel vor (Abb. 84). Ein Vesikel enthält in seinem Inneren eine wässrige Phase, die von der äußeren wässrigen Phase vollständig abgetrennt ist. Damit bildet das Innere von Vesikeln einen geschlossenen Reaktionsraum, obwohl der Vesikel auch außen von einer gleichartigen Phase umgeben ist. Da das Innere und das Äußere des Vesikels gleichartige Lösungseigenschaften haben, können innen und außen prinzipiell die gleichen Moleküle auftreten

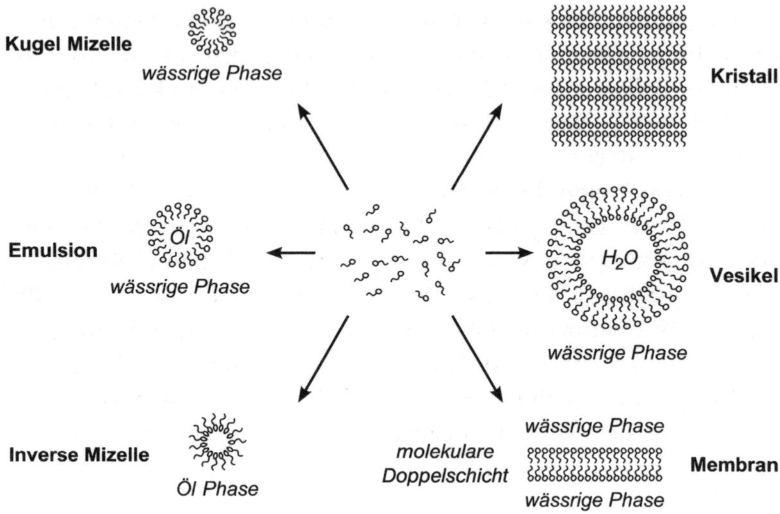

Abb. 84 Selbstorganisierte Nanostrukturen aus amphiphilen Molekülen: Kugelmizelle, inverse Mizelle, Doppelschicht, Kristall, Emulsion und Vesikel.

und sich durch Brown'sche Molekularbewegung ausbreiten. Die molekulare Doppelschicht verhindert jedoch den Stoffaustausch bzw. schränkt ihn weitgehend ein.

Die Bildung von Vesikeln wird immer wieder an und in biologischen Zellen beobachtet und scheint damit zu den elementaren Lebensprozessen zu gehören. Vesikel können auch im Labor hergestellt werden und unterschiedlich beladen werden. Vesikel haben wie die Tröpfchen von Emulsionen ein »Innen« und ein »Außen«. Im Unterschied zu diesen wird der Stoffaustausch jedoch nicht durch die Lösungseigenschaften der inneren und der äußeren Phase beschränkt, sondern kommt allein durch die Wirkung der molekularen Doppelschicht als Diffusionsbarriere zustande. Molekulare Doppelschichten spielen eine ganz entscheidende Rolle in der Raumgliederung lebender Systeme. Komplexe Zellen nutzen sie zur Trennung in unterschiedliche Reaktionsräume, d. h. zur Abgrenzung von Kompartimenten.

Den Vesikeln verwandt sind Mikrospheren aus Proteinen, sogenannte Proteinoide. Das sind Proteinansammlungen von wenigen Mikrometern Durchmesser, die sich spontan in wässriger Phase ausbilden können. An ihnen wurden Phänomene wie Wachstum durch Aufnahme weiterer Proteine und Knospung, d. h. die Abspaltung kleinerer Sphären aus größeren, beobachtet. Das sind Erscheinungen, die stark an Wachstums- und Teilungsprozesse von Zellen erinnern.

Die Organisation durch Abgrenzung mikroskopischer Volumina, die von der Umgebung chemisch entkoppelt sind, ist wahrscheinlich eine der wichtigsten Voraussetzungen für die Bildung eines fortpflanzungsfähigen Systems. Als weitere Voraussetzungen müssen dazu das Wachstum durch Aufnahme von Substrat durch kontrollierten Transport durch die Membran aus der äußeren Umgebung und die Fähigkeit zur Teilung, bei der die wesentlichen chemischen Eigenschaften des Mutterkompartimentes auf die Tochterkompartimente übertragen werden, treten.

Der »Aggregatzustand« des Zellplasmas – eine Hierarchie abgestufter molekularer Beweglichkeit

Die Akkumulation von Material im Inneren eines durch eine Membran von der Umgebung abgetrennten Raumes gestattet es, in diesem Raum ein systemspezifisches Milieu aufzubauen. Dadurch können sich optimale Bedingungen für stofflich gekoppelte Prozesse etablieren. Auch die primitivsten heute lebenden Zellen besitzen eine Vielzahl von miteinander verkoppelten chemischen und biomolekularen Reaktionen, von denen wiederum viele in Regelkreise und Regel-Netzwerke eingebunden sind. Die Herausbildung eines solchen komplexen Systems chemischer Reaktionen ist nur in einem gegen diffusive Verluste geschützten Raum denkbar.

Daneben bedarf es aber offenbar auch einer Abstufung der Beweglichkeit der molekularen Bestandteile innerhalb des geschützten Raumes. Die für die Steuerung der biomolekularen Abläufe nötige Abstufung ist aber offensichtlich nicht allein durch die unterschiedlichen Diffusionskonstanten der Moleküle in einer wässrigen Umgebung gegeben. Es muss eine zusätzliche Bewegungskontrolle stattfinden. Diese liegt in allen Zellen durch einen Aggregatzustand vor, der Merkmale einer isotropen Flüssigkeit mit lokal flüssig-kristallinen Merkmalen und mit gelartigen Zuständen kombiniert. Während ein Teil der Moleküle weitgehend frei beweglich ist, unterliegen

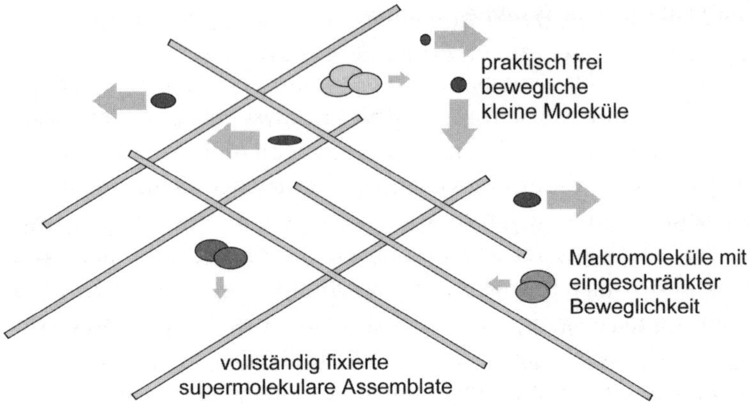

Abb. 85 Abgestufte molekulare Beweglichkeit durch gelartige Verhältnisse im Zytoplasma (schematisch).

andere einer Bindung oder doch zumindest einer Behinderung der Diffusion durch Wechselwirkung mit den Komponenten des Netzwerkes der stationären Phase der gelartigen Struktur im Zytoplasma (Abb. 85).

Dieses Gel ist nicht so starr aufgebaut wie die meisten synthetischen Gele, sondern durch Integration und Freisetzung von Makromolekülen ständig lokalen Veränderungen unterworfen. Kooperative Ordnungsphänomene sorgen zusätzlich zu einer Beeinflussung der abgestuften molekularen Beweglichkeiten und können Anisotropieeffekte, d. h. Bevorzugungen von Raumrichtungen, hervorrufen.

All diese Phänomene setzen nicht zwangsläufig innere Membranen oder ein Gerüst aus Faserproteinen (Zytoskelett) im eigentlichen Sinne voraus. Abgestufte Beweglichkeiten finden sich schon in ganz einfachen Zellen. Innere Membransysteme und Gerüststrukturen aus Motorproteinen, wie sie in den komplex aufgebauten eukaryontischen Zellen auftreten, sorgen aber in diesen Zellen für eine Fülle zusätzlicher Möglichkeiten der Kontrolle der innerzellulären molekularen Bewegung.

Autokatalytische Systeme im Raum

Katalytische Reaktionen sind in der Natur ebenso wie in der chemischen Technik weit verbreitet. Unter Katalyse versteht man die Beschleunigung einer Reaktion – im Allgemeinen die Verkürzung der Zeit bis zur Einstellung eines chemischen Gleichgewichts – durch die Anwesenheit eines an der Reaktion beteiligten Stoffes – des Katalysators, der jedoch aus der Reaktion unverändert hervorgeht. Jede Katalyse lässt sich als ein Kreisprozess beschreiben, in dem der Katalysator mit einem Ausgangsstoff unter Bildung eines Zwischenproduktes reagiert, aus diesem das Produkt bildet und dabei selbst wieder freigesetzt wird. Durch die Anwesenheit des Katalysators wird die Aktivierungsenergie einer Reaktion vermindert und dadurch eine – oft sehr starke – Beschleunigung der Reaktion hervorgerufen (Abb. 86).

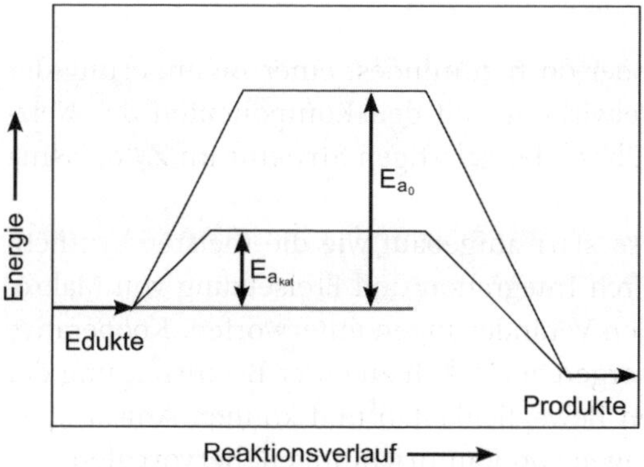

Abb. 86 Energiediagramm chemischer Reaktionen ohne und mit Katalysator: E_{a0} – Aktivierungsenergie ohne Katalysator; $E_{a,\,ka}$ – Aktivierungsenergie bei Anwesenheit eines Katalysators.

Molekulare Evolution setzt voraus, dass Substanzen ihre eigene Bildung unterstützen. Dieses Phänomen ist in der Chemie als Autokatalyse bekannt. Chemische Autokatalyse ist die chemisch-kinetische Erscheinungsform einer positiven Rückkopplung. Von den lebenden Systemen sind positive Rückkopplungen gut bekannt. So stellt jedes vermehrungsfähige Lebewesen ein solches System positiver Rückkopplung dar. Kinetisch lässt sich das folgendermaßen definieren: Unter Einwirkung eines Lebewesens entstehen aus Nahrung ein oder mehrere neue Lebewesen des gleichen Typs:

$$\text{Nahrung} - (\text{Lebewesen}) \rightarrow \text{Lebewesen}$$

oder

$$1\ \text{Lebewesen} + \text{Nahrung} \rightarrow n\ \text{Lebewesen},\quad n > 1$$

In chemischen Reaktionen wird eine Autokatalyse ganz analog beschrieben:

$$A + B \rightarrow n\,A,\ n > 1$$

oder

$$B - (A) \rightarrow A$$

Bei einem großen Überschuss an B (oder Nahrung) lässt sich dafür ein einfaches Geschwindigkeitsgesetz formulieren:

$$dA/dt = k \times A \times B$$

Der Parameter k ist dabei eine für die jeweilige Reaktion charakteristische Geschwindigkeitskonstante.
Aus

$$dA/A = k\,B \times dt$$

ergibt sich nach Integration:

$$A(t) = A(0) \times e^{k * B * t}$$

Solange ausreichend B vorhanden ist, wächst die Konzentration von A exponentiell an. Dieses Verhalten ist etwa für die Vermehrung von Bakterien in einer Kultur oder von einer Tier- oder Pflanzenpopulation, die sich in Nahrungsüberschuss entwickelt, gut bekannt.

In der Chemie ist das Vorkommen der Autokatalyse zumeist mit dem Phänomen der Auslösbarkeit verbunden. Da die Reaktionsgeschwindigkeit als Änderung der Konzentration mit der Zeit (dc/dt) definiert ist, bedeutet ein exponentielles Anwachsen eines Produktes, dass auch die Reaktionsgeschwindigkeit exponentiell ansteigt. In glei-

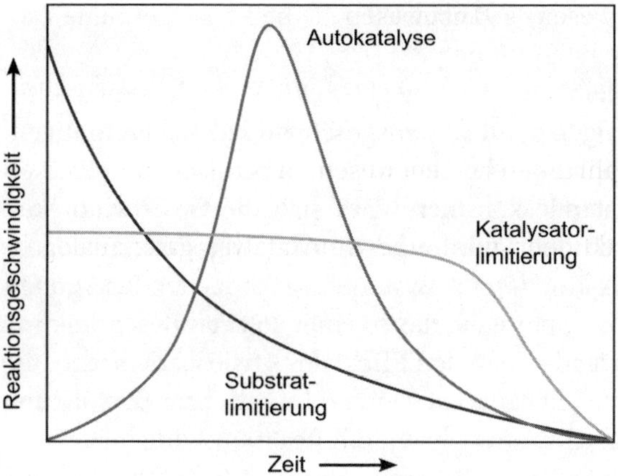

Abb. 87 Entwicklung der Reaktionsgeschwindigkeit bei normalen chemischen Reaktionen, bei der Katalysator-limitierten Katalyse und in einer Autokatalyse.

chen Zeitintervallen wird immer mehr Produkt gebildet (Abb. 87). Deshalb kann man auch von einer selbstbeschleunigenden Reaktion sprechen.

Für den Charakter autokatalytischer chemischer Reaktionen spielen neben den kinetischen auch die thermodynamischen Verhältnisse eine wichtige Rolle. Bei anwachsender Reaktionsgeschwindigkeit bleiben die Reaktionsbedingungen in der Regel nicht konstant, insbesondere wird – bei normalerweise nicht idealen Wärmetransportverhältnissen – das System nicht bei konstanter Temperatur bleiben. Es liegen nicht-isotherme Verhältnisse vor. Im Falle einer energieverbrauchenden (endothermen) Reaktion dämpft sich das autokatalytische System selbst, da die Geschwindigkeitskonstante mit abnehmender Temperatur kleiner wird. Die Reaktionsgeschwindigkeit nimmt also nicht so stark zu, wie es bei konstanter Temperatur nach dem exponentiellen Gesetz der Autokatalyse zu erwarten wäre.

Im Gegensatz dazu führen exotherme autokatalytische Reaktionen – d. h. Prozesse mit Wärmefreisetzung – zu einer immer schnelleren Erwärmung des Reaktionssystems. Mit ansteigender Temperatur wächst die Geschwindigkeitskonstante exponentiell an, wodurch der ohnehin durch den Reaktionsmechanismus bewirkte exponentielle Verstärkungsprozess weiter verstärkt wird. Dieses Verhalten hat im Allgemeinen einen katastrophenartigen Prozessablauf zur Folge. Explosionen sind ein typisches Beispiel für schnell beschleunigte exotherme autokatalytische Systeme.

Die Katastrophe bleibt aus, wenn negative Rückkopplungen das immer schnellere Ansteigen der Reaktionsgeschwindigkeit beschränken. Da negative Rückkopplungen bei den meisten chemischen Prozessen einfach dadurch zustande kommen, dass sich die Geschwindigkeit von Reaktionen durch den Verbrauch von Ausgangsstoffen verlangsamt, finden sich in kinetischen Systemen gekoppelter Reaktionen häufig negative Rückkopplungen, die zu einer solchen Beschränkung führen. Im Ergebnis findet man den Effekt der Auslösbarkeit, d. h. die Reaktionsgeschwindigkeit kann nach einem Initialschritt (Zuführung des Katalysators) zunächst anwachsen, die Reaktion klingt aber nach einer gewissen Zeit wieder ab. Während normale (nicht-autokatalytische) Prozesse stets eine monoton sinkende Reaktionsgeschwindigkeit aufweisen, ist für auslösbare Systeme ein nicht-monotoner Verlauf der Reaktionsgeschwindigkeit typisch. Damit verbunden ist ein sigmoidaler Verlauf der Produktkonzentration (Abb. 88). Eine solche Funktion entspricht ganz dem Verlauf einer Wachstumskurve biologischer Systeme, in denen nach dem Beginn des Wachstums (z. B. durch Animpfen einer Nährlösung mit Keimen) zunächst ein exponentielles Wachstum beobachtet wird, später jedoch durch eine Limitierung (z. B. Substrat-Limitierung) das System in eine Sättigung übergeht.

Liegen bei ausreichender Konzentration oder ständiger Zuführung der Ausgangsstoffe die Ratekonstanten für die Autokatalyse und die negative Rückkopplung in einem passenden Bereich, so kann das System spontan in einen Wechsel von Reaktionsintensitäten übergehen. Das chemische System oszilliert. Solche chemischen Oszillationen können regulär sein, einfache oder Mehrfachperioden aufweisen oder aber auch chaotisch ablaufen. Das Auftreten von Oszillationen zeigt an, dass sich das System im hinreichenden Abstand zum thermodynamischen Gleichgewicht befindet. Die Oszillationen können nur auftreten, wenn fortwährend Ausgangsstoffe umgesetzt werden. Während des Prozesses wird freie Energie abgebaut, d. h. Entropie produziert. Man spricht deshalb auch von einem *dissipativen System*. Dieses thermodynamische Merkmal haben chemische Oszillationen mit Lebensprozessen gemeinsam. Auch der Stoffwechsel von Lebewesen läuft in einem gewissen Abstand zum thermodynamischen Gleichgewicht ab. Alle Organismen stellen dissipative Systeme dar, produzieren also Entropie, die sie an die Umgebung abgeben.

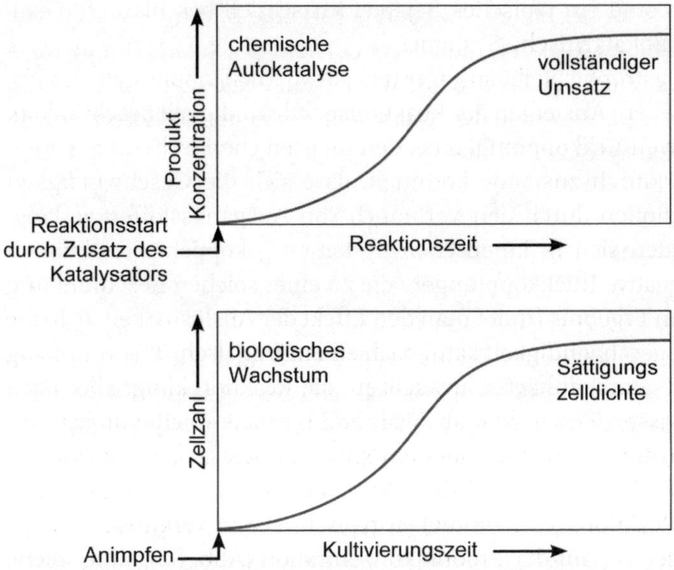

Abb. 88 Sigmoidaler Prozessverlauf bei autokatalytischen Reaktionen und bei biologischen Wachstumsprozessen.

Treten spontane chemische Oszillationen in ungerührten Systemen auf, so kommt es auf Grund der Diffusion von Zwischenprodukten, deren Konzentration mit dem Reaktionsgeschehen wechselt, zu oszillierenden Konzentrationsgradienten. Die Substanzen breiten sich durch Diffusion im Raum aus, wobei der Konzentrationsverlauf nicht nur von den Diffusionskoeffizienten, sondern auch von den wechselnden Konzentrationen bestimmt wird. Bei periodischen Oszillationen entstehen Konzentrationswellen, die auch als *chemische Wellen* bezeichnet werden. Das System baut spontan eine Binnenstruktur auf.

In komplexeren Reaktionssystemen können zwei oder mehrere autokatalytische Vorgänge miteinander gekoppelt sein. Dadurch ergeben sich katalytische Ketten. Diese können z. B. folgendermaßen aussehen:

A – (B) → C
A – (C) → D
A – (D) → E

Der Katalysator der ersten Reaktion bewirkt die Bildung des Katalysators der zweiten Reaktion. Bei dieser entsteht der Katalysator der dritten Reaktion usw. Ist das Produkt des letzten Reaktionsschrittes in einer solchen Kette gerade der Katalysator der ersten Reaktion, so entsteht ein katalytischer Zyklus:

A – (B) → C
A – (C) → D
A – (D) → B

Ein solcher katalytischer Zyklus hat den Charakter eines autokatalytischen Prozesses, da sich – vermittelt über den gesamten Reaktionszyklus – die Bildung eines jeden Katalysators selbst verstärkt. Als Nebeneffekt werden die jeweiligen anderen Katalysatoren mitverstärkt (Abb. 89).

Liegen in einem komplexen Stoffsystem mehrere solcher katalytischer Zyklen vor, so können diese miteinander konkurrieren, wenn sie z. B. den gleichen Ausgangsstoff A benutzen, aber ansonsten voneinander kinetisch unabhängig sind. Es ist jedoch auch denkbar, dass

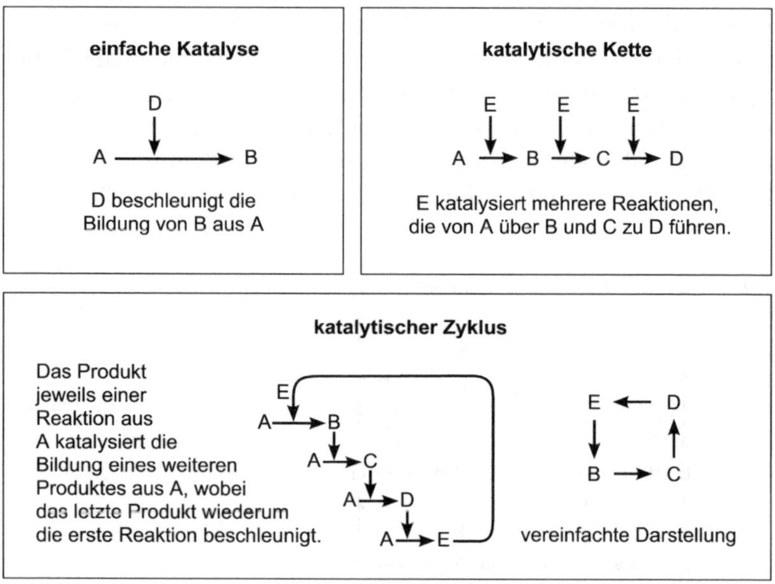

Abb. 89 Katalyse, Kette katalytischer Prozesse und katalytischer Zyklus.

mehrere katalytische Zyklen miteinander verkoppelt sind, so dass jeder Zyklus durch die anderen Zyklen mitverstärkt wird. Der kooperative Effekt wird durch eine zyklische Verknüpfung der katalytischen Zyklen für alle Zyklen verstärkend wirksam. Ein solches kinetisches System geschachtelter katalytischer Zyklen wird nach Schuster und Eigen *Hyperzyklus* genannt (Abb. 90).

Es ist grundsätzlich vorstellbar, dass solche Hyperzyklen bei entsprechenden Reaktionsnetzwerken in einem ideal durchmischten System auftreten können. Solche nulldimensionalen Systeme sind aber nicht robust gegenüber kleinen Störungen. Ein stationärer Zustand wird bereits aufgrund von kleinen Störungen verlassen. Stabilere Verhältnisse werden erreicht, wenn die Kinetik eines Hyperzyklus auf Raum-Zeit-Systeme übertragen wird. Simulationen machen deutlich, dass kinetische Hyperzyklen, die als chemische Wellen im Raum propagieren, robust gegenüber Störungen werden können. Die Ausbildung robuster – auch oszillierender – Strukturen im Raum wird durch zahlreiche Simulationen auf der Basis zellulärer Automaten demonstriert.

Wie die chemischen Autokatalysen bei der Ausbreitung im Raum Wellen erzeugen, so haben auch positiv rückgekoppelte biologische Systeme die Entstehung von Wellen zur Folge. Beispiele finden sich etwa in der wellenartigen Ausbreitung von Populationen oder in Erregungswellen des Muskelgewebes. Die Entstehung räumlicher Muster von lebenden Objekten wie z. B. Mikroorganismen in größeren dichten Populationen wird durch Kopplungen im Raum, z. B. durch diffundierende chemische Botenstoffe, vermittelt. Die zur Beschrei-

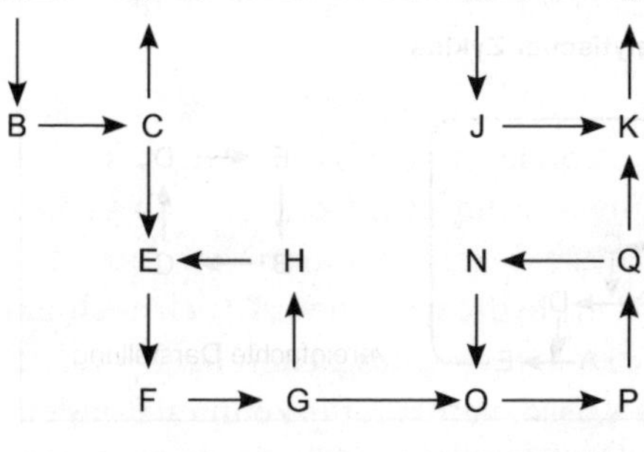

Abb. 90 Beispiel eines katalytischen Hyperzyklus (nach Schuster).

bung geeigneten Differenzialgleichungssysteme entsprechen dabei den Modellen für die abiologischen Oszillationen und den mit diesen verbundenen chemischen Wellen.

Molekulare Evolution und »RNA-Welt«

Für die Entstehung des Lebens auf einer stofflichen Grundlage, wie wir es auf der Erde finden, spielt die Entstehung katalytischer Netzwerke aus Proteinen und Nukleinsäure eine ganz entscheidende Rolle. Es gibt mehrere Hypothesen darüber, wie es zu ihrer Entstehung aus nicht-biologischen Vorgängerstufen gekommen sein könnte. Dazu werden drei grundsätzlich verschiedene Szenarien diskutiert:

I. Am Anfang standen zufällig gebildete Proteine. Deren Bildungs- und Abbauprozesse organisierten sich spontan in katalytischen Zyklen. Später traten die ebenfalls in ihrer Bildung und ihrem Abbau durch Proteine katalysierten Nukleinsäuren als Moleküle der Informationsspeicherung hinzu.

II. Am Anfang standen die Nukleinsäuren. Diese organisierten sich zunächst selbst zu einem katalytischen Netzwerk, ohne dass es einer Assistenz durch Proteine bedurft hätte. Proteine wurden erst später gebildet, erwiesen sich dann aber für einen Teil der lebenswichtigen Prozesse als die effektiveren Biokatalysatoren.

III. Am Anfang standen einfache Peptide, Proteine und Nukleinsäuren, die gemeinsam ein katalytisches Reaktionsnetzwerk aufbauten. Es gab von Anfang an eine Koevolution von Proteinen und Nukleinsäuren, in deren Ergebnis sich die einfachsten Zellen entwickelten.

Die spontane Entstehung von Peptiden und Nukleinsäuren könnte sich sehr gut in der frühen Entwicklungsphase der Erde abgespielt haben. Heißes kondensiertes Wasser, Temperaturen von 100 Grad Celsius und – bei entsprechendem hydrostatischem Druck auch darüber – sorgten für hohe Reaktionsgeschwindigkeiten bei hydrolytischen Vorgängen. Dort, wo das Wasser verdampfte, konnten Kondensationsprozesse durch wasserentziehende Festkörper initiiert werden. Bekanntermaßen können Phosphat, Phosphorsäureanhydrid, aber auch andere Verbindungen wie Carbodiimid, Cyanamid und Dicyanamid (Pseudochalkogen-Analoga des Wassers) die Bildung von Peptiden, aber auch von Nukleinsäuren aktivieren. Auch silikatische Festkörper und speziell Tonmineralien sind heterogene Katalysatoren, die die Bildung von Biokondensationspolymeren aus ihren Bausteinen sehr befördern können. Somit gibt es eine ganze Reihe von Kandidaten aus der anorganischen Welt, die in der frühen Phase der molekularen, präbiotischen Entwicklung zur Bildung der ersten Biomoleküle geführt haben könnten.

Es ist aber schwer vorstellbar, dass am Beginn der biologischen Evolution schlagartig bereits so komplexe Stoffsysteme gestanden haben, wie sie heutigen Zellen eigen sind. Ohne die Mechanismen von Vererbung, Variation und Selektion, die fortpflanzungsfähige Systeme voraussetzen, können kaum die kompletten molekularen Mechanismen entstanden sein, wie man sie heute selbst in den primitivsten Zellen vorfindet. Besondere Schwierigkeiten macht die Vorstellung, dass auf abiologischem Wege das abgestimmte System von Nukleinsäuren zur molekularen Informationsspeicherung und Proteinen als Aktionsmolekülen zufällig entstanden sein soll.

Eher denkbar ist, dass es zunächst ganz einfache lebende Systeme gab, die auf einer weniger komplexen molekularen Grundlage basierten. Diese müssten demnach mit deutlich weniger Stoffklassen als die heutigen Zellen ausgekommen sein. Daraus ergibt sich die Frage, ob eine der heute in Zellen vorkommenden Stoffklassen einen Kandidaten für eine frühe Form von Leben dargestellt haben könnte, der nicht auf die gleichzeitige Verfügbarkeit von Vertretern der anderen Stoffklassen angewiesen war.

Diese Stoffklasse müsste vergleichweise einfach prozessierbar sein, d. h. alle für die Reproduktion und das Überleben notwendigen molekularen Operationen müssten von wenigen Werkzeugen ausgeführt werden können, wobei diese Werkzeuge vorzugsweise derselben Stoffklasse wie die zu prozessierenden Moleküle angehören sollten. Außerdem sollte diese Stoffklasse modular aufgebaut, variabel in der speziellen Molekülausführung und zur Speicherung von Information geeignet sein.

Unter diesen Voraussetzungen scheiden Zucker und Lipide aus, weil sie weder die benötigten katalytischen Funktionen besitzen noch zweckmäßig als Informationsspeicher eingesetzt werden können. DNA ist zwar ein hervorragendes Speichermolekül für Informationen, scheidet aber als molekulares Werkzeug ebenfalls aus. Proteine kämen sowohl aus Sicht der Informationsspeicherung in Frage, da sie ja über die Aminosäureabfolge Informationen codieren können, als auch aus Sicht der Anforderungen an molekulare Werkzeuge. Problematisch sind bei den Proteinen jedoch die vergleichsweise anspruchsvolle Synthese und die großen Unterschiede in den Reaktionsgeschwindigkeiten der einzelnen Aminosäuren. Sie kämen in Frage, wenn die Anforderung der vergleichsweise einfachen Prozessierbarkeit erfüllt wäre. Gerade dafür gibt es aber bisher keine Anhaltspunkte. Zu bedenken ist vor allem, dass, obwohl Proteine als Biokatalysatoren fast alle Lebensprozesse steuern, ihre eigene Synthese ohne die Hilfe von Nukleinsäuren nicht funktioniert. Nukleinsäuren werden dabei nicht nur als Informationsträger, sondern auch als Katalysatoren und Hilfsmoleküle in Gestalt der ribosomalen und der Boten-RNA benötigt. Es ist außerdem kein Mechanismus bekannt, durch den eine Aminosäuresequenz direkt reproduziert werden könnte. Anders als bei der Replikation der Nukleinsäuren gibt es kein Replikationsverfahren für Proteine.

So bleibt von den biogenen Makromolekülen nur die Stoffklasse der RNA als ernsthafter Kandidat für eine frühe molekulare Evolution übrig. Wie die DNA kann die RNA als Informationsträger fungieren und durch Replikation vermehrt werden, wobei die Abschrift durch Basenpaarung direkt von einem RNA-Molekül auf das neue RNA-Molekül erfolgt. RNA ist vergleichsweise einfach zu prozessieren, weil die Nukleotide ganz ähnliche chemische Eigenschaften aufweisen. Vor allem aber kann RNA selbst als Biokatalysator fungieren. Zwar werden von den heutigen Organismen Proteine als Werkzeuge zur Prozessierung der RNA eingesetzt. Es ist jedoch nachgewiesen worden, dass RNA selbst als Enzym wirken kann. So wurde z. B. die Restriktionswirkung von bestimmten RNA-Sequenzen nachgewiesen, d. h. die Fähigkeit, andere RNA-Moleküle hydrolytisch zu spalten, d. h. zu zerschneiden. In Analogie zu den Enzymen wurden solche katalytisch aktiven RNA-Spezies *Ribozyme* genannt. Welche RNA-Sequenzen zerschnitten werden, hängt von den jeweiligen Eigenschaften der Ribozyme (»Werkzeuge«) ab, d. h., die Nukleotid-Sequenz der Ribozyme reagiert spezifisch auf die Sequenz der Target-RNA (»Werkstücke«). Die Spezifität der Katalysatoraktivität solcher RNA-Moleküle ist der Fähigkeit zur inneren Basenpaarung zu verdanken. Ist ein Abschnitt aus mehreren aufeinanderfolgenden Nukleotiden innerhalb eines RNA-Stranges komplementär zu einem anderen Abschnitt desselben Moleküls, so kommt es zu einer partiellen Hybridisierung des RNA-Moleküls mit sich selbst. Dadurch entstehen geometrisch stabile und – je nach Basenanordnung – auf unterschiedliche Weise gefaltete Moleküle. Die Art der Stabilisierung und Faltung zu dreidimensionalen Gebilden wirkt direkt auf die chemischen Eigenschaften und insbesondere die katalytische Aktivität und deren Spezifität zurück.

Die katalytische Fähigkeit der RNA ist in zweierlei Richtung interessant: Zum einen gestattet sie dem System selbst, Selektionsarbeit zu leisten. Es können sich Stoffsysteme herausbilden, die in der Lage sind, andere molekulare Spezies der gleichen Klasse, d. h. andere, dem Stoffsystem fremde RNA-Moleküle, zu zerstören. Damit werden diese als Konkurrenten ausgeschaltet, und ihre Abbauprodukte – die Nukleotide oder RNA-Fragmente – können als Baumaterial für die Erzeugung von Kopien der eigenen RNA-Sequenz genutzt werden. Damit repräsentiert ein Stoffsystem mit selektiv wirksamen Ribozymen bereits ganz wichtige Lebensfunktionen. Es kann sich identisch replizieren (durch Hybridisierung, d. h. komplementäre Basenpaarung). Es kann differenzieren, nämlich zwischen systemeigener und systemfremder RNA, und es kann in einen Wettbewerbsprozess mit analogen Systemen eintreten und in diesem Prozess Konkurrenten bekämpfen, eigene Rohstoffquellen erschließen und wachsen. Schließlich kann ein solches Ribozym-basiertes System durch kleine Variationen bei der Replikation der Basenfolge sich selbst verändern.

Diese Veränderungen führen bei der Vermehrung der RNA zu einer Population von nahe verwandten, aber leicht variierten Informationssätzen, d. h. zu molekularen Mutanten. Ein Ensemble aus solchen nahe verwandten Individuen, die durch Variation eines Muttermoleküls bzw. des entsprechenden Mutterdatensatzes entstanden sind, wird *Quasispezies* genannt. Im weiteren evolutionären Wettbewerb konkurrieren auch diese Varianten miteinander, wodurch es zur Selektion innerhalb der Population und damit zur Veränderung und immer besseren Anpassung der Population an die Umgebungsbedingungen kommt.

Wenn man aus Zellen isolierte Enzyme zu Hilfe nimmt, lassen sich solche Replikations-, Variations- und Selektionsprozesse in Laborexperimenten *in vitro*, d. h. ohne lebende Zellen, nachvollziehen. Dabei wurde sowohl die Ausbildung von RNA-Quasispezies als auch das

Ablaufen von Selektionsprozessen innerhalb von RNA-Populationen beobachtet. Die Fähigkeit, durch innere Basenpaarung chemisch und geometrisch stabile Strukturen auszubilden, erwies sich in diesen Experimenten als besonders wichtiges Instrument der Anpassung von RNA-Sequenzen an die Wettbewerbsbedingungen, wenn gleichzeitig Moleküle mit Restriktionseigenschaften vorlagen.

Zum anderen stellt die katalytische Fähigkeit solcher RNA-Moleküle einen direkten Bezug zur heutigen Funktion von RNA-Molekülen in lebenden Zellen her. Die RNA ist eine Schlüsselspezies für fundamentale Prozesse in jeder lebenden Zelle: RNA-Moleküle sind direkter als die DNA für die Proteinbiosynthese verantwortlich. Die molekularen »Maschinen«, in denen Proteine durch Verknüpfung von Aminosäuren anhand eines molekularen Bauplanes erzeugt werden, bestehen im Wesentlichen aus RNA. Diese ribosomale RNA (r-RNA) weist zahlreiche Schleifen in der Nukleotidkette (*loops*), d.h. Abschnitte mit innerer Basenpaarung, auf und bildet dadurch eine komplexe Architektur im Raum aus, die sie zu ihrer hochspezifischen katalytischen Aktivität befähigt.

Eine zweite Klasse von RNA-Molekülen, die Transfer-RNA, ist für den Transport der Aminosäuren zu den Ribosomen verantwortlich. Jeder Organismus hat für jede zum Proteinaufbau benötigte Aminosäure einen Satz solcher t-RNA-Moleküle. Schließlich bildet die Boten- oder Messenger-RNA (m-RNA) den eigentlichen Träger des Bauplans der Proteine. An der m-RNA wird, gemäß der Abfolge von Nukleotiden in Dreiergruppen, die durch das jeweilige Motiv der Dreiergruppe codierte Aminosäure in die Peptidkette eingebaut. RNA ist damit die Schlüsselklasse von Substanzen für den Aufbau von Proteinen. Das legt den Verdacht nahe, dass die RNA eher als die DNA in der frühen Evolution eine Rolle gespielt hat.

Die Hypothese einer RNA-Welt geht davon aus, dass am Anfang der biologischen Evolution eine molekulare Evolution gestanden hat, in der die RNA-Moleküle die Funktionen, die heutige Lebewesen auf die RNA, die DNA und die Proteine verteilen, allein ausführten. RNA-Moleküle wirkten demnach sowohl als Informationsspeicher als auch als Konstruktionsmaterialien und Aktionsmoleküle in den frühen lebenden Systemen (Abb. 91). Grundsätzlich kommt die RNA wegen der oben beschriebenen Eigenschaften für eine solche Funktion auch tatsächlich in Frage.

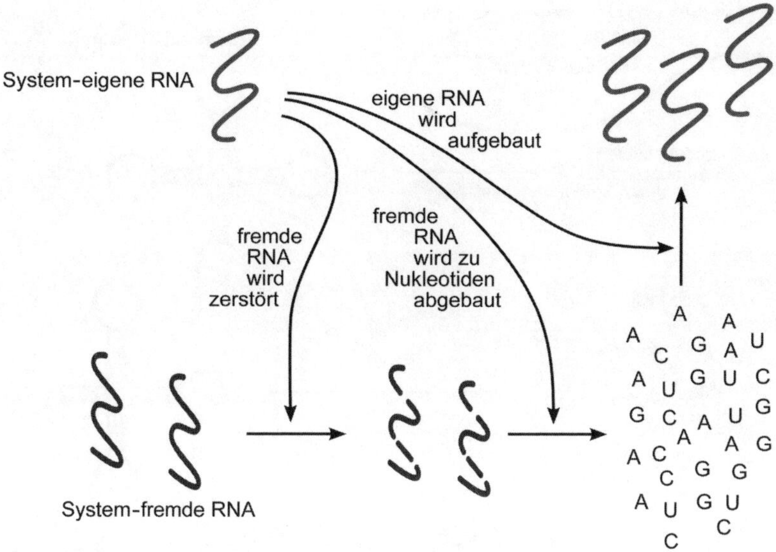

Abb. 91 Hypothetische Organisation eines frühen präzellulären Lebens, abgeleitet aus der katalytischen Aktivität mancher RNA-Moleküle (Ribozyme): die »RNA-Welt«.

Wenn man die frühe Existenz einer »urbiologischen RNA-Welt« annimmt, entsteht die Frage, wie die ersten Lebewesen ausgesehen haben könnten. Es muss ein molekulares System existiert haben, das eine ausreichende Stabilität aufwies, zugleich aber die oben genannten Funktionen als Informationsspeicher und Aktionsmolekül wahrnehmen und sich vermehren konnte und überdies einer Evolution durch Variation und Selektion zugänglich war. Ein möglicher Kandidat für solch ein *Urgen* ist Manfred Eigen zufolge ein Molekül mit etwa 76 RNA-Nukleotiden, das aus 8 paarweise komplementären Teilabschnitten besteht und sich dadurch zu einer kleeblattartigen Struktur faltet. Ein Molekül dieser Größe würde einen Datensatz vernünftiger Größe darstellen, könnte durch Variation und Selektion optimiert worden sein, wäre aber bereits hinreichend groß genug, um molekularbiologische Funktionen zu übernehmen. Ein derartiges Molekül wäre von Größe und Aufbau den heutigen t-RNA-Molekülen ähnlich. Möglicherweise haben sich die t-RNA-Moleküle aus dem Urgen entwickelt (Abb. 92). Träfe diese Urgen-Hypothese zu, so wäre in

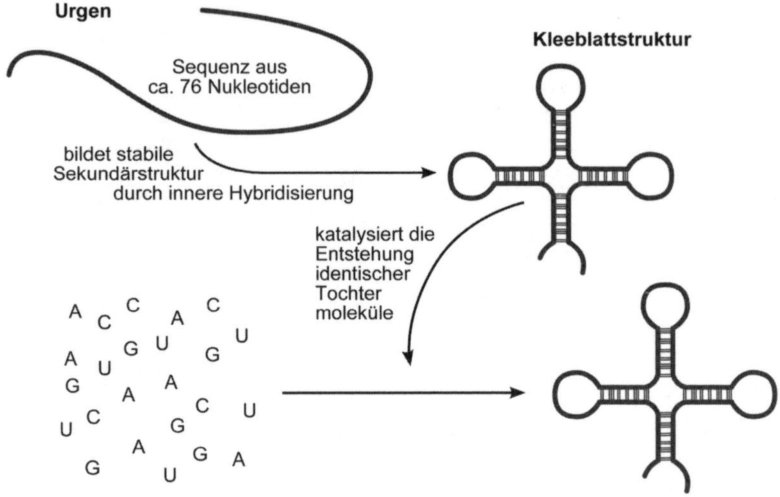

Abb. 92 Urgen-Hypothese (nach Eigen).

den t-RNA-Molekülen ein Relikt aus der Frühphase der Evolution erhalten geblieben.

Funktionstrennung im molekularen Informationsmanagement

In allen heute lebenden Zellen finden wir eine Spezialisierung der enthaltenen Molekülklassen auf bestimmte Aufgaben. Nach der Hypothese der RNA-Welt ist diese Aufgabenteilung jedoch nicht von Anfang an vorhanden gewesen, sondern muss sich erst im Zuge der frühen Evolution entwickelt haben.

In einer Lebenswelt, in der eine einzige Stoffklasse – nach der oben diskutierten Hypothese die RNA-Moleküle – alle Funktionen gleichzeitig wahrnehmen musste, waren die unterschiedlichen Funktionen vermutlich nicht getrennt. Ein und dasselbe Molekül vereinigte in sich Merkmale der Informationsspeicherung, der Informationsveränderung, der Interaktion mit anderen Molekülen und damit auch der Kommunikation eines wie auch immer zu definierenden lebendigen Systems mit anderen analogen Systemen, und es fungierte als Aktionsmolekül, als Instrument, das andere Moleküle bearbeiten, aufbauen oder auch zerstören konnte.

Es ist davon auszugehen, dass das System der molekularen Arbeitsteilung, wie wir es heute in allen Zellen vorfinden, nicht in einem einzigen Zuge entstand. Dazu hätten gleichzeitig Spezialisten für alle unterschiedlichen Aufgaben entwickelt werden müssen. Vielmehr ist zu vermuten, dass der Prozess der Spezialisierung aus Einzelschritten bestand, in der die integrale Funktion (gleichzeitige Wahrnehmung von mehreren Funktionen durch ein und dasselbe Molekül) in jeweils zwei Funktionen bzw. Funktionsgruppen aufgespaltet wurde. Ein solcher Prozess der spontanen Dualisierung von Funktion ist sehr viel plausibler als eine sofortige Aufspaltung in mehrere spezialisierte Funktionsträger.

Als Hypothese für den Ausgangspunkt der Entwicklung bietet sich die Vorstellung von der RNA-Welt an. In dieser Welt kommen natürlich auch andere Stoffklassen vor. Die Speicherung der systemischen Information und die wichtigsten systemspezifischen Aktionen sind aber an die RNA gebunden. Wegen der funktionellen Nähe der RNA zur Proteinsynthese ist zu vermuten, dass die zweite Klasse von Biomakromolekülen, die in das Informations- und Aktionsmanagement lebender Systeme eingeführt wurde, nicht die DNA, sondern die Proteine gewesen sind. Es ist anzunehmen, dass in der RNA-Welt irgendwann lokalisierte Stoffsysteme entstanden, an denen neben der RNA auch Proteine oder proteinähnliche Moleküle beteiligt waren. Mit der Verbesserung dieser Moleküle aufgrund von Variations- und Selektionsprozessen erwies sich diese Molekülklasse vor allem als Konstruktionsmaterial und als Aktionsmolekül besonders geeignet. Damit kam die erste Stufe der Dualisierung der molekularen Funktionen in Gang. Aktions- und Konstruktionsaufgaben der sich entwickelnden Systeme wurden von der RNA auf die Proteine bzw. Proteinvorläufermoleküle verlagert (Abb. 93). Die Informationsspeicherung blieb aber Aufgabe der RNA.

Damit diese Arbeitsteilung funktionierte, musste ein Mechanismus wirken, der die Eigenschaften der Protoproteine an die Sequenz der RNA koppelte. Dieser Mechanismus war am einfachsten durch eine RNA-abhängige Proteinsynthese zu bewerkstelligen. Es darf deshalb angenommen werden, dass sich das Prinzip der RNA-Sequenz-abhängigen Proteinsynthese aus Aminosäuren gemeinsam mit der Funktionstrennung zwischen RNA und Proteinen bzw. Protoproteinen herausgebildet hat. Wenn diese Hypothese zutrifft, dann finden wir in der heutigen Funktion der RNA in den lebenden Zellen noch

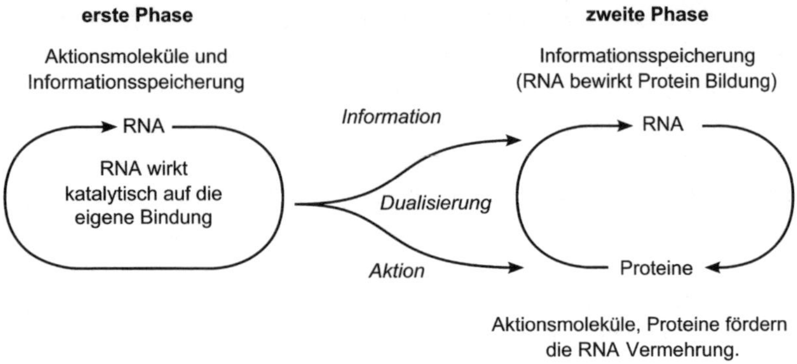

Abb. 93 Hypothetischer erster Schritt in der Dualisierung des biomolekularen Informationsmanagements während der frühen Evolution.

das Echo dieser frühen Entwicklung. Der fundamentale Charakter, den die RNA-abhängigen Teilprozesse der Proteinbiosynthese in allen lebenden Zellen haben und die Tatsache, dass von den primitivsten Bakterien an und über alle Klassen von Lebewesen hinweg bis zu hochentwickelten Organismen die RNA in gleicher Weise diese Elementarprozesse steuert, spricht dafür, dass es sich um Mechanismen handelt, die sehr früh in der Evolution entstanden sein müssen.

Mit der Funktionstrennung zwischen Proteinen und RNA vollzogen die frühen evolvierenden Stoffsysteme nicht nur eine Differenzierung und eine Erhöhung der stofflichen und funktionellen Komplexität. Zugleich änderte sich ihr Vermögen, sich an Prozessabläufe anzupassen. Dazu muss man verstehen, dass jede in einem System akkumulierte Information, die dem System erleichtert, sich in seiner Umwelt zu behaupten und fortpflanzungsfähige Nachkommen zu erzeugen, zu einem Rückgriff des Systems auf den Zeitpfeil beiträgt. Systeme, die keine selektionswirksame Information besitzen, sind reine Objekte der mit ihnen ablaufenden Vorgänge. Sie sind gewissermaßen orientierungslos dem Strom irreversibler Veränderung ausgeliefert. Besitzt ein System jedoch selektionswirksame Information, so gestattet diese dem System eine Reaktion auf ein Ereignis oder eine Parameteränderung in der Umwelt, die unter den gegebenen Bedingungen für die weitere Existenz und die Schaffung von Nachkommen optimale Voraussetzungen schafft. Bereits die Akkumulation von Information in Gestalt der Nukleotidabfolge in den

RNA-Sequenzen einer frühen molekularen Evolution stellt eine solche Speicherung systeminhärenter selektionswirksamer Information dar. So bleiben beispielsweise partiell hybridisierte Sequenzen gegenüber dem Angriff von bestimmten Restriktionsmolekülen resistent. Moleküle, die aufgrund vorangegangener Variations- und Selektionsprozesse diese Eigenschaft ausgebildet haben, sind in der weiteren Evolution erfolgreicher als andere. Sie haben aus in der Vergangenheit abgelaufenen, irreversiblen Vorgängen innerhalb der Population ihrer molekularen Vorfahren profitiert. Dabei hat sich in der Population von Molekülen ein Lernprozess vollzogen. Zwar hat nicht das einzelne Molekül gelernt, wohl aber die ganze Gruppe von sich vermehrenden Molekülen. Ein Faktum der Außenwelt – z. B. das Auftreten bestimmter Sequenz-zerstörenderer Katalysatoren – wurde dadurch in Form eines Antwortverhaltens in den Informationspool einer RNA-Population eingeführt. Irreversible Vorgänge der Vergangenheit werden dadurch auch im Datensatz der einzelnen molekularen Nachkommen widergespiegelt. Das Erlebnis des Zeitpfeils – speziell das Auftreten existenzbedrohender »Feindmoleküle« – wird damit selektionswirksam in den Nachkommen gespeichert. Die Population greift bei der molekularen Konstruktion der Nachkommen automatisch auf die während der vorangegangenen Entwicklung gemachte »Erfahrung« zurück.

Im Zuge der Auseinandersetzung von evolvierenden Stoffsystemen mit ihrer Umwelt werden mehr und mehr derartige »Erfahrungen« akkumuliert. Die Daten sind jedoch keine direkte Beschreibung der Umwelt, ja auch keine über das direkte Wechselverhältnis der evolvierenden Stoffsysteme und der Umwelt, sondern sie beinhalten Informationen, die bei zukünftigen Ereignissen das System zu einer optimalen Reaktion bringen können. Sie haben demzufolge eher Programm- als Berichtscharakter. Trotzdem enthalten sie implizit Informationen über in der Vergangenheit abgelaufene Vorgänge. Die akkumulierte Information bildet damit indirekt die Vorgeschichte der Wechselwirkung der Population, aus der ein evolvierendes Stoffsystem hervorgegangen ist, mit seiner damaligen Umwelt ab. Die im individuellen System enthaltenen Informationen sind demnach systemspezifisch verschlüsselte Daten zur Überlebens- und Fortpflanzungsstrategie der Population.

Solange die RNA gleichzeitig als Aktions- wie auch als Informationsspeichermolekül dienen musste, war die RNA wegen der Dynamik in den Wechselbeziehungen mit der Umwelt ständigen Veränderungen unterworfen. Dadurch bestand eine Diskrepanz zwischen der Notwendigkeit der flexiblen Antwort auf sich ständig ändernde Umwelteinflüsse durch molekulare Anpassung auf der einen Seite und der Notwendigkeit, einmal gespeicherte Informationen zu bewahren, auf der anderen Seite. Innerhalb einer Population von RNA-Molekülen erfolgte eine Anpassung an eine dynamische Umwelt über einen hohen Grad an Diversifizierung der enthaltenen individuellen Sequenzen. Je nach aktuellen Umweltbedingungen dominierte einmal die eine, ein anderes mal die andere Teilpopulation, je nachdem, welche Sequenzen zu einem bestimmten Zeitpunkt gerade die optimalen Umgebungsbedingungen vorfanden. Längerfristige Schwankungen führen bei solch einer Situation jedoch stets zum vollständigen Verschwinden von Sequenzen, die weniger optimale Bedingungen vorfinden. Damit gingen dem Informationspool einer Population bei längerfristig schwankenden Umgebungsbedingungen regelmäßig Informationen aus früher bereits gemachten Erfahrungen verloren. Wechselten die Umgebungsbedingungen wieder, so mussten die früher schon einmal vorhanden gewesenen passenden Sequenzen erneut erst wieder über Variation und Selektion erzeugt werden.

Mit der Dualisierung der Gesamtfunktion in Aktionsmoleküle einerseits und Informationsspeichermoleküle andererseits konnte das Dilemma des Verlustes einmal gewonnener Informationen bei hoher Flexibilität im Antwortverhalten von Populationen überwunden werden. Eine Anpassung an sich verändernde Umgebungsbedingungen musste nun nicht mehr durch Selektion von individuellen Sequenzen, d. h. Informationsträgern, vorgenommen werden, sondern konnte durch wahlweise Aktivierung einer von mehreren Informationsvarianten innerhalb einer individuellen Sequenz vorgenommen werden. Die Anpassung von Populationen erfolgte nicht mehr ausschließlich durch die Selektion von Individuen, sondern konnte mehr und mehr durch die Anpassung der Individuen vorgenommen werden.

Die Erweiterung des Anpassungsmechanismus von Populationen durch Anpassung von Individuen hat mehrere wichtige Konsequenzen: Zum Ersten wird die Population stabiler, d. h. Veränderungen in den Umgebungsbedingungen wirken sich weniger stark auf das Sequenzgemisch, den Genpool, von Populationen aus. Zum Zweiten werden Populationen robuster, d. h. sie reagieren weniger empfindlich gegenüber Umweltveränderungen. Zum Dritten werden nun in Populationen und in den enthaltenen Individuen Informationen akkumuliert, die sowohl für das Überleben als auch die Expansionsfähigkeit der Population von Bedeutung sind. Es werden durch die Variation und Selektion der Sequenzen der Einzelmoleküle, die sich in der Population fortpflanzen, im Genpool der Population Erfahrungen gespeichert, die in den Speichermolekülen verschlüsselt sind. Diese Informationen betreffen zum einen kurzfristige Veränderungen der Umwelt, zum anderen aber auch Umwelteinflüsse, die langfristig wirken und Veränderungen, die viele Generationen überstrichen haben können. Damit kann eine sich entwickelnde Population auf unterschiedlichen Zeitskalen auf den Zeitpfeil zurückgreifen.

Wenn die Hypothese der RNA-Welt zutrifft, so ist die RNA ursprünglich als Aktionsmolekül in der Anfangsentwicklung der molekularen Evolution eingebracht worden. Sie erwies sich darüber hinaus als ein Material, das neben der Funktion der Aktion auch sehr gut als Speichermolekül dienen konnte. Jedoch besitzt die RNA als Aktionsmolekül eine relativ hohe chemische Aktivität und eine deutliche Empfindlichkeit gegenüber molekularen Angriffen. Als Partner in der Erzeugung der Proteine blieb die RNA offensichtlich unverzichtbar, denn in dieser Funktion hat sich die RNA bis heute behauptet. Aber als langfristiger Informationsspeicher konnten Moleküle mit einer erhöhten Stabilität eine interessante Alternative darstellen. Eine solche molekulare Alternative sollte aber mit der RNA kommunizieren können, d. h. die in ihr gespeicherte Sequenzinformation leicht übernehmen können.

Vor diesem Hintergrund ist die Funktion der Desoxyribonukleinsäure (DNA) zu verstehen. Der Verlust einer Hydroxygruppe am Zucker der Nukleotide macht die DNA zu einem weniger reaktiven und auch deutlich weniger abbauempfindlichen Molekül. Der ansonsten weitgehend analoge Aufbau und die Fähigkeit, wie RNA-Moleküle untereinander mit einem RNA-Einzelstrang eine komplementäre Basenpaarung einzugehen, machte die DNA damit geradezu zu einem idealen Partner für die Übertragung der Sequenzinformation durch Strangpaarung (Hybridisierung). Damit konnte die DNA zu einer Langzeit-Speicherform der Sequenzinformation werden. Die Entstehung von Stoffsystemen, die neben RNA und Proteinen außerdem noch DNA enthielten, kann man als eine zweite Dualisierung der Funktion der informationstragenden Moleküle auffassen (Abb. 94).

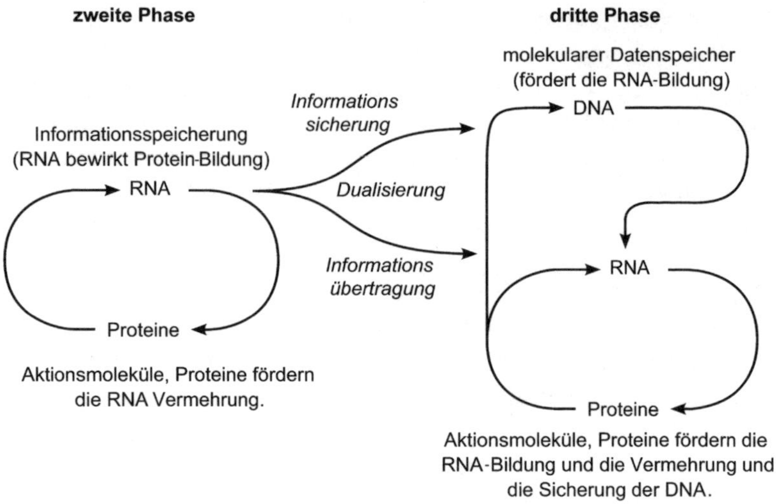

Abb. 94 Hypothetischer zweiter Schritt in der Dualisierung des biomolekularen Informationsmanagements und Herausbildung des sogenannten zentralen Dogmas der Molekularbiologie.

Die Informationsspeicherfunktion wurde in eine Kurzzeit- und Übertragungsfunktion auf der einen Seite und eine Langzeitspeicherfunktion auf der anderen Seite aufgespalten. Erstere, als die anspruchsvollere und in mehreren Teilfunktionen gegliedert, übernahm weiter die RNA, letztere die DNA.

Wegen der allgemeinen Verbreitung, die die DNA nicht nur bei Pflanzen und Tieren, sondern auch bei den eukaryontischen Mikroorganismen und selbst den Bakterien hat, muss diese zweite Funktionstrennung auch schon früh in der Evolution stattgefunden haben. Es ist noch nicht sicher, ob es wirklich eine erste Generation von Lebewesen gegeben hat, die nur RNA kannten, und eine zweite, die nur RNA und Proteine, aber keine DNA kannte. Auf jeden Fall müssten diese beiden Phasen spätestens auf dem Niveau einfacher Bakterien durch das System der drei Stoffklassen RNA – Proteine – DNA abgelöst worden sein, wie wir es heute in den Zellen finden.

8 Die »Erfindung« der Zelle

Die Zelle – Entstehungshypothesen

Die Abgrenzung eines Reaktionsraumes nach außen ist eines der fundamentalen Prinzipien des Lebens. Die biologische Zelle verhindert durch ihre Zellmembran den Verlust essenzieller Moleküle durch die thermisch aktivierten Bewegungsprozesse der Brown'schen Molekularbewegung (Abb. 95).

Selbstorganisierte nanoskalige Strukturen, die in ihren Eigenschaften zwischen dem flüssigen und dem festen Aggregatzustand

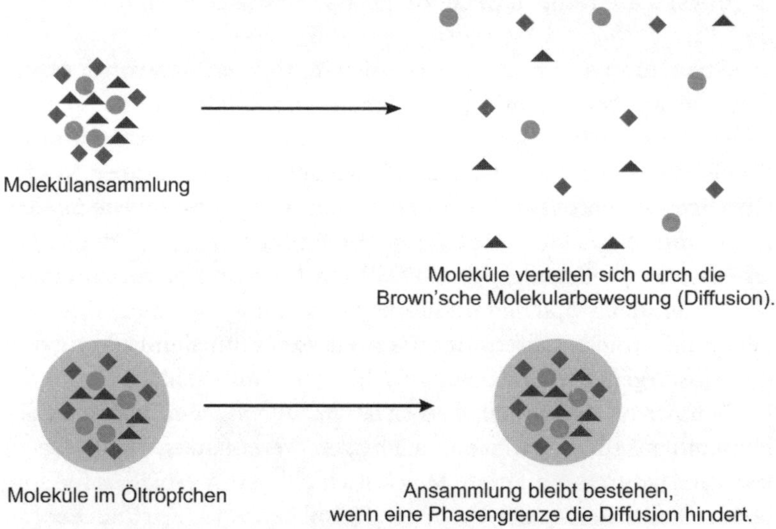

Abb. 95 Phasenseparation als Voraussetzung der Vermeidung eines schnellen Substanzverlustes durch Diffusion im Mikrobereich.

Vom Urknall zum Cyberspace. Michael Köhler

ISBN 978-3-527-32577-1

anzusiedeln sind, sogenannte Mesophasen, haben vermutlich eine zentrale Rolle bei der Entwicklung des Grundprinzips der Zelle gespielt. Möglicherweise sind Halbräume über den Oberflächen katalytisch aktiver Mineralien zusätzlich beteiligt gewesen. Mit sehr großer Wahrscheinlichkeit werden amphiphile Moleküle und Moleküle mit anisotroper Geometrie bzw. Moleküle, die beide Eigenschaften vereinigten, an der Ausbildung spontaner raumgliedernder Strukturen, die den Weg zu ersten Zelle öffneten, entscheidend beteiligt gewesen sein.

Als Typen für die erste Organisation lebensähnlicher Strukturen kommen mehrere Kandidaten in Frage, die sich nach den Milieueigenschaften unterscheiden:

A) lipophile Tröpfchen in einer wässrigen Umgebung mit mizellartigem Verhalten (Oparin'sche Koazervate)
B) Tröpfchen wässrigen Milieus in einer lipophilen Umgebung mit den Eigenschaften inverser Mizellen
C) lipophile Tröpfchen auf oxidischen Festkörperoberflächen
D) vesikelartige Strukturen, die ein inneres wässriges Milieu gegenüber einem äußeren wässrigen Milieu abtrennen (durch eine molekulare Doppelschicht umgebene zellartige Strukturen)

Die Strukturen A, B und C können sich in Abhängigkeit von der Qualität und Konzentration der beteiligten amphiphilen Stoffe spontan bilden. Unter gegebenen Bedingungen stellen sie thermodynamisch stabile Strukturen dar, sind also Gleichgewichtsstrukturen. Nicht-Gleichgewichtsprozesse, die mit der Bildung von amphiphilen Molekülen innerhalb eines Tröpfchens einhergingen, könnten dann aber zu einer Vergrößerung der Molekülschichten und damit zu einem Wachstum der Tröpfchen und ihrer Begrenzungsschicht geführt haben (Abb. 96). Im Gegensatz zu tensidfreien Emulsionen verhindert die selbstorganisierte molekulare Schicht bei Anwesenheit von grenzflächenaktiven Molekülen, dass es bei Berührung von Tröpfchen der hydrophilen Phase zu einer sofortigen Vereinigung (Koaleszenz) kommt. Dadurch sorgt diese Molekülschicht gewissermaßen für eine höhere Lebensdauer der einzelnen Tröpfchen und begründet somit den Status einer gewissen Individualität.

Der vesikelartige Strukturtyp D, der von seinem Aufbau den biologischen Zellen am nächsten steht, ist dagegen eine metastabile Struk-

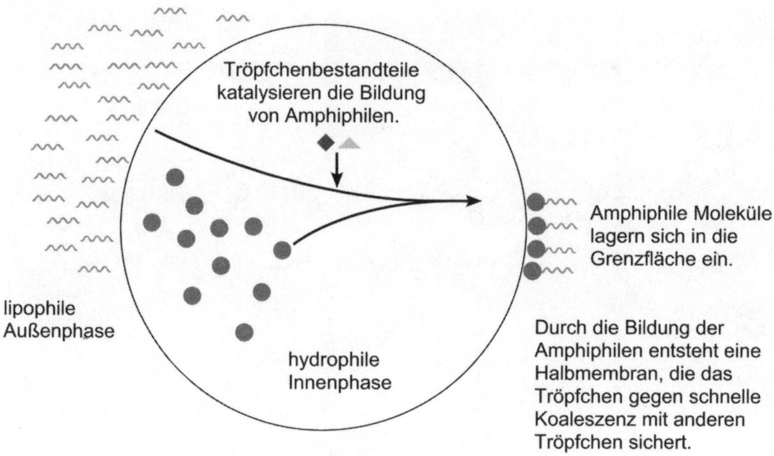

Abb. 96 Entstehung von wachstumsfähigen wässrigen Kompartimenten innerhalb einer mit Wasser nicht mischbaren äußeren Phase.

tur. Für seinen Aufbau ist eine topologische Operation erforderlich, die spontan gebildete Molekülschichten oder Doppelschichten (Membranen) transformiert. Dafür braucht es einen Transformationsmechanismus, der einen inneren oder einen äußeren Antrieb voraussetzt (Abb. 97).

Im Labor werden künstliche Vesikel zumeist durch mechanische Aktivierung, d.h. durch eine äußere Kraft, erzeugt. Eine Alternative wären lokale Unterschiede in der Grenzflächenspannung, die ein Aufreißen oder ein Wiederverschließen von Molekülschichten ermöglichen. Solche Effekte können zum Beispiel durch lokale Konzentrationsgradienten entstehen, die ihrerseits durch Quellen oder Senken von Substanzen (z.B. chemische Reaktionen) oder durch Temperaturgradienten hervorgerufen sein können. Stets werden solche Gradienten von einem Materialfluss begleitet (Marangonieffekt), dessen Intensität vom Verhältnis der Grenzflächenspannungen zur Viskosität der sich bewegenden Phase bestimmt ist (Abb. 98).

Die Bildung vesikelartiger Strukturen D setzt im Gegensatz zu den Strukturen A, B und C gleichgewichtsferne Verhältnisse voraus. Deshalb müssen Raumgliederungen durch spontane Organisation von Molekülen und Stoffumsatz (*Stoffwechsel*) lokal verkoppelt werden, um Zell-analoge vesikelartige Strukturen aufzubauen. Unterschiedli-

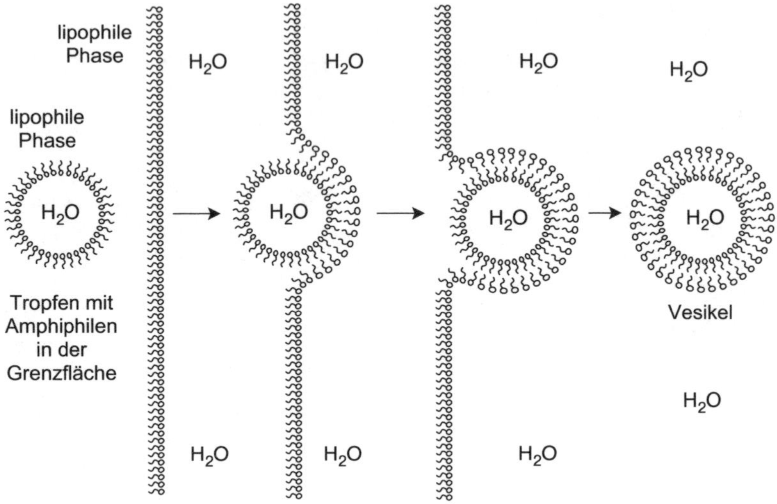

Abb. 97 Bildung von Vesikeln beim Durchtritt von durch eine Amphiphil-Schicht umgebenen Tröpfchen durch eine Amphiphil-belegte Phasengrenze.

che Raumbeanspruchung von Kopf- und Schwanzgruppen innerhalb der amphiphilen Moleküle helfen, von der Kugelform abweichende Geometrien auszubilden (Abb. 99). In den Zellmembranen sind solche Variationen in Gestalt des lokalen Verhältnisses von Glycerintri-

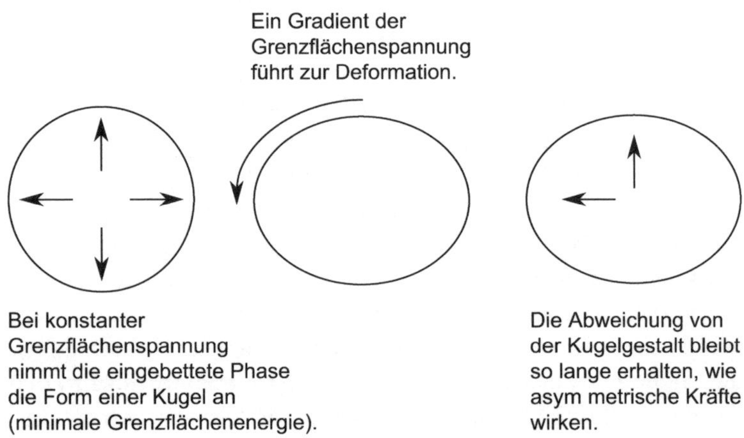

Abb. 98 Mögliche Deformation von kugelförmigen Tröpfchen einer eingebetteten Phase aufgrund von Grenzflächenspannungsgradienten, die durch Konzentrations- oder Temperatur-Effekte verursacht sein können.

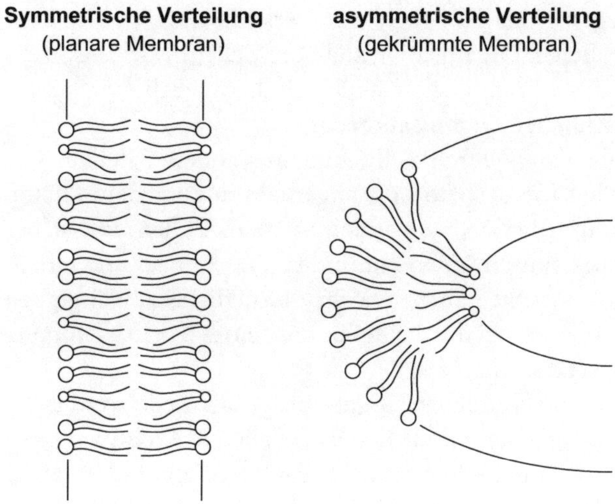

Abb. 99 Bevorzugung planarer oder gekrümmter Ausbildung molekularer Doppelschichten in Abhängigkeit der Verteilung von Amphiphil-Molekülen mit unterschiedlicher Raumbeanspruchung der lipophilen Reste.

carboxylaten (drei lipophile Reste, kleinere hydrophile Kopfgruppe) und Phospholipiden (mit nur zwei lipophilen Resten und größerer Kopfgruppe) organisiert. Auf diese Weise ist auch bei lokal unterschiedlicher Verteilung der grenzflächenaktiven Moleküle die Membran selbst noch als gleichgewichtsnahe molekulare Ordnungsform anzusehen, während der Prozess ihres Aufbaus und ihrer Veränderung ein gleichgewichtsferner – mit dem Metabolismus des Kompartiments verknüpfter – Vorgang ist.

Die Zelle als Prinzip der zeitlichen Organisation

Auf den ersten Blick erscheint die Organisation lebender Systeme durch Zellen allein als räumliches Organisationsprinzip. Wie Zellen aufgebaut sind und wie die Fähigkeit der Moleküle, unterschiedlich zu interagieren, zu zellulären Strukturen und Funktionen führt, machen die Betrachtungen zur Evolution biomolekularer Strukturen und zur molekularen Selbstorganisation deutlich. Als abgegrenzter Raum könnte die Zelle als eine Art Vesikel betrachtet werden. Ein Vesikel ist jedoch sehr viel weniger als eine Zelle. Der entscheidende

Unterschied liegt in der Fähigkeit zur Veränderung. Neben dem Aspekt der räumlichen Organisation stellt die Zelle im Gegensatz zu Vesikeln, die statische räumliche Gebilde sind, zugleich eine besondere Form der zeitlichen Organisation dar.

Zellen entstehen stets durch Zellteilung aus anderen Zellen. Das Wesen einer Zelle kann deshalb ganz allgemein nur aus dem Phänomen der Zellteilung heraus verstanden werden. Zellen, die selber nicht teilungsfähig sind, müssen zumindest ihre Entstehung einem Teilungsprozess verdankt haben. Die grundsätzliche Abhängigkeit von Zellen vom Phänomen der Zellteilung ist einer der fundamentalen Aspekte des Lebens überhaupt.

Die Grundzüge der zeitlichen Organisation der Zelle werden an den Phasen des Zellzyklus, wie sie bereits bei allen Mikroorganismen auftreten, deutlich. Eine Zelle wächst, d. h. sie akkumuliert Material und vergrößert ihre Zellmembran. Schließlich erreicht sie einen kritischen Zustand, bei der die durch die Membran vorgegebene Topologie der Abgrenzung von »Innen« und »Außen« nicht mehr stabil ist. Die Membran schnürt sich ein. Aus einem einzigen vesikelartigen Reaktionsraum entstehen zwei.

Der Prozess der Abschnürung eines Teilvolumens findet sich in vielen Varianten bei der Zellaktivität. Er liegt jedem Prozess der Exocytose zu Grunde, bei der Vesikel von einer Zelle nach außen abgegeben werden. Topologisch sind Exocytosen und Zellteilung äquivalent. Im Gegensatz zu den Abschnürungsprozessen bei Exocytosen wird bei der Zellteilung normalerweise das Zellvolumen in zwei gleich große Teile geteilt, von denen jeder alle für die innerzellulären Prozesse notwendigen Bestandteile enthält.

Das Auftreten von Zellzyklen (Wachstum durch Materialakkumulation und Volumenvergrößerung, Abschnürung der Membran, Trennung der Tochterzellen) ist eine universelle Eigenschaft aller lebender Systeme. Die Abfolge der Prozessschritte gibt diesem Prozess einen eindeutigen Richtungssinn (Zeitpfeil). Zellen existieren damit als auf den Zeitablauf hin orientierte Objekte, ja sie haben in Form ihres Entwicklungszyklus den Richtungssinn des zeitlichen Ablaufs zu einer systeminhärenten Eigenschaft werden lassen. Dieser Bezug zur Zeit unterscheidet die Zellen von allen anorganischen Objekten und auch von den oben dargestellten Vesikeln (Abb. 100).

Da der zeitliche Ablauf des Zellzyklus wegen der Zellteilung zwingend mit einer Vergrößerung der Zellzahl einhergeht, wohnt diesem

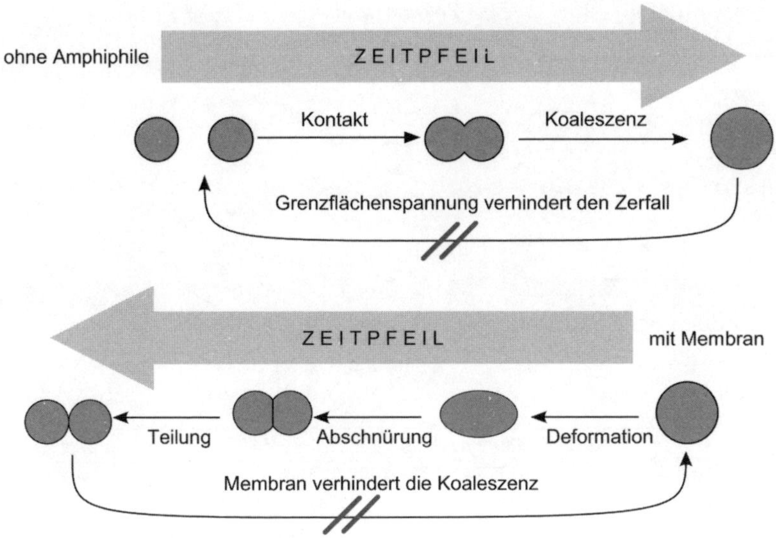

Abb. 100 Irreversibilität elementarer zellulärer Existenz: der Zeitpfeil im Zellzyklus.

Prozess automatisch die Eigenschaft der Fortpflanzung inne. Die einzige Bedingung dafür ist, dass die aus der Teilung hervorgehenden Objekte (Tochterzellen) ebenso zur Materialakkumulation, Volumenvergrößerung und Teilung befähigt sind wie das Objekt, aus dem sie entstanden.

Durch den regelmäßigen Zyklus von Zellwachstum und -teilung entsteht ein lebenseigener Zeittakt (Abb. 101). Die Zellzyklen werden zur internen Uhr biologischer Fortpflanzungs- und Entwicklungsprozesse. Die Dynamik aller anderen Prozesse erhält ihre Beurteilung aus dem Verhältnis zur Zykluszeit der Zellen. Die Zellentwicklung und ihr Zeitbedarf werden zur fundamentalen Einheit für die Entwicklung von Populationen und Arten. Bei mehrzelligen Organismen bestimmen sie die Morphogenese, die Entwicklung und Regeneration von Geweben und Organen.

Auch das Prinzip der Lebensdauer wird durch die Zellteilung institutionalisiert. Zwar geht eine Zelle mit ihrer Teilung nicht unter, aber die individuelle Existenz der Mutterzelle findet eine Schranke in dem Moment, in dem aus dieser Mutterzelle zwei neue Individuen, die Tochterzellen, hervorgehen. Die Dauer der individuellen Existenz wird durch das Fortpflanzungsprinzip limitiert. Leben, das Indivi-

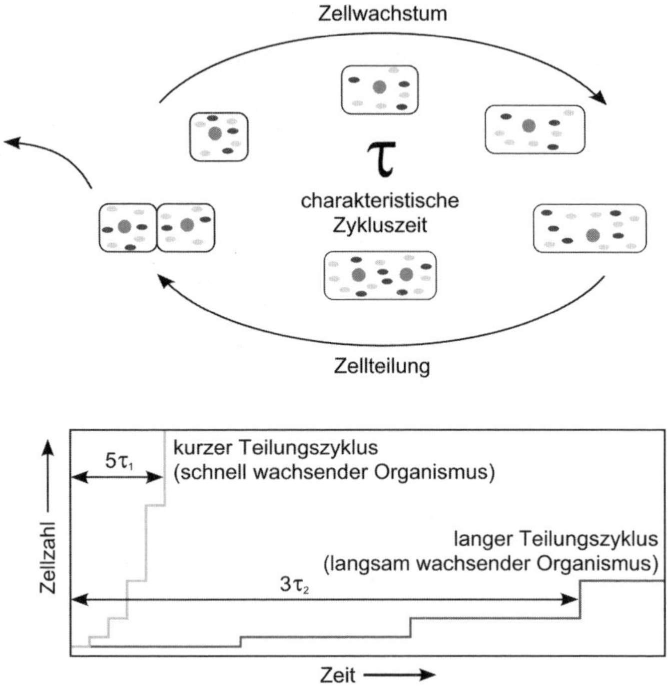

Abb. 101 Zellteilungstakt als digitale Einheit biologischer, insbesondere evolutionsrelevanter, Zeitskalen.

dualität hervorbringt, zieht damit automatisch der Existenz dieser Individualität eine zeitliche Grenze. Die biologischen Mechanismen der Entwicklung verlangen, dass individuelle Existenz endlich ist (Abb. 102). Die Dauer individueller Existenz in einer Klasse von Organismen muss um Größenordnungen kürzer sein als die Zeit, die die Evolution dieser Klasse braucht.

Die Zelle als Instrument der funktionellen Integration

Neben der räumlichen Integration, der Definition eines systeminternen Richtungssinns von Prozessen und des Zeittaktes für Entwicklung und Evolution bringt die Bildung der Zelle auch eine Integration von Funktionen mit sich. Molekulare Vorgänge, die für die Entwicklung von Lebensprozessen wichtig sind, aber vor der Bildung

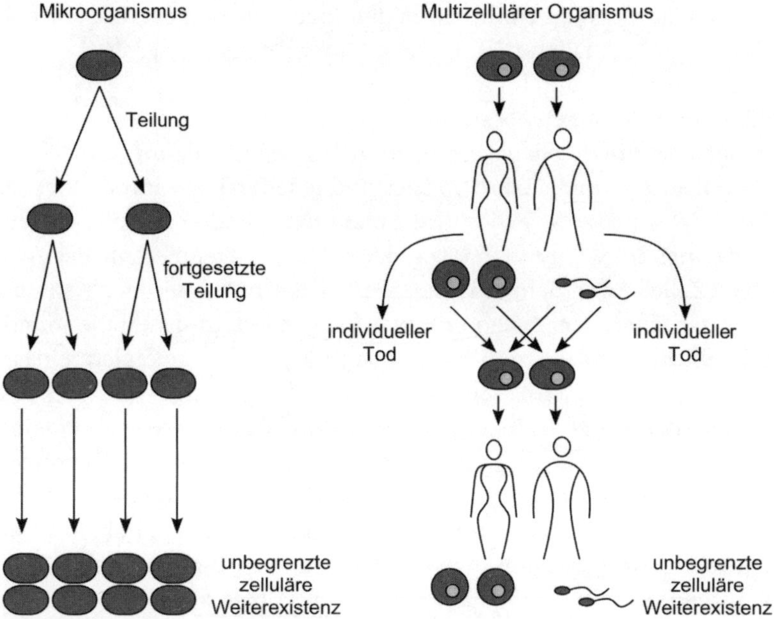

Abb. 102 Prinzipielle Unendlichkeit zellulärer und prinzipielle Endlichkeit individueller Existenz mehrzelliger, sich geschlechtlich vermehrender Organismen.

von Zellen entweder nur kinetisch gekoppelt waren oder bestenfalls durch zufällige räumliche Nähe verkoppelt abliefen, werden nach der »Erfindung» der Zelle in einen standardisierten Zusammenhang gebracht. Die Zelle begrenzt die Mobilität der beteiligten Reaktanden, Katalysatoren und Reaktionsprodukte; sie gibt einen Rahmen für die auftretenden Konzentrationsbereiche und damit die Spanne der im Zusammenhang veränderten Stoffmengen vor. Sie legt das chemische Milieu fest, in dem die Reaktionen ablaufen. Raumzusammenhang und chemisches Milieu sind dabei für alle Vorgänge in einer Zelle allgemeingültig, d. h. in der weiteren Evolution werden sich die beteiligten Moleküle mit ihren Reaktionen an diese Rahmenbedingungen anpassen. Die Zelle gibt damit ein ziemlich enges Korsett für die Koevolution der in ihr ablaufenden molekularen Vorgänge vor. Im Zuge der weiteren Evolution werden alle in der Zelle ablaufenden Prozesse in ein abgestimmtes Netzwerk gezwungen. Der Versuch des Ausbruchs »egoistischer« molekularer Teilsysteme wird im günstigsten Fall durch einen Umbruch in den Eigenschaften der Zelle beantwortet, im Normalfall aber mit dem Untergang der Zelle als Ganzem und damit auch durch die Auslöschung der »revoltierenden« Moleküle und Reaktionen »bestraft«.

Sobald einmal Zellen da sind, die sich teilen und damit vermehren, unterliegt jede molekulare Spezies und jede Reaktion mindestens in zwei Niveaus der Selektion. Informationstragende Moleküle stehen zum einen im Wettbewerb mit anderen Molekülen innerhalb der gleichen Zelle. Außerdem sind sie gemeinsam mit ihnen der Konkurrenz zwischen den Zellen unterworfen. Zellen, in denen die unterschiedlichen molekularen Spezies so miteinander interagieren, dass die Zelle rasch wächst, schnell zur Zellteilung kommt und Tochterzellen bildet, sind in diesem äußeren Konkurrenzprozess bevorteilt. Zellen, in denen weniger geordnete, vielleicht chaotische Prozesse, »chemische Rangordnungskämpfe« und »Revolten« ablaufen, werden weniger effizient mit ihrer Umgebung interagieren, Rohstoffe integrieren, werden langsamer wachsen und später zur Zellteilung kommen, mithin im Wettlauf der Evolution bald abgeschlagen sein. Die in ihnen enthaltene Information wird mit ihnen untergehen.

Damit besteht ein großer Selektionsdruck in Richtung intermolekularer Adaptation innerhalb von Zellen. Konkurrenzprozesse werden zugunsten kooperativer Prozesse zurückgedrängt. Erhalten bleiben sie auf Dauer nur dort, wo die Zelle durch eine Population unterschiedlicher Varianten molekularer Spezies Flexibilität und Anpassungsfähigkeit erlangt, die sie braucht, um sich unter veränderlichen äußeren Bedingungen zu behaupten. Alle anderen Prozesse werden so lange einem Anpassungsdruck unterworfen sein und sich in eine für die Zelle passende Standardform entwickeln, bis die mit ihnen verbundenen Teile des Gesamtprozessnetzwerkes optimal gestaltet und robust gegenüber Störungen geworden sind.

Der gegenseitigen Anpassung der molekularen Prozesse innerhalb der Zelle wohnt ein stark konservatives Moment inne. Das so gebildete Netzwerk abgestimmter Vorgänge, die dazu passenden chemischen Strukturen, Formen und Funktionen der Moleküle bedeuten eine unmittelbare Abhängigkeit aller Teilprozesse, aller informationstragender Moleküle von den anderen. Jede noch so kleine Veränderung kann zu einer Beeinträchtigung dieses kooperativen Wechselverhältnisses führen. Die Vernetzung und gegenseitige Anpassung zementiert zugleich die Eigenschaften dieses Verbundes. Zellen und damit alle Lebewesen sind in ihrem Charakter deswegen zwingendermaßen konservativ. Jede Veränderung stellt ein Problem der inneren Abstimmung dar, das nur mit Aufwand und im Allgemeinen um den Preis des Verlustes eines früher bereits erreichten Abstimmungserfolges behoben werden kann.

Mit der Entwicklung abgestimmter Prozessnetzwerke und der dazugehörigen Anpassung der molekularen Spezies entsteht die Notwendigkeit, die Datensätze, die dieses Netzwerk hervorbringen, langfristig zu sichern. Erfolg im Wettbewerb der Zellen werden auf Dauer nur jene Populationen haben, die nicht nur physisch in ihren Nachkommen weiterleben, sondern auch ihren Charakter, ihre Merkmale, die bereits durch Selektion gewonnene Erfahrung langfristig, d. h. über viele Generationen hinweg, weitergeben können. Das wird am besten in solchen Zellen gelingen, die die Informationsspeicherung standardisiert und die Aktionsmoleküle von den Informationsspeichermolekülen getrennt haben.

Funktionelle Integration und molekulare Funktionstrennung gehören deshalb für eine erfolgreiche Entwicklung der Zellen unmittelbar zusammen. Arbeitsteilige Spezialisierung innerhalb der molekularen Systeme ist nur effektiv möglich, wenn das Informationsmanagement stimmt. Reaktions- und Anpassungsfähigkeit an veränderliche Umweltverhältnisse werden nur Zellen besitzen, deren Funktionsmechanismen auf Informationen aufbauen, die aus früheren Erfahrungen der Population in der molekularen Information Eingang gefunden haben.

Hypothetische Funktionen einer Minimalzelle

Der Begriff der künstlichen Zelle wurde in den letzten Jahren für unterschiedliche Anordnungen gebraucht, in denen einzelne Funktionen von Zellen experimentell nachgestellt wurden. Allen diesen Experimenten liegt eine Form von Kompartimentierung zu Grunde, mikrostrukturierte Kammern, Kapseln, Vesikel- oder mizellartige Strukturen. Es wurden bisher jedoch noch keine künstlichen Anordnungen, die einer biologischen Zelle mit wirklichen Lebensfunktionen entsprechen, realisiert.

Welche Funktionen müsste eine solche künstliche Minimalzelle mindestens besitzen, um als wirkliche *Zelle* angesprochen zu werden? Die Abgrenzung im Raum ist dabei sicherlich nur ein notwendiges, aber kein hinreichendes Kriterium. Nach dem oben Gesagten ist die Fähigkeit zur spontanen Teilung in wachstumsfähige und erneut teilungsfähige Tochterzellen das ausschlaggebende Kriterium. Ein solche Fähigkeit setzt eine membranartige Begrenzung und die Fähigkeit zur Ausdehnung dieser Begrenzung (Wachstum) voraus. Dazu ist eine Materialaufnahme aus der Umgebung erforderlich. Um zu einer Teilung zu kommen, muss es einen vom Wachstum unabhängigen Mechanismus geben, der oberhalb einer bestimmten Größe zur Abschnürung von Teilvolumina führt, wobei die abgeschnürten Teile im Wesentlichen die Eigenschaften des Muttergebildes behalten müssen.

Die genannten Eigenschaften müssen im Material einer solchen *Minimalzelle* in irgendeiner Form implizit verankert sein. Diese Verankerung muss so beschaffen sein, dass sie sich bei der Teilung der Zelle in beiden Tochterzellen wiederfindet. Die Verankerung der Information setzt nicht zwingend die Existenz von spezialisierten Informationsspeichermolekülen voraus. Eine Funktionstrennung von Aktions- und Speichermolekülen muss nicht stattgefunden haben, wenn die essenziellen Informationen anderweitig im Material der Minimalzelle verankert sind.

Frühe Zellen in der Evolution

Es ist bisher nicht bekannt, ob die Abgrenzung von Reaktionsräumen im Sinne einer Minimalzelle der Entwicklung evolutionsfähiger Moleküle vorausging, oder ob sich zunächst molekulare Informationsträger entwickelten, die in Molekülpopulationen existierten, sich vermehrten und dort bereits der Variation und Selektion unterworfen waren. Abgesehen davon, dass solche präzellulären Stoffsysteme mit Eigenschaften lebender Systeme wie Replikation, Variation, Selektion, Informationsspeicherung, oszillierenden Reaktionen und Bildung dissipativer Strukturen gut vorstellbar sind, erhebt sich die Frage, ob solche Systeme bereits als frühe Formen lebender Strukturen aufzufassen seien. Würde diese Frage bejaht werden, so hätte man solche frühen Formen des Lebens bereits im Labor realisiert. Denn Stoffsysteme mit diesen Eigenschaften lassen sich synthetisch erzeugen.

Was diesen Systemen fehlt, ist der Charakter einer irgendwie gearteten Individualität. Es gibt in solchen Systemen zwar individuelle Moleküle oder Sequenzmuster. Man könnte auch bestimmte kinetische Zusammenhänge, d. h. Reaktionsnetzwerke, als »kinetische Individuen« auffassen. Diese Beschreibung ist aber kein Ersatz für den räumlichen Zusammenhang stofflicher Systeme, wie wir ihn in allen echten Lebewesen vorfinden. Er ersetzt keine Individuen, die nicht nur durch den Reaktionsmechanismus, sondern auch durch die direkte räumliche Gemeinschaft und die Abgrenzung zur Umgebung, also durch die systembestimmende Grenze zwischen innen und außen charakterisiert sind.

Möglicherweise gingen komplexe Reaktionsmechanismen unter Beteiligung von Molekülen, die bereits komplexe, replikationsfähige Strukturen besaßen, der Entstehung von Zellen voraus. Dann könnte die Entstehung von Zellen unmittelbar mit der Integration solcher Stoffsysteme in ein nach außen abgegrenztes Kompartiment begonnen haben. Es ist aber auch gut vorstellbar, dass zuerst abgegrenzte Reaktionsräume entstanden sind und sich erst in diesen die komplexen Reaktionsnetzwerke herausgebildet haben, die zu informationstragenden, replikationsfähigen Molekülen geführt haben. In solch einem Fall stünde die Kompartimentierung vor der molekularen Evolution. Die Gliederung des Raumes, der Symmetriebruch in eine »Innenwelt« und eine »Außenwelt« von Stoffsystemen wäre dann erst Voraussetzung für die Entwicklung komplexer kinetischer Systeme, die die Lebensfunktionen ausmachen.

Nach den oben skizzierten Eigenschaften von Minimalzellen könnten sich die ersten Kompartimente mit lebensähnlichem Verhalten (Materialaufnahme, Wachstum, Teilung, Weitergabe essenzieller Eigenschaften an Tochterkompartimente), was die molekulare Informationsspeicherung anbetrifft, in chemischer Hinsicht erheblich von den heutigen Zellen unterschieden haben. Die Entwicklung der Informationsspeichermoleküle, der molekularen Informationsverarbeitungssysteme und der Kopplung von Informationsspeicherung und Aktionen und Wechselwirkungen mit der Umwelt hätte sich erst schrittweise nach der eigentlichen Zellbildung vollzogen.

Die entscheidende Frage für die Klärung des Primats von Kompartimentierung oder molekularer Evolution ist, ob replikations- und evolutionsfähige Moleküle eine Voraussetzung für die Bildung von Kompartimenten mit lebensähnlichen Eigenschaften sind oder nicht.

Sollten sie es nicht sein, so wäre es denkbar, dass zellähnliche Gebilde – Minimalzellen – existierten, lange, d. h. viele Generationen, bevor es zur Entwicklung des molekularen Informationssystems kam.

Wir wissen nicht, ob sich die Entwicklung nicht-biogener Materie zu Zellen nur einmal vollzogen hat oder ob dieser Prozess immer wieder stattfindet. Die Tatsache, dass er bisher nie beobachtet werden konnte, scheint dafür zu sprechen, dass es sich um einen seltenen, vielleicht tatsächlich einen einmaligen Prozess handelt. Es ist jedoch zu bedenken, dass Experimente im Labor stets unter den Rahmenbedingungen beschränkten Raumes und beschränkter Zeit stattfinden, so dass extrem selten auftretende Ereignisse und Entwicklungen von nie stattfindenden vielleicht nicht zu unterscheiden sind. Für die Prozesse in der Natur gilt, dass sich die Bedingungen von heute von denen einer Welt ohne Lebewesen stark unterscheiden. Organisches Material, das heute existiert, ist fast immer Substrat für die Nutzung durch existierende Lebewesen. Die Temperaturen sind in den allermeisten Ökosystemen niedriger als auf der frühen Erde. Die Atmosphäre war reduzierend aufgebaut, auch im siedend heißen Wasser herrschten anaerobe Bedingungen. Organische Reaktionen, die über längere Zeiträume mit empfindlichen Substanzen abliefen, fanden ohne Interferenz mit Sauerstoff und ohne Angriff durch Mikroorganismen statt.

Wenn sich tatsächlich die Bildung von den lebenden Zellen, aus denen die auf der Erde existierenden Lebewesen bestehen, auf der frühen Erde vollzogen hat, besteht eine gewisse Wahrscheinlichkeit, auf Spuren solcher frühen Zellen zu stoßen. Die ältesten Mikroorganismen-Fossilien wurden nicht aufgrund etwa noch identifizierbarer molekularer Strukturen als Lebenszeugnisse gewertet, sondern aufgrund ihrer Form und Anordnung. Bis zum Beweis einer molekularen Verwandtschaft mit heute lebenden Zellen muss die Möglichkeit in Betracht gezogen werden, dass frühe Mikrofossilien, die morphologisch Mikroorganismen gleichen, sich molekular von ihnen erheblich unterschieden, ja vielleicht noch aus einer Entwicklungsphase herrühren, die der Entwicklung von Nukleinsäuren und Proteinen als den molekularen Trägern der Lebensprozesse und der biologischen Evolution vorausging.

Es könnte aber auch sein, dass sich die Entwicklung der ersten Zellen in einer geologischen Umgebung vollzogen hat, aus der keine Fossilien erhalten sind oder dass die ersten Zellen extraterrestrisch entstanden sind. Die Klärung einer solchen Möglichkeit ist wahrscheinlich am ehesten von den Untersuchungen zum Nachweis lebender Systeme auf anderen Himmelskörpern wie z. B. den großen Monden der äußeren Planeten unseres Sonnensystems zu erwarten.

Die Rolle der Prokaryonten in der frühen Evolution

Am Anfang des Lebens, wie wir es kennen, standen mit großer Wahrscheinlichkeit einfache Zellen ohne abgegrenzten Zellkern, ohne Zellorganellen und ohne ein inneres Gerüst aus stabilisierenden Proteinfasern, die sogenannten prokaryontischen Zellen. Derartige Zellen sind keineswegs ein Spezifikum der frühen Entwicklung. Prokaryontische Zellen sind vielmehr auch heute noch sehr weit verbreitet, ja, sie stellen die am weitesten verbreitete Organismengruppe überhaupt dar.

Im Gegensatz zu heute hat die frühe Lebenswelt aller Wahrscheinlichkeit nach ausschließlich aus solchen prokaryontischen Zellen bestanden. Im Unterschied zu den komplexen Zellen, aus denen alle Tiere, Pilze und Pflanzen aufgebaut sind, befinden sich alle Komponenten der prokaryontischen Zelle innerhalb ein und desselben chemischen Milieus. Das Innere dieser Zellen bildet einen einheitlichen Reaktionsraum. Moleküle und Ionen können sich – soweit sie nicht in der Zellmembran festgemacht sind – durch Diffusion innerhalb der Zelle frei bewegen. Diese Rahmenbedingungen führen dazu, dass alle chemischen Prozesse auf dieses Milieu und damit aufeinander abgestimmt sein müssen. Dadurch müssen die einzelnen Zelltypen gut an bestimmte chemische Mechanismen angepasst sein und sind demzufolge bezüglich ihrer optimalen Entwicklungsbedingungen auch sehr stark von den chemischen Verhältnissen und der Temperatur der Umgebung abhängig. In Zeiten ohne für ihre eigene Existenz und Teilung günstige Bedingungen waren die Zellen dazu verdammt zu ruhen. Im günstigsten Fall konnten sie in einen Zustand übergehen, in dem die energieverbrauchenden Lebensprozesse auf ein absolutes Minimum heruntergedrosselt waren, um längere Phasen ungünstiger Bedingungen zu überstehen.

Im Zuge der frühen Evolution der Prokaryonten konnten sich jedoch verschiedene Zellen auf verschiedene chemische Leistungen spezialisieren. Es ist anzunehmen, dass bereits frühzeitig ein Differenzierungsprozess einsetzte, der es den Zellen ermöglichte, ökologische Nischen zu besetzen, in denen sie gegenüber anderen Zellen – z. B. durch bessere Erschließung energiespendener Rohstoffe oder Bausteine – Vorteile besaßen. So setzte bereits früh ein sehr weitgehender Differenzierungsprozess ein. Es entstanden Typen von Organismen, die auf ganz unterschiedliche Verhältnisse spezialisiert waren.

Für die Anpassung an ungünstige Lebensbedingungen kam den prokaryontischen Mikroorganismen die kurze Zeit ihres Zellzyklus zugute. Viele heute lebende Prokaryonten können sich innerhalb von weniger als einer halben Stunde teilen. Dadurch sind bis zu etwa 70 Generationen am Tag möglich. Eine solche schnelle Vermehrung bedeutet ein sehr schnelles Wachsen der Kolonien und schließt zugleich ein rasantes Tempo von evolutionären Entwicklungsprozessen ein. Da biologische Evolutionsprozesse an das Erbgut gebunden sind und dieses erst durch Variation und Selektion im Wechsel der Generationen verändert wird, ergibt sich das ungleich höhere Tempo von Veränderungen bei den Prokaryonten im Vergleich mit komplexen Vielzellern. Während z. B. die Menschen um eine Generation voranschreiten, sind rund eine halbe Millionen Bakteriengenerationen möglich. Hinzu kommt, dass die Zahl der Individuen in den Populationen bei den einzelligen Prokaryonten ungleich höher sein kann, was bedeutet, dass im gleichen Zeitintervall viel mehr individuelle Varianten auf ihre Lebenstüchtigkeit und gegebenenfalls auch auf eine verbesserte Anpassung bei veränderlichen Umgebungsbedingungen hin getestet werden können. So werden etwa für sieben Milliarden Bakterien – eine Zahl, die etwa der Gesamtbevölkerung von Menschen auf der Erde entspricht – nur wenige Milliliter Nährlösung benötigt.

Exobiologie – extraterrestrische Zellen

Die Frage nach Leben außerhalb der Erde ist bis jetzt nicht geklärt. Es gibt aber zahlreiche theoretische und experimentelle Ansätze, die zur Klärung dieser Frage führen sollen. Frühere skeptische Annahmen, die von einer extremen Besonderheit der elementaren stofflichen Grundlagen unseres irdischen Lebens ausgingen, sind inzwischen relativiert worden. Die irdischen Lebewesen bestehen aus Elementen, die im Kosmos insgesamt häufig vorkommen. Auch organische Substanzen kommen im Kosmos in großen Mengen vor. Sie können unabhängig von Lebewesen gebildet werden, könnten diesen aber als Substrate dienen. Auch vielatomige organische Substanzen, darunter einige der für den Aufbau von Proteinen nötigen Aminosäuren, wurden inzwischen nachgewiesen.

Erschien es noch bis vor einigen Jahren undenkbar, dass Zellen den Transport durch das Universum überstehen könnten, so wird auch das inzwischen von vielen Naturwissenschaftlern für möglich gehalten. Zellen, selbst kompliziert gebaute Zellen von Vielzellern, können eingefroren werden, in diesem Zustand über viele Jahre konserviert und später wieder aktiviert werden. Eingebettet in mineralische Objekte hätten Ruheformen von Mikroorganismen, aber vielleicht auch höhere Zellen Schutz vor ionisierender Strahlung und könnten mit einem völlig abgeschalteten Stoffwechsel extrem lange Zeiträume überdauern und damit wohl auch die riesigen, nach Lichtjahren messenden Entfernungen zwischen den Sternen überwinden.

Diese Thesen greifen die bereits früher – z. B. vom Physikochemiker Svante Arrhenius um die Wende vom 19. zum 20. Jahrhundert – vertretene Panspermiehypothese auf, nach der Lebenskeime sich weit durch den Kosmos verbreiten. Einige moderne Forscher halten es inzwischen für denkbar, dass das Leben auf anderen Himmelskörpern entstanden ist und in einer frühen Form – vielleicht als prokaryontische Zellen – über Meteoriten auf die Erde gelangte. Im Grunde genommen könnte solch ein Prozess, wenn er immer wieder stattfindet, auch heute noch zur Einschleusung völlig neuer Mikroorganismen in die irdische Ökosphäre führen.

Alle Versuche, in Meteoriten Zellen nachzuweisen oder sogar vermutete exogene Zellen aus Meteoritenmaterial zu kultivieren, haben bisher nicht zu eindeutig positiven Resultaten geführt. Ein Beweis solcher Hypothesen über den extraterrestrischen Ursprung des Lebens kann wahrscheinlich nur über die Auffindung von Lebewesen auf anderen Himmelskörpern erfolgen. In Material von Mond und Mars, die eingehend untersucht worden sind, konnten aber bisher keine Spuren von Lebewesen, auch keine indirekten Hinweise auf früheres Leben, erbracht werden.

Prokaryonten und Ökosysteme

Prokaryonten können untereinander die unterschiedlichsten Arten von ökologischen Wechselwirkungen eingehen. Konkurrenz um Lebensräume, Energie- und Rohstoffquellen bestimmt seit der frühen Evolution das Bild und wird bereits bei den frühesten Prokaryonten wichtig gewesen sein. Organismen, die aus der gleichen Entwicklungslinie stammen und sich dementsprechend genetisch gleichen oder sehr ähnlich sind, stellen untereinander die härtesten Konkurrenten dar, da sie die gleiche ökologische Nische besetzen.

Da viele Arten sehr unterschiedlich spezialisiert sind, können sie zum Teil zum gegenseitigen Vorteil miteinander kooperieren. Solche Symbiosen treten bei Vielzellern häufig auf, kommen aber auch unter Mikroorganismen vor. Auch das Verhältnis von Räubern zu ihrer Beute findet man bereits bei den Mikroorganismen. Zellen der einen Sorte können Zellen der anderen Sorte als Nahrung dienen.

Prokaryonten sind auch für die höheren Organismen nicht nur Schädlinge und Krankheitserreger. Sie sind ein ganz wesentlicher Bestandteil aller natürlichen Lebensgemeinschaften. Alle Biozönosen enthalten ein weites Spektrum von einfachen Mikroorganismen. Diese erfüllen in ihren jeweiligen Ökosystemen ganz wichtige Aufgaben, so z. B. als Reduzenten von organischem Material. Prokaryonten kommen als Extremophile unter extremen Lebensbedingungen vor: z. B. bei extrem hoher Salzkonzentration (halophile Bakterien) oder in heißen Quellen (thermophile Bakterien), sie finden sich in der Tiefsee, auch in großen Kolonien an Tiefseevulkanen, in allen maritimen und terrestrischen Böden bis hinauf in die Eisregionen der Hochgebirge und Polargebiete. Sie besiedeln alle Arten abgestorbener Organismen. Und wir finden sie auf der Oberfläche und im Inneren größerer Organismen. Auch ein gesunder Mensch, der aus ungefähr 10^{13} eigenen Zellen aufgebaut ist, beherbergt in seinem Inneren noch einmal ungefähr die zehnfache Menge an prokaryontischen Lebewesen.

Frisst eine prokaryontische Zelle eine andere prokaryontische Zelle, so geschieht das zumeist auf dem Wege der Phagocytose (Abb. 103). Bei der Phagocytose – einem Spezialfall der Endocytose – umschließt die Räuberzelle mit ihrem Zytoplasma die Beutezelle. Dabei legt sich die Zellmembran der Räuberzelle ganz von außen um die Zellmembran der Beutezelle. Um zu einem vollständigen Einschluss zu kommen, muss sich die Membran der Räuberzelle schließlich noch topologisch umorganisieren. Es muss zu einer inneren Abschnürung kommen, so dass sich ein großer Vesikel bildet, der im Inneren die Beutezelle enthält. Dieser Vesikel besteht aus einer Doppelmembran, die aus der molekularen Doppelschicht der Räuberzelle (außen) und der molekularen Doppelschicht der Beutezellmembran (innen) aufgebaut ist. Diese Membran muss im Inneren der Räuberzelle penetriert und schließlich aufgelöst werden, damit die Enzyme des Zytoplasmas der Räuberzelle die Inhaltsstoffe der Beutezelle zerlegen und damit in ungefährliche molekulare Module aufspalten und als Rohstoffe für das eigene Wachstum nutzbar machen können.

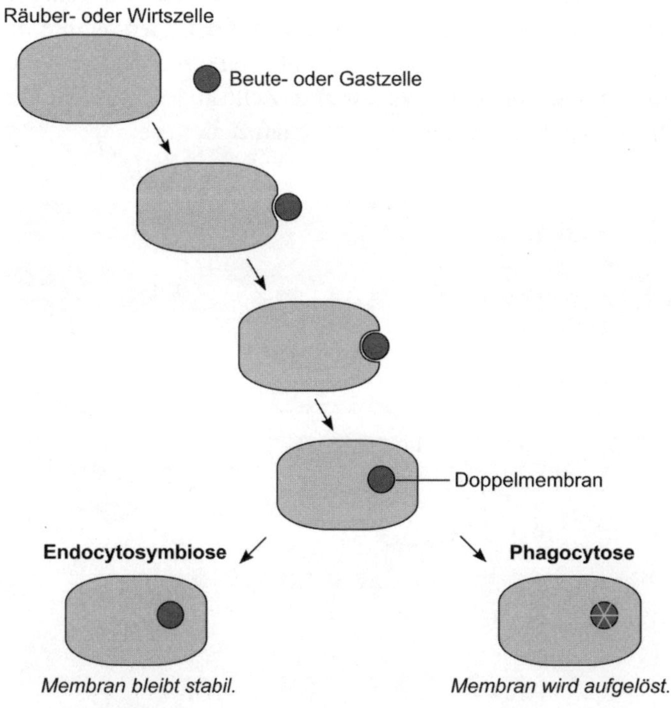

Abb. 103 Phagocytose und Endocytosymbiose

Zelluläre Endocytosen kommen bei Prokaryonten wie bei höheren Lebewesen häufig vor. Sie sind z. B. ein ganz normaler Mechanismus der Abwehr körperfremder Zellen durch große Fresszellen in den Immunsystemen vielzelliger Organismen.

Es kommt jedoch auch vor, dass eine kleinere Zelle in einer größeren Zelle inkorporiert wird, ohne von dieser aufgelöst zu werden. Statt dessen findet ein Austausch von Nährstoffen und Stoffwechselprodukten statt, von dem die Wirtszelle wie die Gastzelle profitieren. In diesem Fall liegt eine innerzelluläre Symbiose, eine *Endocytosymbiose* vor. Typisch für den Aufbau solcher Systeme ist, dass die innere Zelle ganz ihre molekulare Autonomie behält. Sie hat ihr eigenes Stoffwechselmilieu, speichert ihre Gene auf eigenen Nukleinsäuren und ist prinzipiell auch außerhalb der Wirtszelle lebensfähig. Für den Aufbau solcher Lebensgemeinschaften ist charakteristisch, dass die innere Zelle auch ihre eigene Zellmembran enthält. Stets ist die innere Zelle durch eine Doppelmembran – also eine molekulare Vierfachschicht – vom Zytoplasma der äußeren Zelle abgeschlossen. Die innere Membran gehört zur eingeschlossenen Zelle.

9 Eukaryontische Zellen

Aufbau und Merkmale eukaryontischer Zellen

Komplexere Einzeller und alle mehrzelligen Organismen bestehen aus Zellen, die in ihrem Inneren durch Membranen in Teilbereiche aufgeteilt sind. Mindestens das genetische Material ist in einem Zellkern verpackt, der von einer Kernmembran umschlossen ist und diesen Bereich vom Zytoplasma abtrennt. Diese Zellen werden im Unterschied zu den prokaryontischen als eukaryontische bezeichnet.

Außer der Einteilung in Kompartimente weisen eukaryontische Zellen weitere Besonderheiten auf: Sie sind im Allgemeinen größer als prokaryontische. Bei einer ungefähr um eine Größenordnung größeren Längenausdehnung ist das Volumen häufig um mindestens drei Größenordnungen größer als das Volumen der Prokaryontenzelle. Das Zytoplasma ist von Mikrotubuli und Faserproteinen durchzogen, die das Plasma mechanisch stabilisieren und mit deren Hilfe die Zellen innere Transportprozesse und äußere Bewegungsprozesse durchführen lassen.

Viele eukaryontische Zellen besitzen über den Zellkern hinaus weitere Kompartimente. Da die Kompartimente durch Membranen vom Zytoplasma abgetrennt sind, herrscht in ihnen ein kompartimentspezifisches Milieu. Dadurch können in den Kompartimenten optimale Bedingungen für sehr verschiedene Stoffwechselprozesse eingestellt werden. Im Zellkern läuft z. B. die Umschrift der genetischen Information, die auf der DNA gespeichert ist, in Messenger-RNA ab, wobei als Enzyme die DNA-abhängigen RNA-Polymerasen als molekulare »Transkriptions-Maschinen« arbeiten. Dieser Prozess ist damit räumlich und chemisch-kinetisch von der im Zellplasma ablaufenden Proteinsynthese entkoppelt, bei der mit Hilfe des Translationsapparates von Ribosomen (r-RNA) und mit Hilfe der t-RNA und

Vom Urknall zum Cyberspace. Michael Köhler

ISBN 978-3-527-32577-1

der m-RNA aus Aminosäuren die zelleigenen Proteine aufgebaut werden.

In den meisten eukaryontischen Zellen finden sich außerdem Kompartimente, die speziell der innerzellulären Energieversorgung dienen. In diesen Mitochondrien genannten Einheiten werden an Redoxenzymen, den Enzymen der Atmungskette, die in kompartimentinternen Membranstapeln gepackt sind, die Energiereserven energiereicher Rohstoffe wie z. B. Glukose in das in vielen Zellprozessen als Energiebasis benötigte Adenosintriphosphat überführt. Nebenher wird chemisch gebundener Wasserstoff in stoffwechselverfügbarer Form bereitgestellt. Diese für alle Teile der Zelle lebensnotwendigen Synthesen sind dank der Separation vom Zytoplasma in den Mitochondrien viel effektiver auszuführen.

Über alle Arten von grünen Pflanzen hinweg ist ein weiterer charakteristischer Typ von innerzellulären Kompartimenten verbreitet, die Chloroplasten. Ähnlich wie die Mitochondrien werden auch diese Zellorganellen in ihrem Inneren aus einem System von Stapeln molekularer Membranen aufgebaut. Anstelle der Atmungsenzyme tragen die Membranen die Proteine der Photosynthese, das Chlorophyll und weitere Proteine, die es den Zellen erlauben, mit Hilfe von Sonnenlicht Wasser zu zersetzen, daraus chemische Energie zu gewinnen und diese in der Synthese energiereicher Stoffe wie Glukose einzusetzen.

Es ist einleuchtend, dass es einen ungeheuren Fortschritt darstellt, wenn ein und dieselbe Zelle nicht im gleichen Milieu die Energiegewinnung durch den Abbau von Glukose, den Glukosemetabolismus, und die Synthese von Glukose mit Hilfe von Sonnenlicht bewerkstelligen muss. Dank der Organisation dieser beiden verschiedenen antagonistischen Prozesse in unterschiedlichen Kompartimenten lassen sich die schlecht verträglichen Vorgänge ohne gegenseitige Störung und mit hoher Effizienz organisieren.

Es gilt ganz allgemein, dass die innere Kompartimentierung den Weg für größere und leistungsstärkere Zellen freimachte. Der damit verbundene Fortschritt bezieht sich dabei nicht allein auf die ökologische Leistungsfähigkeit, das allgemeine Anpassungsvermögen oder die erschließbaren Lebensräume. Die neue Qualität eukaryontischer gegenüber prokaryontischen Zellen besteht in der Fähigkeit zu viel weitergehender Spezialisierung und Differenzierung. So öffnet das Auftreten innerer Strukturen das Feld zum Aufbau komplexer äußerer Strukturen und vor allem von damit verbundenen sehr viel komplexeren funktionellen Beziehungen.

Belege für die enorm gewachsene morphologische wie auch funktionelle Vielseitigkeit der Eukaryonten geben bereits der Formen- und Funktionsreichtum der Urtierchen (Protisten), die alle eukaryontische Einzeller sind. Die Tatsache, dass Einzeller zwar komplexe Kolonien hervorbringen können, aber keine echten Vielzeller, dass eukaryontische Zellen dagegen zu extremer Spezialisierung innerhalb vielzelliger Systeme fähig sind, belegt eindrucksvoll den besonderen Fortschritt von der prokaryontischen zur eukaryontischen Zelle.

Die Entstehung eukaryontischer Zellen in der Evolution

Für die spontane Entstehung eukaryontischer Zellen im Zuge der Evolution gibt es eine gut begründete Hypothese. Diese geht davon aus, dass es zelluläre Integrationsereignisse waren, die zur Bildung der kompartimentierten Zellen führten. Die Entstehung der eukaryontischen Zelle (*Eucyte*) steht damit ganz in der Tradition anderer wichtiger Schritte in der Entwicklungsgeschichte, in denen Integrationsereignisse zu einer neuen Qualität von Strukturen und damit Objekten und Funktionen geführt haben.

Die Entstehungshypothese der Eucyte geht von einer Reihe von Merkmalen aus, die an den Zellen beobachtet werden. Alle Zellorganellen sind nicht durch Einzel-, sondern Doppelmembranen vom Zytoplasma abgetrennt. Sie sind strukturell demzufolge Vesikeln verwandt, wie sie sich bei der Endocytose nach der Umschließung und der inneren Abschnürung im Inneren der Räuberzelle bilden. Ein weiteres wichtiges Merkmal ist das Vorkommen zellorganelleigener Nukleinsäuren. Zwar wird der überwiegende Teil der in den Zellorganellen benötigten Proteine vom Zellkern codiert, doch gibt es neben den Genen im Zellkern weitere Gene, die sich nur in den Organellen finden. So weisen z. B. die Mitochondrien eigenes Erbgut auf. Dieses Erbgut gehorcht einem ganz anderen Vererbungsmechanismus als der, dem das Erbgut des Zellkerns unterliegt. Während letzteres bei höheren Organismen über die Mechanismen der Chromosomenverdopplung und Zellteilung weitergegeben wird und bei geschlechtlicher Vermehrung der Reduktionsteilung und der genetischen Rekombination unterliegt, wird die Nukleinsäure der Mitochondrien einfach über die Vermehrung der Mitochondrien und bei der Zellteilung durch die Aufteilung der Mitochondrien einer Mutterzelle auf die Zytoplasmen der Tochterzellen auf die nächste Generation weitergegeben. So kommt es z. B., dass das menschliche Erbgut zum weit überwiegenden Teil auf den Chromsomen von den Eltern auf das Kind übertragen wird und daran beide Elternteile beteiligt sind. Ein kleiner Teil jedoch – und zwar das gesamte in den Mitochondrien gespeicherte Erbgut – wird ausschließlich über das Zytoplasma, d. h. die Eizelle, vererbt, so dass diese Gene nur von der Mutter auf das Kind übertragen werden.

Bei der Untersuchung der molekularen Sequenzen der mitochondrialen DNA stellte sich heraus, dass diese sehr wenig Ähnlichkeit mit den Sequenzen der chromosomalen DNA haben. Es sind jedoch die Mitochondrien taxonomisch weit entfernter Arten genetisch untereinander ähnlicher als das sonstige Erbgut. Besonders auffällig ist, dass das mitochondriale Erbgut Ähnlichkeit mit dem von Bakterien aufweist, obwohl deren Erbgut ansonsten durch Sequenzen gekennzeichnet ist, die weit von denen der eukaryontischen Zellen entfernt sind.

All diese Befunde zusammengenommen haben zu dem Schluss geführt, dass die Mitochondrien ursprünglich aus einzelligen Organismen entstanden sind, die den heute lebenden Prokaryonten genetisch verwandt waren. Vertreter dieser Spezies sind vermutlich von anderen Prokaryonten umschlossen worden und haben zu einer frühen Endocytosymbiose geführt (Abb. 104). Es ist gut vorstellbar, dass schon für diese Endocytosymbiose die besondere Stoffwechselleistung der Gastzelle in der Atmungskette für die Wirtszelle einen besonderen Selektionsvorteil darstellte.

Offensichtlich hat es aus der zunächst anderen Endocytosymbiosen entsprechenden Lebensgemeinschaft heraus eine Entwicklung gegeben, bei der sich die Zelle im Inneren teilen konnte, ohne damit die Lebensfähigkeit der äußeren Zelle zu beeinträchtigen. Bei Teilungen sind dann einige der Tochterzellen der besonders atmungsaktiven Gastzelle in die eine, andere in die andere Tochterzelle der Wirtszelle gelangt. Die Endocytosymbiose wurde dadurch zu einem Bestandteil eines gemeinsamen Zellzyklus. Spätestens mit der Übernahme einzelner Gene für Proteine der inneren Zelle in das Erbgut der äußeren wurde dieser Prozess unumkehrbar. Aus einer Lebens-

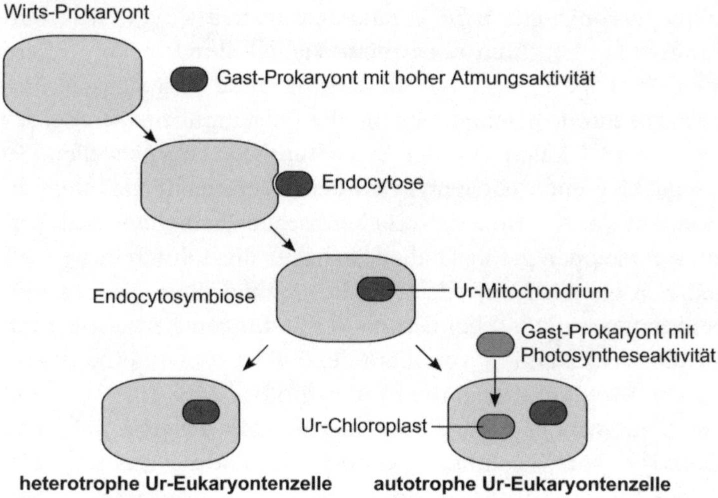

Abb. 104 Endocytosymbiontentheorie der Entstehung eukaryontischer Zellen.

gemeinschaft nicht kompartimentierter, prokaryontischer Zellen war eine kompartimentierte, ur-eukaryontische Zelle geworden.

Vermutlich hat sich der hier skizzierte Prozess der Zellentwicklung durch Endocytosymbiose mehrfach abgespielt. Es ist anzunehmen, dass auch die Entstehung von Chloroplasten auf eine solche Endocytosymbiose zurückzuführen ist (vgl. Abb. 104). In diesem Fall war sicherlich die Photosyntheseleistung der besondere spezifische Vorteil, den die Wirtszelle erhielt und der sie die Teilung der Gastzellen in ihrem Inneren tolerieren ließ.

Nicht nur die grundsätzliche Plausibilität der Endocytosymbiontenhypothese spricht für sie. Sowohl die Struktur der Membran um die Zellorganellen als auch die Tatsache der Existenz zellorganelleigener Nukleinsäuren sind starke Indizien für diese Hypothese. Schließlich ist es aber besonders die genetische Verwandtschaft zwischen den Nukleinsäuren der Zellorganellen und Prokaryonten, die diese Hypothese stützt.

Es liegt im Wesen der großen Schritte der Integration der Materie, dass diese Integration nicht nur unmittelbar zu neuen Objekten und damit einer Erweiterung der strukturellen und funktionellen Vielfalt führte, sondern dass stets mit der Integration die Fähigkeit für neue Arten von Kopplungen hervorgebracht wurde. Damit schuf jede Stufe der Integration zugleich die Voraussetzungen für eine weitere Entwicklungsstufe, die durch noch mehr Vielfalt, durch noch größere Komplexität ausgezeichnet war. In diesem Sinne lässt sich die Entwicklung zur Eucyte in eine Reihe mit der Entstehung der Atome, der Bildung von Molekülen und der Entstehung des Lebens stellen. So wie wenige Elementarteilchentypen durch unterschiedliche Integration zu einem ganzen System von chemischen Elementen und Tausenden von Isotopen geführt haben, so haben diese durch ihre unterschiedlichen chemischen – d.h. Bindungsfähigkeiten – eine schier unüberschaubare Fülle chemischer Verbindungen hervorgebracht. Die Vielfalt der Chemie – vor allem des Kohlenstoffs – öffnete wiederum den Weg zur Integration einer großen Zahl kinetisch und räumlich miteinander verkoppelter Moleküle, die die erste Zelle ausmachten. Die räumliche und funktionelle Verbindung mehrerer dieser Zellen führte schließlich zur Entstehung der eukaryontischen Zelle.

Mit der Entstehung komplexer Zellen wurde wiederum die Kopplungsfähigkeit der erzeugten Systeme auf eine neue Qualität gehoben. Das Ergebnis sind Zellensembles, die trotz gemeinsamer Abstammung in idealer Weise miteinander kooperieren, ja sogar ihre eigene Fortpflanzung, d.h. die Weitergabe des Erbgutes, gemeinsam organisieren.

Eukaryontische Einzeller (Protisten)

Es gibt eine Vielzahl von biologischen Arten, die wie Prokaryonten Einzeller sind, jedoch den komplexen Aufbau einer eukaryontischen Zelle aufweisen. Die Protisten, die in der Lage sind, mit Hilfe äußerer, nicht-organischer Energiequellen Biomasse aufzubauen (autotrophe Organismen) zählen zu den Protophyten; heterotrophe Protisten, die auf die Aufnahme energiereicher organischer Substanz angewiesen sind, werden als Protozoen (Urtierchen) bezeichnet.

Einzeller können in Kolonien leben, also große Ansammlungen bilden. Dabei ist die Bildung spezieller, der Vermehrung der Population dienender, generativer Zellen möglich. Es kommt jedoch nicht zu einer weitergehenden Zelldifferenzierung und zur Bildung verschiedenartiger Gewebe.

Alle funktionellen Spezialisierungen, die die Protisten zur Entwicklung, zum Überleben und zur Fortpflanzung brauchen, müssen innerhalb der einzigen Zelle bewerkstelligt werden. Das gelingt durch die Zellorganellen im Inneren der eukaryontischen Zelle. Das äußere Erscheinungsbild der Protisten spiegelt ihren komplexen Aufbau wieder. So treten begeißelte Arten (Flagelaten), Scheinfüßchen ausbildende Arten (Wurzelfüßer), bewimperte Arten (Ziliaten) und Sporenbildner (Sporozoen) auf. Innerhalb dieser Gruppen gibt es noch einmal weitgehende Unterschiede im Bau der Zellen und in den genutzten Lebensräumen. Viele Arten, besonders aus der Gruppe der Wurzelfüßer, bilden exoskelettartige Hartteile, die in sehr vielen unterschiedlichen Formen ausgebildet werden.

Protozoen kommen spätestens seit dem Kambrium vor. Mit ihrem Nachweis im frühen Paläozoikum ist zugleich die Existenz eines weiten Spektrums eukaryontischer Zellen in dieser Zeit belegt. Der Erscheinungsvielfalt von Protisten steht bereits im Kambrium die Entwicklung einer vielfältigen Lebenswelt von vielzelligen Organismen (Invertebraten) gegenüber. Ihr vergleichsweise plötzliches Auftreten in der Erdgeschichte wird als *kambrische Explosion* bezeichnet.

10 Vielzeller

Klone, Kolonien und vielzellige Organismen

Der Übergang von den Einzellern zu den Vielzellern stellt wieder einen wichtigen großen Schritt in der Evolution dar. Er ist wieder ein Qualitätssprung, der durch eine Integration zustande kommt. Zellen gleicher Abstammung bilden einen vielzelligen Organismus, in dem Zellen, obwohl sie die gleiche genetische Ausstattung haben, unterschiedliche Gestalten ausbilden und verschiedene, aufeinander abgestimmte Funktionen übernehmen.

Mehrzellige Organismen zeichnen sich dadurch aus, dass der Zellverband, aus dem ein bestimmter Typ, z. B. eine Art, besteht, immer in gleicher Weise räumlich und funktionell organisiert ist. Analoge Zellen finden sich in allen Organismen des gleichen Typs stets in der analogen räumlichen Situation und füllen die gleichen Funktionen aus. Die zelltypspezifische Raumzuordnung, die morphologische und die chemische Differenzierung und die arbeitsteilige Spezialisierung der zu einem Organismus gehörenden Zellen unterscheiden den vielzelligen Organismus von allen anderen Arten von Zellansammlungen.

Bereits unter den prokaryontischen Mikroorganismen gibt es eine Vielzahl von Kolonien bildenden Arten. Unter günstigen Wachstumsbedingungen bilden sich aus einer einzigen Zelle durch eine Reihe von Zellteilungen Ansammlungen von vielen Millionen Zellen. Genetisch bilden alle Zellen der Kolonie damit einen Klon. Da sie durch Zellteilung innerhalb einer kleinen Zahl von Generationen aus einer einzigen Zelle hervorgegangen sind, sind sie genetisch identisch. Im Gegensatz zu höheren Lebewesen bringt die Natur bei den Mikroorganismen Klone mit riesigen Individuenzahlen hervor. Kolonien von Mikroorganismen können charakteristische Formen, Far-

Vom Urknall zum Cyberspace. Michael Köhler

ISBN 978-3-527-32577-1

ben und Texturen besitzen, sich also durch makroskopisch sichtbare morphologische Merkmale unterscheiden. Trotz der enormen Zahl von Zellen sind die makroskopisch sichtbaren Merkmale der Kolonien nicht auf eine Differenzierung und Arbeitsteilung zwischen den einzelnen Zellen zurückzuführen. Die Zellen gleichen sich nicht nur genetisch, sondern auch funktionell. So besitzt z. B. jede einzelne Zelle einer Kolonie die Fähigkeit zur Teilung und kann eine komplette neue Kolonie hervorbringen.

Schleimpilze – vom amöboiden Mikroorganismus zum vielzelligen System

Obwohl sich nach dem im vorangegangenen Kapitel Gesagten Kolonien von Einzellern und Vielzeller klar unterscheiden lassen, gibt es doch Arten, die gewisse Merkmale von Übergangsformen ausbilden. Zu diesen Organismen gehören die Schleimpilze, z. B. *Dictostelium*. Diese Arten können als Kolonien bildende Amöben betrachtet werden, weisen aber im Aggregationsstadium differenzierte Gewebe und damit ein wesentliches Merkmal eines Vielzellers auf.

Amöben (*Wechseltierchen*) bilden eine Ordnung eukaryontische Einzeller, die zu den Urtierchen zählen. Sie gehören zu den Wurzelfüßern (Rhizopodia), zu denen auch Radiolarien und Foraminiferen zählen. Schleimpilze werden dagegen zu den Pilzen gerechnet, weisen jedoch eine vegetative Entwicklungsphase auf, in der sie als amöboid bewegliche, nackte Zellen leben. Diese Zellen können in einem weiteren Stadium zu einer einzigen vielkernigen Protoplasmamasse (Plasmodium) verschmelzen oder sie können aggregieren, ohne dass es zu einer Verschmelzung kommt (Aggregationsplasmodium). Solche Zellaggregate haben das Erscheinungsbild einer Einzeller-Kolonie.

Bei diesen Organismen kann es auch bereits zu einer paarweisen Verschmelzung der haploiden Zellen zu diploiden Zygoten kommen, also Zellen, die eine doppelte Chromosomenausstattung besitzen. Aggregate dieser diploiden Zellen formen Plasmodien, die sich in der Regel zum Licht orientiert bewegen (Phototaxis) und schließlich durch Wasserverlust zu Fruchtkörpern werden können. In diesen Fruchtkörpern läuft eine Reduktionsteilung ab, die zur Entstehung von haploiden Sporen führt. Aus diesen können sich dann wieder die haploiden amöbenartigen einzelligen Organismen der vegetativen Entwicklungsphase bilden.

So zeigt z. B. auch *Dictostelium* unter günstigen Wachstumsbedingungen das Verhalten eines Einzellers. Die Zellen wachsen und kommen schließlich zur Zellteilung. Es entstehen durch eine Kette von Zellteilungen große Klone, wie sie auch bei anderen Mikroorganismen vorkommen.

Werden die Wachstumsbedingungen jedoch kritisch, so setzt ein Prozess ein, der die typischen Merkmale einer Differenzierung und Arbeitsteilung aufweist, wie sie von Mehrzellern bekannt sind. Insbesondere kommt es auch bei *Dictostelium* zu einer Spezialisierung, die dazu führt, dass ein Teil der Zellen Sporen bildet, die der Weitergabe der Erbinformation dienen, während ein anderer Teil der Zellen Hilfsfunktionen übernimmt.

Das besondere Verhalten der Schleimpilz-«Amöben« beginnt mit dem Einsetzen einer chemischen Kommunikation zwischen den Zellen. Unter Nährstoffmangel beginnen die Zellen plötzlich zyklisches Adenosinmonophosphat (c-AMP) in das Medium auszuschütten, das von den anderen Zellen als Botenstoff erkannt wird. Darauf beginnen diese Zellen ebenfalls c-AMP zu produzieren und in die Umgebung zu entlassen. Die c-AMP-Ausschüttung wird dadurch zu einem sich selbst verstärkenden Vorgang. Außerdem beginnen die Zellen, sich in dem gebildeten Konzentrationsgradienten von c-AMP in Richtung steigender Konzentration zu bewegen. Dieser Effekt verstärkt die lokale c-AMP-Produktion weiter, da sich die c-AMP produzierenden Zellen immer mehr verdichten.

Der Verdichtungsprozess der sich bewegenden Zellen läuft nicht völlig gleichmäßig ab. Es treten Wellen von mehr und weniger verdichteten Zellen auf, die in ihrem Charakter ganz den chemischen Wellen entsprechen, wie sie z. B. bei der Belousov-Zhabotinski-Reaktion beobachtet werden (Abb. 105). Ursache der zeitlichen und räumlichen Oszillationen ist offensichtlich eine antagonistische Rückkopplung im Wechselspiel zwischen der c-AMP-Diffusion, die ausgleichend auf die Konzentrationsgradienten des c-AMP im extrazellulären Milieu wirkt (negative Rückkopplung), und der Konzentration und Verstärkung der c-AMP-Produktion durch die Bewegung der Zellen und die Stimulation der c-AMP-Produktion durch c-AMP selbst (positive Rückkopplung).

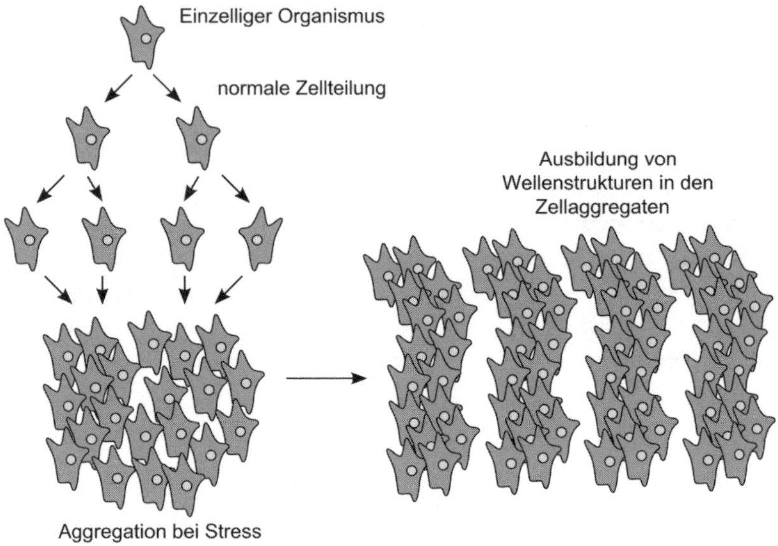

Abb. 105 Aggregation und Bildung von periodischen Verdichtungen und Bewegungswellen bei *Dictostelium*.

Erreicht die Verdichtung der Zellen schließlich einen gewissen kritischen Wert, so formen viele Tausend der Mikroorganismen, die sich als eine Zellschicht bewegt haben, einen nahezu zylindrischen Körper. Dieser Körper ist in der Lage, durch die kooperative Aktion der in ihm enthaltenen Zellen, zu kriechen. Aus der Population von vorher isolierten Einzelzellen ist dadurch ein makroskopisches Objekt entstanden, das kooperative Wechselwirkungen aufweist und makroskopisch sichtbare Bewegung ausführt.

Werden die Kulturbedingungen verbessert, so kann sich das äußerlich einer Schnecke ähnliche Gebilde wieder in Einzelzellen von Amöben auflösen. Die Aggregation der Zellen stellt also in dieser Phase noch ein reversibles Phänomen dar.

Eine völlig neue Qualität entsteht jedoch, wenn die Wachstumsbedingungen schlecht bleiben. In diesem Fall haftet sich der Wurm an seiner Unterlage an und es beginnt ein echter Differenzierungsprozess zwischen den enthaltenen Zellen, so dass diese gruppenweise unterschiedliche Funktionen übernehmen. Ein Teil der Zellen bildet einen Fuß, andere einen Schaft, dritte eine Kapsel und vierte schließlich Sporen. Aus der Population von Amöben ist ein makroskopisches

Gebilde mit komplexer Morphologie, ein Schleimpilz, geworden. Mit dem Einsetzen der Zelldifferenzierung und der Ausbildung des Fruchtkörpers wird die Entwicklung der Zellen irreversibel. Zwar bilden die enthaltenen Zellen nach wie vor einen Klon, aber die Omnipotenz der Zellen wird zugunsten einer arbeitsteiligen Spezialisierung aufgegeben. Je nach ihrer räumlichen Position nehmen die vormals gleichen Zellen unterschiedliche Gestalt und Funktion an.

Die Entwicklung führt zur Bildung von Sporen in der Fruchtkapsel des vielzelligen Gebildes, das die kooperierenden Amöben geformt haben (Abb. 106). Der Preis für diese Entwicklung ist, dass nur ein Teil der Zellen zu potenziellen Gründern neuer Populationen wird, während alle anderen Zellen – und diese stellen den überwiegenden Teil der ehemals vorhandenen Zellen – die Bildung des Fruchtkörpers und der Sporen nur noch unterstützen und dabei selbst ihre Teilungsfähigkeit einbüßen.

Den Vorteil dieser Vorgänge genießt die Population. Wegen der verschlechterten Wachstumsbedingungen bestand die reale Gefahr, dass keines der Individuen der Population überdauern und damit die Weiterexistenz der Population nach der Phase schlechter Lebensbedin-

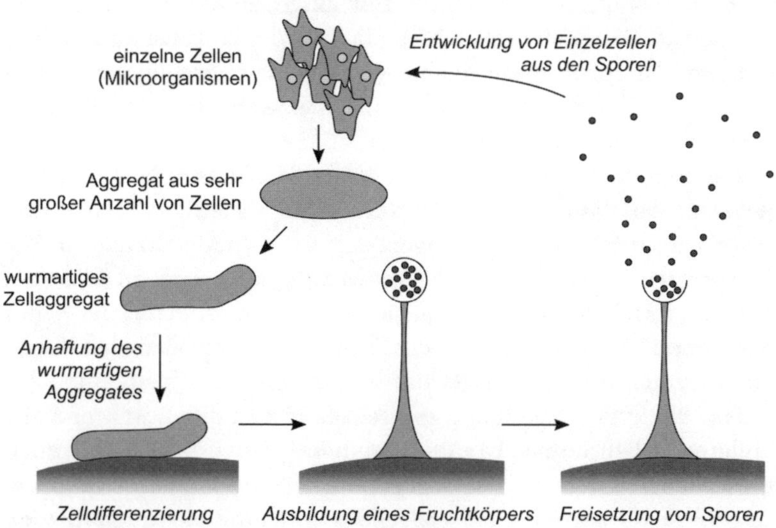

Abb. 106 Mikroorganismische Vermehrungsweise sowie Aggregation, Differenzierung und Sporenbildung bei *Dictostelium*.

gungen sichern würde. Durch die Sporenbildung entstand eine Dauerform, die schlechte Phasen unbeschadet überstehen und bei späteren besseren Wachstumsverhältnissen wieder neue Kolonien begründen konnte. Außerdem wurde durch die Ausbildung des an der Spitze eines Schaftes angeordneten Fruchtkörpers der Radius, in dem sich die Sporen verbreiten konnten, wesentlich erweitert. So entstand für die Population durch die Differenzierung ein entscheidender Selektionsvorteil gegenüber der Population gleichartiger Einzelzellen.

Dictostelium ist kein echter Vielzeller. Das autonom fortpflanzungsfähige Amöbenstadium belegt klar den Charakter eines Einzellers. Die Fähigkeit zur Aggregation, Differenzierung und Arbeitsteilung zeigt jedoch, dass durch die Entwicklung spezieller Formen der Kooperation zwischen den Zellen morphologisch und funktionell Objekte mit wichtigen Merkmalen von Vielzellern entstehen können. Eine besondere Rolle spielt dabei das Verhältnis von Individuum und Population in der Überlebens- und Fortpflanzungsstrategie. Das Beispiel *Dictostelium* zeigt eindrucksvoll, dass der Übergang vom isoliert lebenden Einzeller zum vielzelligen, differenzierten Zustand einhergeht mit einem Übergang von einer Population omnipotenter Zellen zu einer Population von Zellen mit eingeschränkten Funktionen. Speziell die Fortpflanzung, die im Stadium der Einzeller auch in großen Populationen stets Aufgabe des einzelnen einzelligen Organismus ist, wird im differenzierten vielzelligen Gebilde nur noch von einem Teil der Zellen wahrgenommen.

Dadurch, dass alle Zellen des vielzelligen Objektes die gleiche genetische Ausstattung besitzen, verbessern diejenigen Zellen, die nicht zur Fortpflanzung gelangen, mit ihrer Unterstützung für die fruchtbaren Zellen zugleich die Verbreitung ihres eigenen Erbgutes. Dieses Verhältnis der spezialisierten Zellen anderer Teile des Schleimpilzes zu den Sporen teilt Dictostelium mit allen vielzelligen Organismen, bei denen stets nur ein zahlenmäßig kleiner Teil der Zellen direkt zur Erzeugung der Nachkommen dient, während alle anderen Zellen unterstützende Funktion haben. Da sich aber auch die Zellen, aus denen ein Vielzeller aufgebaut ist, genetisch gleichen, trägt jede Körperzelle von Vielzellern mit ihrer Leistung für den Organismus zu dessen Lebensfähigkeit und seinem Fortpflanzungserfolg und damit auch zur Weitergabe der eigenen Erbinformation bei.

Typen mehrzelliger Organismen

Während die molekularen Grundlagen aller Organismen von einer ganz erstaunlichen Einheitlichkeit geprägt sind und diese darauf schließen lässt, dass alles Leben aus einer gemeinsamen Wurzel stammt, ist die Organisation der Vielzeller überraschend vielgestaltig. Das betrifft nicht nur die äußere Form und die Größe der Organismen, die besiedelten Lebensräume, ihre ökologischen Beziehungen, den geometrischen Aufbau und die Funktionen der Organe, Gewebe, Zellen und artspezifischen Funktionsmoleküle. Ganz wesentliche Unterschiede werden auch in der grundsätzlichen Organisation der organismischen Entwicklung und der Zelldifferenzierung beobachtet.

Die fundamentalen Unterschiede in der Systemorganisation betreffen vor allem den Prozess der Zelldifferenzierung. Die arbeitsteilige Differenzierung ist das herausragende Merkmal, das vielzellige Organismen von Kolonien von Einzellern unterscheidet. Dabei ist eine wichtige Frage, welche Zellen in der Lage sind, Tochterzellen zu bilden, die andere Merkmale als sie selbst aufweisen und zu anderen Geweben führen als dem Gewebe, dem sie selbst entstammen, d. h. einen Differenzierungsprozess zu initiieren.

Zelldifferenzierung und Organ- und Gewebsregenerierung sind sehr eng miteinander verbunden. Eine sehr hohe Potenz zur Regenerierung besitzt z. B. der Süßwasserpolyp (*Hydra*). Der zur Klasse der Hydrozoa (Ordnung Hydroidea) gehörende Organismus lebt in sauberen Gewässern. Mit einer Fußscheibe haftet er an Wasserpflanzen, kann sich aber auch mit ihrer Hilfe raupenartig bewegen. Mit Hilfe von Tentakeln und Nesselkapseln werden Kleintiere wie Wasserflöhe gefangen, die als Nahrung dienen. Dieser Organismus kann sich entweder durch Geschlechtszellen, die sich in der Wand des Rumpfes bilden, oder durch Teilung fortpflanzen. Teilt sich ein Polyp, so bilden beide Teile einen vollständigen Organismus. Das bedeutet, dass alle erforderlichen Zelltypen und Gewebe neu gebildet werden können. Die zelluläre Differenzierung wird allein durch Nachbarschaftseffekte bestimmt. Nach Teilung eines Individuums dieses Typs können sich wieder morphologisch vollständige Individuen ausbilden, d. h. in jedem Teil des Organismus werden alle notwendigen Gewebe generiert. Die Lage der Organe ist dabei durch den Bauplan vorgegeben. Die relative Lage von Mutterzellen innerhalb eines Körpers bestimmt

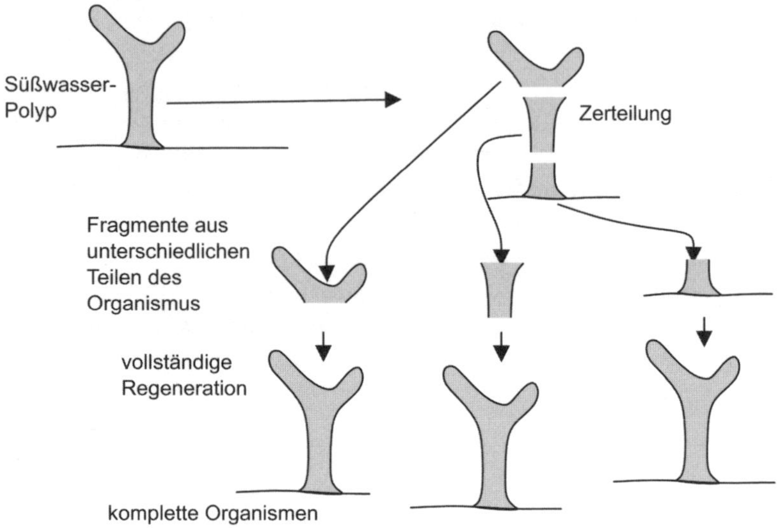

Abb. 107 Organismische Regenerationsfähigkeit durch pluripotente Zellen am Beispiel des Süßwasserpolypen.

die Richtung der Differenzierung der Tochterzellen (Abb. 107). Voraussetzung für ein solches Entwicklungs- und Differenzierungsverhalten ist eine universelle Potenz von Zellen in beiden Teilen des Organismus.

Völlig anders liegen dabei die Verhältnisse bei Organismen, deren Individualentwicklung nicht durch Nachbarschaftsverhältnisse, sondern durch die Abstammungsverhältnisse gesteuert wird. Ein solches Verhalten liegt im Falle des Fadenwurmes *Caenorhabditis elegans* vor. Hier besitzen die Zellen des erwachsenen Tieres überhaupt kein Regenerationsvermögen mehr. Und selbst in der Embryonalentwicklung ist die Entwicklung von Tochterzellen aus einer Mutterzelle streng determiniert. Für jede einzelne Zelle besteht ein festes Abstammungsschema. Damit ist auch für jedes Entwicklungsstadium hin bis zum adulten Tier die jeweilige Anzahl der Zellen ganz präzise festgelegt. Fällt während der Entwicklung eine Zelle aus, die sich noch teilen müsste, so fehlen im adulten Tier alle von dieser Zelle abstammenden Zellen, und die durch sie wahrzunehmenden Funktionen werden nicht von anderen Zellen ersetzt.

Komplexe biologische Systeme wie der menschliche Organismus schließen Zellen mit einer weit gespannten Abstufung in der Differenzierungsfähigkeit ein. In den allerersten Schritten der Embryonalentwicklung (frühe Morula) besitzen alle Zellen die Fähigkeit, ganze Organismen hervorzubringen, d. h. alle Zellen haben noch die Potenz, alle im Organismus benötigten Zellen mit unterschiedlichen Differenzierungen zu bilden (Omnipotenz). In dieser Phase ist das Zellaggregat, das sich nach der Befruchtung aus der Zygote gebildet hat, nicht als Individuum anzusprechen, da die Zahl der möglicherweise entstehenden Individuen noch nicht völlig festgelegt ist.

Die Teilung des frühen Embryos kann zur Bildung eineiiger Mehrlinge führen. Nachdem jedoch in dem frühen Embryo Differenzierungsprozesse eingesetzt haben, geht die Omnipotenz verloren. Zwar besitzen die Zellen noch die Fähigkeit, Tochterzellen mit unterschiedlichen Differenzierungen zu erzeugen (Pluripotenz), aber es kann nicht mehr jede Zelle alle im Organismus benötigten Differenzierungen hervorbringen. Damit hat sich der irreversible Schritt von einem Zellhaufen zu einem Individuum vollzogen.

Jeder Organismus, der in der Lage ist, Gewebe zu regenerieren, braucht dafür Stammzellen. Aus solchen somatischen Stammzellen können sich Zellen der für die Gewebsfunktion erforderlichen Differenzierung entwickeln. Die Verfügbarkeit solcher Stammzellen ist in der Frühphase einer Individualentwicklung naturgemäß größer als in der Reifephase. Auch die erwachsenen Individuen der meisten Spezies besitzen Stammzellen. Aber diese Stammzellen – sogenannte adulte Stammzellen – können nicht mehr beliebige Differenzierungswege begründen, sondern lassen zumeist nur eine begrenzte Zahl von Typen in der Differenzierung der von ihnen abstammenden Zellen zu. Darin unterscheiden sie sich im Normalfall von den omnipotenten embryonalen Stammzellen, aus denen alle Arten von Zellen, die ein Organismus braucht, entstehen können.

Individuelle Morphogenese

In der individuellen Gestaltbildung mehrzelliger Individuen gelingt der lebenden Natur ein ganz besonderes Meisterstück. Ausgehend von einer einzigen Zelle werden hochkomplexe Strukturen aufgebaut. Dabei werden die kompletten Wesensmerkmale mit hoher Erfolgsquote vollständig realisiert. Aus der Zelle, die am Anfang jeder Individualentwicklung steht, gehen letztlich nicht nur verschieden differenzierte Zellen, sondern subtil organisierte Zellverbände, Gewebe, hochgradig spezialisierte Organe mit makroskopisch wirksamen Funktionen und Organsysteme hervor. Das alles gelingt mit Hilfe eines Datensatzes, der in nur einem oder wenigen molekularen Exemplaren innerhalb des Zellkerns der Ausgangszelle verschlüsselt ist. Moleküle, wie sie auch der Informationsspeicherung für den Entwicklungsplan vielzelliger Organismen dienen, sind Quantenobjekte und als solche allen Gesetzen der Quantenmechanik bis hin zu Fluktuationen und quantenmechanischer Unschärfe in den durch Elektronen vermittelten Wechselwirkungen der enthaltenen Atome unterworfen. Mit diesen sparsamen Mitteln, mit derartigen miniaturisierten Informationsträgern ausgestattet, werden die Baupläne, die die Struktur von Individuen eines bestimmten Typs – so z. B. eines Insektes, eines Laubbaumes oder auch eines Menschen – verschlüsseln, verwirklicht. Der Aufbau des komplexen dreidimensionalen Systems erfolgt mit hoher Zielgenauigkeit, der Morphogeneseprozess ist wohldeterminiert, erzeugt die codierte makroskopische Gestalt und realisiert zuverlässig alle notwendigen und organismenspezifischen Teilfunktionen.

In jeder Individualentwicklung müssen die Einzelheiten der Entwicklung aller Zellen, Gewebe und Organe zuverlässig aufgebaut werden. Jede Individualentwicklung muss darüber hinaus die Integration aller aus der ersten Zelle durch fortlaufende Zellteilung gebildeten Zellen in einem Organismus leisten. Nicht nur Gestaltbildung im Sinne von Raumgliederung, sondern Systembildung durch eine hierarchisch strukturierte räumliche und funktionelle Organisation muss von diesem Entwicklungsprozess geleistet werden. Das gelingt nur, indem neben der morphologischen Entwicklung auch die funktionelle Integration in den für die Individualentwicklung benötigten Datensatz integriert wird. Die logische Abfolge klar definierter unterschiedlicher Entwicklungsstadien ist für eine solche Integration eine zwingende Voraussetzung. Nur ein eindeutig vorgezeichneter Verlauf der Entwicklung eröffnet die Möglichkeit, von einer einzigen Zelle durch Selbstorganisation zu einem hochgradig strukturierten, hochkomplexen System zu gelangen.

Es scheint einleuchtend, dass der Aufbau eines Algorithmus für eine solche wohldeterminierte Individualentwicklung kein Prozess sein kann, der sich immer wieder und auf unterschiedliche Weise vollzieht. Vielmehr wird die Evolution der Individualentwicklung verwandter Organismen aus einer gemeinsamen Quelle gespeist. Verwandte Organismen, verwandte Arten oder höhere taxonomische Gruppen besitzen daher auch verwandte Programme der individuellen Entwicklung und ähneln sich in den Einzelheiten der Morphogenese. Vor allem die frühen Stadien vollziehen sich nach weitgehend gleichen Regeln und beinhalten analoge, zum Teil fast identische Entwicklungsstadien. Erst mit fortschreitender Entwicklung kommen mehr und mehr die speziellen Merkmale einzelner Arten und individuelle Züge zum Tragen. Damit spiegelt sich in der Individualentwicklung und vor allem in der Embryogenese die gemeinsame Stammesentwicklung der verwandten taxonomischen Gruppen wider. In diesem Sinne ist auch die bereits im 19. Jahrhundert durch Ernst Haeckel formulierte Charakterisierung der Embryonalentwicklung (Ontogenese) als kurze schnelle Rekapitulation der Stammesentwicklung (Phylogenese) sehr treffend.

Die Natur bedient sich einiger zentraler Prinzipien, um die anspruchsvolle Aufgabe der individuellen Morphogenese zu erfüllen. Die Organisation des Erbgutes und der Auslesung und Übersetzung der Erbinformation in Funktionsproteine ist dazu ein Schlüssel. Die »informationstechnische« Basis besteht in einem universellen Code und einem universellen Apparat für die Übersetzung aller molekular gespeicherten Informationen und in einem Datensatz, der im Allgemeinen an alle Zellen eines sich entwickelnden Organismus weitergegeben wird. Jeder Differenzierungsprozess, dem eine Zellteilung bzw. eine Reihe von Zellteilungen vorausgehen muss, setzt eine Duplikation des Erbgutes voraus. Im Allgemeinen besitzen damit alle Zellen eines Organismus den gleichen Datensatz. Jede Zelle hat damit die Daten für die Ausbildung des komplexen Organismus.

Der Trick der Vielzeller besteht darin, dass alle Zellen je nach ihrem Platz in dem sich entwickelnden Organismus genau jene Teildatensätze nutzen, die für die Ausbildung ihrer Gestalt und ihrer Funktion gebraucht werden. Die spezialisierten Zellen eines vielzelligen Organismus besitzen deshalb die Fähigkeit der selektiven Nutzung der Erbinformation. Diese Selektivität in der Realisierung der Erbinformation ist eine der Schlüsselkompetenzen von Vielzellern.

Da alle Zellen von einer gemeinsamen Ausgangszelle, der Zygote, abstammen, müssen die jeweiligen spezifischen Nutzungsvarianten von den für einen zu entwickelnden Zelltyp erforderlichen Erbinformationen Regeln unterworfen sein, die selbst in der Erbinformation verschlüsselt sind. Der Datensatz enthält demzufolge bereits eine Hierarchie von Genen. In dieser Hierarchie höher stehende Gene sind dafür zuständig, bestimmte Gruppen niedriger stehender Gene zu aktivieren oder abzuschalten. Diese Schalter werden nun in verschiedenen Zellen eines sich entwickelnden Organismus, die eigentlich von einer gemeinsamen Mutterzelle abstammen, unterschiedlich betätigt.

Es sind inzwischen Gengruppen und Steuergene bekannt, die für die Ausbildung von Organen und anderen morphologischen Merkmalen verantwortlich sind. Da das Ein- oder Abschalten solcher Gene in allen Zellen des gleichen Datensatzes zur Entwicklung vergleichbarer morphologischer Strukturen führt, so dass durch ihre Betätigung an unterschiedlichen Orten eines sich entwickelnden Organismus die gleichen Differenzierungsprozesse und die Ausbildung analoger Organe ausgelöst werden können, werden diese genetischen Schalter als *Homeobox*-Gene bezeichnet. Die von dem jeweiligen Schalter aktivierte Gengruppe findet sich meistens in einer geschlossenen Region auf den Chromosomen und bildet die für eine bestimmte Differenzierung notwendige »Informationsbox«.

Die Existenz der Homeobox-Gene konnte durch die Auslösung bestimmter unphysiologischer Organentwicklungen eindrucksvoll in Experimenten an Invertebraten nachgewiesen werden. So konnte die Segmentbildung an Insekten beeinflusst, die Ausbildung von Antennen, Beinpaaren, Augen usw. kontrolliert werden.

Störungen dieser Steuerungen während kritischer Phasen der Individualentwicklung führen zu Fehlbildungen. Wichtige Festlegungen für die Entwicklung größerer Teile von Organismen und ganzer Organe liegen zumeist bereits in der Frühphase der Embryonalentwicklung, so dass dort die entsprechenden Störungen wirksam werden.

Im Gegensatz zur molekularen Verschlüsselung der Erbinformation und zu den Mechanismen der Informationsauslesung und -übertragung sind die Mechanismen für die Betätigung der Schalter, die die für Differenzierungsprozesse verantwortlichen Gene aktivieren, nicht einheitlich. Diese Vorgänge sind in unterschiedlichen Organismen sogar extrem verschieden organisiert. So steuern Konzentrationsgradienten z. B. die Polarität (Kopf-Schwanz-Ausrichtung) von Insektenlarven. Periodische Konzentrationsmuster sind für die Ausbildung von Segmenten zuständig, wie sie sich bei Insekten, aber auch in Gestalt periodischer Strukturen bei anderen Gliedertieren und auch in Vertebraten finden. Offensichtlich sind in diesem Falle Nachbarschaftseffekte für die Auslösung von Differenzierungsprozessen zuständig.

Adaptation von Organismen durch Selektion von Zellen

In mehrzelligen Organismen hat nicht nur das Spektrum unterschiedlicher Zellen, sondern auch die Zahl von Zellen eines bestimmten Typs Einfluss auf die Eigenschaften des Systems und seine Reaktion und Anpassung an bestimmte Umgebungsverhältnisse. Eine Anpassung an veränderte Umweltverhältnisse kann durch eine Verschiebung des zahlenmäßigen Verhältnisses von Zellen innerhalb eines Organismus erreicht werden.

Insofern sind die einzelnen Zellen eines Organismus nicht einfach nur als Kooperationspartner zu verstehen. Im Gegenteil, innerhalb mehrzelliger Organismen spielen neben Kooperationseffekten Konkurrenzprozesse eine wichtige Rolle. Je nach den Anforderungen des Organismus vermehrt sich die eine oder andere Zellart auch auf Kosten weiterer Zelltypen.

Mehrzellige Organismen sind in der Regel so optimiert, dass eine entsprechende äußere Beanspruchung für Selektion von Zellen sorgt. Bei Infektionen vermehren sich beispielsweise vor allem die für die Immunantwort verantwortlichen Lymphozyten. Die Art der vermehrten Lymphozyten wird durch die Antigene, mit denen der Körper in Kontakt kommt, bestimmt. Geweberegeneration etwa bei Verletzungen bedeutet stets eine selektive Vermehrung der für den Wundverschluss und die Wiederherstellung der Organfunktion erforderlichen Zellen.

Unterschiedliche Zelltypen bilden auch innerhalb eines Organismus Populationen, die sich in ihrer Größe gegeneinander verschieben können. Darin entsprechen diese Populationen durchaus den Populationen von einzelligen Lebewesen. Der wesentliche Unterschied besteht darin, dass die Selektionsmechanismen für die Verschiebung der Zellpopulationen im Wesentlichen durch Organismus-interne Mechanismen und durch die Organismus-spezifischen Anforderungen bestimmt werden. Die Selektion von Zellen geschieht aus den Entwicklungsanforderungen und den Erfordernissen der Anpassung des Organismus an seine Umwelt.

Grundsätzlich tragen aber alle regenerationsfähigen Organismen die natürliche Eigenschaft von Populationen von vermehrungsfähigen Zellen in sich, die dazu bestimmt sind, den eigenen Fortpflanzungserfolg zu maximieren. Unbegrenztes Wachstum von Zellpopulationen wird nur durch organismische Kontrollmechanismen verhindert. Die organismische Systemorganisation schränkt die Autonomie von Zellpopulationen wirksam ein. Versagt diese Kontrolle, so kann sich der archaische Mechanismus der Fortpflanzungsmaximierung durchsetzen. Die Zellpopulationen werden autonom und wachsen auf Kosten anderer Zellen desselben Organismus, was sich zur gefährlichen Krankheit – Krebs – entwickeln kann.

11 Wechselbeziehungen zwischen Organismen

Abstammung

Organismen existieren nicht isoliert in einer abiotischen Umwelt. Alle Lebewesen sind in ein Beziehungsgeflecht aus zahllosen anderen Organismen eingebettet. Biologische Systeme integrieren eine Vielzahl von Individuen. Dabei spielen Beziehungen zu Organismen der gleichen Art wie solche zu anderen Arten eine Rolle.

Eine besonders grundlegende Beziehung zwischen Organismen ist die Abstammung. Die genetische Ausstattung, die stoffliche Grundlage und die biochemischen Mechanismen in allen auf der Erde bekannten Lebewesen sprechen dafür, dass alle diese Lebewesen aus einer gemeinsamen Wurzel stammen. Insofern sind alle Lebewesen als Bestandteil einer Abstammungsgemeinschaft zu betrachten. Durch den stammesgeschichtlichen Zusammenhang wird eine Hierarchie von Verwandtschaftsverhältnissen definiert, in der Arten zu kleineren und größeren Gruppen, Taxa, zusammengefasst werden. Die Struktur der Verwandtschaftsbeziehungen definiert sich sowohl historisch als auch durch die körperlichen, morphologischen Merkmale und die Informationssätze, die das Erbgut ausmachen. Letztlich lassen sich zum Teil auch anhand des Verhaltens, der Lebensweise und der Lebensräume verwandtschaftliche Beziehungen aufzeigen.

Organismen, die sich ausschließlich durch Teilung fortpflanzen, haben nur einen Elternteil; die durch ihre Entwicklung aufgespannten Verwandtschaftsbeziehungen bilden eine streng hierarchisch organisierte, baumartige Struktur. Die Zahl der Teilungen, die zwei Individuen von einem gemeinsamen Vorfahren trennen, kann als direktes Maß für Verwandtschaft verstanden werden.

Deutlich anders sind die Verhältnisse bei sich geschlechtlich vermehrenden Organismen. Durch Rückkreuzung und Paarung inner-

Vom Urknall zum Cyberspace. Michael Köhler

ISBN 978-3-527-32577-1

halb von Populationen entstehen netzartige Abstammungsbeziehungen. Neben der Zahl der Fortpflanzungsschritte, der Generationen zwischen den Vorfahren und zwei rezenten Individuen, spielt die Zahl und Verteilung von Rückkreuzungen eine wesentliche Rolle für den Grad der Verwandtschaft. Die genetische Rekombination, d.h. die Vermischung des mütterlichen und des väterlichen Erbgutes in der geschlechtlichen Vermehrung, sorgt für eine Verdichtung der Verwandtschaftsverhältnisse. Populationen sind nicht mehr nur Gruppen zusammenlebender Individuen der gleichen Art, sondern Fortpflanzungs- und Rekombinationsgemeinschaften. Sie stellen zu einem bestimmten Zeitpunkt einen Pool von Individuen, zugleich aber auch einen Pool von Genen dar, der innerhalb der Populationen durch genetische Rekombination ständig neu gemischt wird.

Auch Populationen sich geschlechtlich vermehrender Arten können sich durch Selektion von Individuen an Umweltveränderungen anpassen. Läuft solch ein Anpassungsprozess über Zeiträume von mehreren Generationen ab, so ist für die Population die Selektion von Genen wichtiger als die Selektion der Individuen. Durch Auslese von Individuen bzw. die Steuerung von deren Fortpflanzungserfolg werden indirekt die Populationen von Genen innerhalb der Population zahlenmäßig zueinander verschoben. Der Genpool triftet. Selektion von Individuen als Trägern der Gene und Selektion von Genen laufen als ineinander verschachtelte Vorgänge ab.

Individuen tragen mit ihren Genen deshalb auch nicht nur Informationen in sich, die für das eigene individuelle Überleben und den eigenen Fortpflanzungserfolg wichtig sind, zugleich sind sie Träger von Informationseinheiten, die der Population ein langfristiges Überleben und eine Anpassung auch an längerfristig wirkende Umweltveränderungen sichern. Individuen in Populationen, die sich geschlechtlich fortpflanzen, sind deswegen in besonderem Maße funktionelle Glieder einer Abstammungsgemeinschaft.

Konkurrenz

Lebewesen, die gleiche Ressourcen nutzen, stehen im Wettbewerb, sobald diese Ressourcen in irgendeiner Weise begrenzt sind. Dieses Prinzip der Konkurrenz ist ganz allgemein und ergibt sich ganz zwangsläufig. Lebewesen konkurrieren in unterschiedlicher Weise, sie stehen im Wettbewerb um Lebensraum, um Licht, um Nahrung, um schützende Habitatstrukturen, um essenzielle Mineralien, um Vitamine, um Sexualpartner und Plätze für die Eiablage oder die Aufzucht der Nachkommen.

Spezialisierung führt dazu, dass sich die Zahl potentieller Konkurrenten vermindert, zugleich verbessert Spezialisierung meistens die Effizienz in der Nutzung und dem Wettbewerb um die Ressource, auf die sich ein Organismus spezialisiert hat. Zugleich verstärkt sie aber die Abhängigkeit von der entsprechenden Ressource und macht den Organismus anfälliger gegenüber Veränderungen der Umwelt.

Die stärkste Konkurrenz herrscht zwischen Individuen, die das gleiche Verhalten aufweisen und die gleichen Ressourcen nutzen. Je ähnlicher sich Organismen in ihren Bedürfnissen und Verhaltensweisen sind, desto stärker überlappen die Interessenfelder. Deshalb stehen Organismen, die genetisch gleich oder ähnlich sind, die sich in der gleichen Lebensphase befinden und den gleichen Lebensraum nutzen, in einem besonders harten Konkurrenzverhältnis. Die größte Ähnlichkeit liegt im Falle von Geschwistern, insbesondere innerhalb einer Nachkommensgeneration derselben Eltern, vor. Geschwister und speziell die Pflanzen eines Samens, die Larven eines Schlupfes, die Jungen eines Wurfes sind untereinander die härtesten Konkurrenten, soweit diese Konkurrenzsituation nicht durch ein kooperatives Sozialverhalten entschärft wird.

Da Lebewesen im Allgemeinen eine größere Zahl von Nachkommen produzieren als überleben und selbst bis zu Fortpflanzung kommen können, findet innerhalb jeder Generation eine Auslese statt. Geschwister sind deshalb nicht nur theoretisch, sondern auch praktisch einer unmittelbaren und hochgradig existenziellen Konkurrenz ausgeliefert, insbesondere wenn wichtige Ressourcen limitiert sind.

Konkurrenz wird damit aber auch zum unmittelbaren Evolutionsfaktor. Konkurrenz baut einen Selektionsdruck auf, der dazu führt, dass sich innerhalb jeder Generation eine Verbesserung der Anpassung an die Umweltbedingungen oder gegebenenfalls eine Verschiebung der Eigenschaften der Population durch veränderte Umweltbedingungen vollziehen kann. Die Evolution braucht Konkurrenz. Sie ist für die Anpassung von Populationen an sich verändernde Umweltverhältnisse unverzichtbar.

Das Phänomen der Konkurrenz ist nicht auf Individuen beschränkt. Auch für Zellen innerhalb eines Organismus lässt sich eine

Konkurrenzsituation erkennen, die freilich durch die Regeln der organismischen Systemorganisation kontrolliert wird. Konkurrenz gibt es aber auch auf der überorganismischen Ebene. Es konkurrieren Abstammungsgemeinschaften, Sippen und Populationen. Über die Populationen stehen auch Arten in gewisser Weise in einer Konkurrenz untereinander. Selbst Lebensgemeinschaften, die Individuen ganz unterschiedlicher Arten enthalten, stehen zueinander im Wettbewerb.

Solange alle Ressourcen in ausreichender Menge vorhanden sind, wird ein Konkurrenzdruck zumeist nicht spürbar. Wegen des exponentiellen Wachstums von Populationen bei unlimitierter Ressourcenlage wird aber immer nach einer begrenzten Zahl von Generationen irgendeine Limitierung erreicht. Damit sorgt das Prinzip des Nachkommensüberschusses grundsätzlich für den Aufbau von Selektionsdruck. Anders ausgedrückt ist der Nachkommensüberschuss nicht nur ein Mittel zur potenziellen Expansion, die entweder aufgrund einer sich verbessernden Ressourcenlage oder infolge der Verdrängung von Konkurrenten erfolgt, sondern bei begrenzter Ressourcenlage vor allem eine allgemeine Strategie lebender Systeme, um eine fortwährende Verbesserung der Anpassung zu garantieren, die in ihrer Konsequenz analog zur evolutiven Optimierung technischer Systeme betrachtet werden kann.

Die Limitierung durch eine bestimmte Ressource führt dazu, dass der Anpassungsdruck auf die in Konkurrenz stehenden Individuen oder Populationen vor allem im Hinblick auf den maximierten Zugang zu dieser Ressource wirkt. Die Konkurrenz auslösende Limitierung einer Ressource ist wegen der Dynamik der belebten wie der unbelebten Umwelt meist jedoch nicht für sehr lange Zeiten konstant. Damit kann sich im Laufe der Zeit eine Limitierung des öfteren von einer Ressource auf eine andere verschieben. Dadurch wechselt auch die Art des Selektionsdrucks und damit die Richtung der Anpassung innerhalb von Populationen und zwischen Populationen. Die Veränderung von Umweltbedingungen moduliert deshalb durch das Prinzip der Konkurrenz nicht nur das Verhältnis und die Eigenschaften der Lebewesen, sondern mit ihnen auch die vorherrschenden Anpassungsmechanismen.

Biozönosen

Das gemeinsame Leben von Organismen geht lokal, regional und global mit der Entstehung eines komplexen Beziehungsgeflechtes einher. Neben gemeinsamer Abstammung und Konkurrenz sind es die Verhältnisse von Räubern und Beute, von Parasiten und Wirten, von infizierenden Mikroorganismen und Vielzellern, die für eine außerordentliche Vielfalt gegenseitiger Beeinflussung sorgen. Abgesehen von negativen Auswirkungen, die sich vor allem aus der Konkurrenz um Ressourcen oder der Vernichtung des einen Organismus durch einen anderen ergeben, sind auch andere negative wie positive Wechselbeziehungen zwischen unterschiedlichen Populationen für die Entwicklung eines Lebensraumes von großer Bedeutung. Das längerfristige Überleben von Populationen und gegebenenfalls deren Ausbreitung wird durch die gemeinsame Gestaltung des Lebensraumes, die Anpassung unterschiedlichster Populationen aneinander und die Entwicklung der Fähigkeit zur Anpassung des Lebensraums als Ganzem an Veränderungen der Umwelt, d. h. durch das Verhalten der Gesamtheit aller Populationen des Lebensraumes, bestimmt. Lebensgemeinschaften entwickeln sich zu einem bei aller Konkurrenz und gegenseitiger Bedrohung, ja Vernichtung auf der Ebene der Individuen dynamischen, oft auch über längere Zeiträume vergleichsweise stabilen und gegenüber der Veränderung äußerer Faktoren vergleichsweise robusten System.

Die Zeitskalen der Veränderung von Lebensgemeinschaften liegen oberhalb der Lebensspannen der einzelnen Individuen. Lebensgemeinschaften sind – von Katastrophen, die den Lebensraum völlig zerstören, abgesehen – in ihrer spontanen Veränderung, verglichen mit den Individuen, relativ träge, zugleich aber, was ihr Reaktionsvermögen und ihr Entwicklungspotenzial angeht, hochdynamische Systeme. Die Individualentwicklung und schließlich auch der Fortpflanzungserfolg der einzelnen Individuen sind stets nicht nur in die eigene Population, sondern auch in die Lebensgemeinschaft eingebettet.

Schließlich vollzieht sich auch die gesamte biologische Evolution nicht an einer einzelnen Art, sondern an den Lebensgemeinschaften. Die Veränderung der einzelnen Populationen, ihre räumliche Ausbreitung und die Artenbildung (Speziation) sind Vorgänge, die stets in ein komplexes Wechselspiel der Populationen mit einer Vielzahl anderer Populationen eingebettet sind. Evolutive Veränderung geschieht gemeinsam als Koevolution. Mit der Population evolviert die Lebensgemeinschaft, Lebensgemeinschaften verändern sich durch ihre populationsmäßige Zusammensetzung und durch Verschiebungen im Genpool der anderen beteiligten Populationen.

Nicht die einzelne Art, erst recht nicht das einzelne Individuum erschließt auf Dauer neue Lebensräume und schafft stabile Lebensverhältnisse. Erst das Zusammenwirken unterschiedlichster Populationen führt zu Lebensgemeinschaften, die leistungsstark und oft sehr langfristig stabil sind. Lebensgemeinschaften erschließen neue Ressourcen, verändern die Umwelt und verändern sich dabei selbst, wobei oft typische Abfolgen (Sukzession) bestimmter Arten in den Gemeinschaften auftreten. Lebensgemeinschaften schaffen sich ihre Existenzbedingungen zu einem guten Teil selbst. Die zwangsläufig in allen Populationen wirkende Selektion sorgt für eine Selbstoptimierung der Lebensgemeinschaften. Lebensgemeinschaften gewinnen dadurch Merkmale eines im weitesten Sinne als »Superorganismus« aufzufassenden Systems.

Im Gegenzug bilden sich in der Selektion innerhalb der einzelnen Populationen die Bedingungen der Lebensgemeinschaft ab. Es werden jene Populationen und innerhalb der Populationen gerade jene Individuen und Gene selektiert, die nicht nur ein hohes Behauptungsvermögen innerhalb der Lebensgemeinschaft haben, sondern zugleich auch zur Dynamik, Anpassungsfähigkeit und Umweltgestaltung durch die Lebensgemeinschaft vorteilhaft beitragen. Die Evolution der Arten ist deshalb unmittelbar an die Entwicklung der Lebensgemeinschaften gekoppelt, in denen Populationen dieser Arten vorkommen. Durch Mutation und Selektion bildet sich auf diese Weise auch die Lebensgemeinschaft im Genpool der einzelnen Populationen und damit auch im Erbgut der Individuen ab.

12 Hypothesen zur Entwicklung der Erde als Gesamtökosystem

Die Frühzeit der Erde

Die Entwicklung komplexer Lebensformen auf der Erde war an das Erreichen von Bedingungen gebunden, die auf der Erde die Entwicklung von Leben zuließen. Die physikalischen und chemischen Bedingungen hatten den prinzipiellen Anforderungen an die Existenz lebender Systeme zu genügen. Die lebenswichtigen Elemente mussten vorhanden sein und chemische Verbindungen miteinander eingehen können, Wasser musste im flüssigen Aggregatzustand existieren, Energiequellen und Entropiesenken als thermodynamische Voraussetzungen verfügbar sein. Dazu gehörten Temperaturen, die zum einen niedrig genug waren, damit sich einmal gebildete organische Substanzen nicht gleich wieder in anorganische Produkte zersetzten, zum anderen musste die Temperatur hinreichend hoch sein, damit chemische Lebensprozesse in vernünftigen Zeiten, d. h. mit hinreichender Geschwindigkeit, ablaufen konnten.

Trotz aller abiotischer Voraussetzungen ist die Einstellung lebensfreundlicher Bedingungen auf der Erde keine einseitige Angelegenheit. Zwar sind die geeigneten präbiologischen Bedingungen eine wichtige Grundlage für die Entstehung oder die Ansiedlung von Leben auf der Erde gewesen. Umgekehrt hat aber die sich entwickelnde Welt der Lebwesen die Bedingungen auf der Erde, speziell die Erdkruste und die Atmosphäre, nachhaltig umgestaltet.

Die stoffliche Zusammensetzung der Erde, das Vorkommen der lebenswichtigen Hauptelemente Wasserstoff, Kohlenstoff, Stickstoff, Sauerstoff, Phosphor und Schwefel in ausreichender Menge und das gleichzeitige Vorkommen fast aller anderen Elemente in mehr oder minder großen Mengen bildete die stoffliche Basis; der richtige Abstand der Erde zur Sonne relativ zur Strahlungsleistung unseres Zen-

Vom Urknall zum Cyberspace. Michael Köhler

ISBN 978-3-527-32577-1

tralgestirns, die Oberflächentemperatur, die Größe und die Entwicklung der Sonne stellten die wichtigste Gruppe äußerer Parameter dar, die passen mussten, damit auf der Erde über einen hinreichend langen Zeitraum lebensfreundliche Temperaturen herrschten.

Die Erde entstand vor etwa 4,5 Milliarden Jahren durch das Zusammenstürzen von metallischem und oxidischem Material aufgrund der gegenseitigen Anziehung durch die Gravitation. Die Bildung der Erde war ein Teilprozess der Planetenbildung, die sich in der Akkretionsscheibe des jungen Sonnensystems um die Sonne vollzog. Auf den primär gebildeten Materialansammlungen ging ein weiterer Hagel von kleineren und größeren Brocken nieder. Dieser führte zu einem volumen- und massemäßigen Anwachsen der frühen Erde. Zugleich wurde aber mit der zunehmenden Masse und der deswegen wachsenden Schwerkraft immer mehr Energie beim Aufprall neuer meteoriten- und asteroidenartiger Brocken auf der Oberfläche des sich bildenden Planeten freigesetzt. Deshalb heizte sich die frühe Erde stark auf.

Die Erde war am Anfang aus den zusammengeballten Komponenten heterogen und ungeordnet aufgebaut. Mit der Zunahme des Materials und der Zunahme der Temperatur setzten jedoch thermisch getriebene Separationsprozesse ein. Vermutlich bildeten sich auf der Oberfläche der Erde Ansammlungen von geschmolzenem Gestein, gewissermaßen Seen und Ozeane von glutflüssigen Massen. Die Bildung solcher flüssigen Gesteins-Ansammlungen lässt sich auf dem Mond noch nachweisen.

Die Erwärmung der Erde durch die bei den Einschlägen schwerer Brocken freiwerdende Gravitationsenergie ließ auch die metallischen Komponenten – vor allem Nickel und Eisen – schmelzen. Die metallischen Tropfen bewegten sich wegen ihrer höheren Dichte allmählich nach unten. Dabei kam es zur Koaleszenz, zur Vereinigung dieser metallischen Tropfen, und es bildeten sich allmählich immer größere metallische Körper. Man hat abgeschätzt, dass eine Kugel aus flüssigem Eisen mit einem Durchmesser von einem Kilometer etwa eine Million Jahre gebraucht hat, um von der Erdoberfläche bis in die Mitte der Erdkugel abzusinken. So ist anzunehmen, dass auf der heißen Früherde innerhalb weniger Millionen Jahre die Entstehung des metallischen Kerns ablief. Dieser Prozess lieferte zusätzlich zu der Einschlagsenergie der Meteoriten und Asteroiden große Mengen an Energie, die durch Abstrahlung im Infrarot-Bereich nur zu einem kleinen Teil von der Erde abgegeben werden konnte und demzufolge zu einem weiteren Temperaturanstieg führte. Je höher die Temperatur wurde, umso niedriger wurde die Viskosität des zähflüssigen Gesteinsmaterials, umso mehr feste Bestandteile wurden flüssig und umso schneller vollzogen sich Sedimentationsprozesse, die weitere Energie freisetzten. Es ist denkbar, dass dieser sich selbstverstärkende Prozess zu einem vollständigen Aufschmelzen der Erde führte. Gewaltige Konvektionen, Strömungen von flüssigem Gestein beschleunigten den Wärmetransport von innen nach außen und sorgten für eine Gliederung in Material höherer Dichte im inneren und niedrigerer Dichte im äußeren Bereich der Erde. Dabei wurde auch das in den Gesteinen enthaltene Wasser zum größten Teil freigesetzt und als heißer Wasserdampf in den Gasraum oberhalb der Erdoberfläche entlassen. Neben Wasser bildete wahrscheinlich Kohlendioxid den Hauptbestandteil der sehr heißen Uratmosphäre.

Durch Wärmestrahlung in den Weltraum kühlte sich die Erde an der Oberfläche allmählich ab, nachdem die Dichte großer Objekte in der Umgebung der Erde geringer geworden und die Einschlagshäufigkeit schwerer Himmelskörper auf der Erdoberfläche nachgelassen hatte. Während die Einschlagshäufigkeit von Himmelskörpern am Beginn der Erdgeschichte sehr hoch war, verminderte sie sich – wie Untersuchungen auf dem Mond gezeigt haben – in den folgenden Jahrhundertmillionen stark. Nach etwa sechs- bis achthundert Millionen Jahren, d.h. etwa 3,9 bis 3,7 Milliarden Jahre vor heute, endete diese erste große Entwicklungsphase der Erde. Mit der Abkühlung der frühen Erde bildete sich zunächst eine feste Erdkruste aus. Das Absinken der Atmosphärentemperatur führte schließlich zur Kondensation des in der heißen Atmosphäre gespeicherten Wassers. Ein Teil der enormen Wolken regnete ab, es entstanden immer neue Wolken, schließlich erreichte der Regen – bei weiterer Abkühlung der Atmosphäre – die Erdoberfläche, so dass sich die Becken der heißen Urerde mit flüssigem Wasser füllten und sich die kochenden Urozeane bildeten.

Ganz allmählich – über hunderte Millionen von Jahren hinweg – kühlte sich die Erde weiter ab. Vermutlich setzte sich dieser Prozess trotz gelegentlich noch erfolgender Einschläge kleinerer Himmelkörper und weiter energieerzeugender, aber in ihrer Intensität nachlassender Prozesse im Inneren der Erde immer weiter fort. Es ist auch anzunehmen, dass sich die Urozeane in den Polbereichen so weit abkühlten, dass das Wasser zu Eis erstarren konnte. Damit wurde immer mehr Sonnenstrahlung reflektiert, was den Abkühlungsprozess verstärkte, was schließlich zu einer vollständigen Vereisung der Erde geführt haben könnte.

Da die Strahlungsleistung der Sonne zu dieser Zeit wesentlich niedriger war als heute, wäre allein durch Sonneneinstrahlung die Erde nie wieder aufgetaut und hätte vielleicht auf ewig zu einem Eisplaneten werden können. In größeren Zeitabständen könnte es jedoch zu einem Auftauen der Ozeane gekommen sein und zwar durch den Einschlag großer Himmelskörper. Ein auf die Erdoberfläche treffender Himmelskörper von etwa 400 Kilometern Durchmesser wäre ausreichend gewesen, um nicht nur die gesamte Eismasse des Planeten zum Schmelzen, sondern sogar zum Verdampfen zu bringen und außerdem noch Teile der Gesteinskruste aufschmelzen zu lassen. Derartige massive, aber doch hin und wieder noch vorkommende Impaktereignisse hätten die Erde schlagartig von ihrem Eis befreit und sie wieder aufnahmebereiter für Sonnenstrahlung gemacht. Solch große Einschläge hätten stets für eine dramatische Umorganisation der ganzen Erdoberfläche gesorgt und sich auch dramatisch auf die Atmosphäre ausgewirkt. Primitive Organismen, falls sie bereits existierten, wären vermutlich durch die global hohen Temperaturen getötet, der gesamte Planet durch den Impakt sterilisiert worden. Einzig durch den gewaltigen Einschlag ins Weltall geschleudertes Material, von dem ein gewisser Teil später wieder auf die Erde zurückfiel, könnte überlebende Zellen beherbergt haben. Es ist vorstellbar, dass sich in den ersten beiden Jahrmilliarden der Erdgeschichte Zyklen von vollständiger Vereisung und durch Impakte ausgelöster Erwärmung der Erde mehrfach vollzogen haben.

Vermutlich setzten die Prozesse der biomolekularen Evolution und die Entstehung der ersten mikroskopischen Kompartimente, die Vorläufer der ersten Zellen darstellten, bereits in dieser heißen Frühphase der Erdentwicklung ein. Die physikalischen und auch die chemischen Bedingungen, die bei diesen Vorgängen vorherrschten, unterschieden sich deutlich von den heutigen Durchschnittsverhältnissen. Sie entsprechen aber Lebensbedingungen, an die sich manche auch heute lebende Organismen anpassen können, wie sie sich vor allem bei den extremophilen Mikroorganismen finden. So gibt es bis heute in heißen Quellen oder an Tiefseevulkanen thermophile Bakterien, die bis über 100 Grad Celsius aushalten können, halophile Bakterien leben bei extrem hohen Salzgehalten. Die Entschlüsselung des Erbgutes der Bakterien zeigte, dass es sich bei diesen Gruppen um alte, früh vom sonstigen Stammbaum der Organismen abgespalteten Entwicklungslinien handelt, was die Ansicht von einer Entwicklung in der frühen Phase der Erdgeschichte unterstützt.

Entstehung anaerober Biozönosen

Die Uratmosphäre enthielt praktisch keinen freien Sauerstoff. Die ersten sich entwickelnden Zellen deckten ihren Energiebedarf vermutlich aus chemischen Prozessen, die unabhängig vom Sonnenlicht waren. Temperatur- und Konzentrationsgradienten in den heißen Urozeanen, vor allem an ihrem Boden und in der Umgebung früher unterseeischer Vulkane, könnten für die frühe Lebensentwicklung eine wesentliche Rolle gespielt haben. Noch heute finden sich Bakterien von archaischem Typ in der Umgebung von Vulkanen am Meeresboden.

Neben anorganischer Materie könnten die reduzierende Atmosphäre und die Oberflächengesteine der Urerde auch organisches Material beinhaltet haben, das für frühe Lebewesen als Rohstoff- und Energiequelle fungierte. Entgegen früheren Annahmen wird heute zwar nicht mehr von einem sehr hohen Methangehalt in der reduzierend wirkenden Uratmosphäre ausgegangen. Trotzdem könnten energiereiche Kohlenstoffverbindungen für die frühe Lebensentwicklung eine gewisse Rolle gespielt haben.

Mit der Entstehung von primitiven Lebensformen, die irdische Energie- und Rohstoffquellen nutzten, konnten erste Lebensgemeinschaften entstehen. Nirgendwo anders finden sich die zum Leben benötigten Rohstoffe in so günstiger Ansammlung wie in Lebewesen selbst. Deshalb ist anzunehmen, dass sich bald frühe Mikroorganismen-Gemeinschaften entwickelten, in denen neben Konkurrenz um die abiogenen Substanzen auch Räuber-Beute-Systeme entstanden. So könnten sich schon in diesen frühen Lebensgemeinschaften komplexere Netzwerke zwischen Mikroorganismengruppen herausgebildet und den jeweils spezifischen Bedingungen angepasst haben. Der Charakter der so gebildeten Biozönosen wird dabei vermutlich stark von den lokalen Bedingungen, insbesondere von den zur Verfügung stehenden Substanzen und den Temperaturverhältnissen geprägt gewesen sein.

Alle diese Lebensgemeinschaften existierten jedoch unter den Bedingungen hohen Kohlendioxids- und niedrigen Sauerstoffgehalts der Umgebung. Eventuell frei werdender Sauerstoff wurde durch die stark reduzierenden anorganischen Bestandteile der Umgebung rasch gebunden, so dass der anaerobe Charakter der Biotope auch erhalten blieb, wenn gewisse Mengen an Sauerstoff freigesetzt wurden.

Ökologische Katastrophen der anaeroben Biosphäre

Die Entwicklung der frühen Lebensformen auf der Urerde war vermutlich alles andere als ein ungestörter geradliniger Prozess. Die Entwicklung der frühen Erde war durch harsche und wechselnde Bedingungen gekennzeichnet. Vulkanismus und Erdbeben sorgten für immer wieder veränderte lokale Stoffzusammensetzungen. Glutflüssige Magmen löschten Biotope aus. Durch Impaktereignisse wurden große Teile der Erdoberfläche – zuweilen vielleicht die gesamte Erdoberfläche – sterilisiert. Einsetzende Vereisung ließ das Leben erstarren, und vermutlich wurde über längere Frostphasen hinweg die komplette Lebensentwicklung auf der Erde eingefroren.

Neben diesen äußeren Faktoren sorgten aber wahrscheinlich auch die Lebensprozesse selbst für frühe ökologische Katastrophen. Wenn Lebewesen sich vermehren und alle Ressourcen in ausreichender Menge vorhanden sind, so ergibt sich wegen des Nachkommensüberschusses in jeder Generation stets ein exponentielles Wachstum. Damit sprengt jeder biologische Vermehrungsprozess über kurz oder lang die Möglichkeiten, die eine Umgebung bieten kann. Das galt auch für die frühen Biozönosen.

Es ist anzunehmen, dass immer wieder die lokal oder sogar die global vorhandenen Ressourcen durch das sich entwickelnde Leben aufgezehrt wurden. Nur wenn neue Energie- und Rohstoffquellen erschlossen wurden, konnte eine neue exponentielle Wachstumsphase einsetzen. Exponentielles Wachstum auf der einen und Limitierung der Ressourcen auf der anderen Seite übten einen enormen Selektionsdruck auf die frühen Mikroorganismenpopulationen aus, sich veränderten Umgebungsbedingungen anzupassen.

Zugleich sorgten die hohen Umgebungstemperaturen für schnell ablaufende chemische und biomolekulare Prozesse. Anpassungen und Selektionsvorgänge konnten sich schneller abspielen als bei niedrigeren Temperaturen. Die Mutationsrate lag vermutlich sehr hoch, wahrscheinlich nahe am theoretischen Limit, d. h. einer Fehlerrate, deren Überschreitung zu einem vollständigen Verlust der Information geführt hätte. Gleichzeitig sorgte die relativ geringe Größe der Genome der frühen Organismen für eine hohe Toleranz gegenüber spontanen Mutationen. Deshalb haben sich Populationen und Arten in dieser frühen Phase vermutlich schneller verändert als das heute der Fall ist. Mikroorganismen entstanden vermutlich bald in hoher Diversität, es konnten sich Spezialisten entwickeln, die auch extreme ökologische Nischen besetzten. Das wiederum schuf günstige Voraussetzungen für den Neubeginn von Biotopentwicklungen nach verheerenden Katastrophen. Das Wechselspiel von ökologischen Katastrophen – aus dem Inneren wie dem Äußeren verursacht – und der Diversifikation der Arten sorgte aller Wahrscheinlichkeit nach für zahlreiche Umbrüche in den Biozönosen. Dadurch wurde nicht nur die Anpassung von Arten an die wechselnden irdischen Lebensverhältnisse befördert; zugleich wurden Biozönosen begünstigt, die durch robuste Beziehungen der Organismen untereinander und längerfristige Stabilisierung der Umgebungsverhältnisse gekennzeichnet waren. Das Leben wirkte mehr und mehr im positiven Sinne auf die längerfristigen Lebensverhältnisse auf der Erde zurück.

Für die Bewertung der frühen Lebensverhältnisse und den Vergleich mit den heutigen Verhältnissen ist deshalb noch ein weiterer Aspekt zu betrachten: In den ersten Phasen der Lebensentwicklung auf der Erde war die Erdoberfläche, waren die Meere und die Atmosphäre noch kaum an das Leben als Ganzes angepasst. Die frühen Biozönosen entwickelten sich in einer Umgebung, in der nicht nur kosmische Einflüsse und Faktoren des Erdinneren eine starke Wirkung ausübten. Auch die Erdoberfläche und die Ozeane waren in ihren Eigenschaften einer Biosphäre viel weniger angepasst als heute. Nach viereinhalb Milliarden Jahren Erdentwicklung und mindestens dreieinhalb Milliarden Jahren biologischer Entwicklung haben wir heute eine Biosphäre, die sich selbst ihre Lebensbedingungen geschaffen hat. Nicht nur das Leben selbst, auch die mineralischen Verhältnisse an der Erdoberfläche und die Bedingungen in der Atmosphäre sind – zumindest längerfristig und global gesehen – durch die Biosphäre zu weitgehend lebensfreundlichen Verhältnissen gebracht worden. Das war in der frühen Phase anders. Die Erde hatte die geologische und biologische Koevolution noch vor sich. Auch deswegen sind ökologische Katastrophen auf der frühen Erde vermutlich global gesehen noch viel dramatischer gewesen als in späteren Entwicklungsphasen.

Autotrophe Organismen, Stoffwechselumbau und Umbau der Atmosphäre

Über die gesamte Erdurzeit, das ganze Archaikum, d. h. mehr als zwei Milliarden Jahre, hinweg dominierten die reduzierenden Substanzen der Erdoberfläche, der Böden und der Ozeane die chemischen Bedingungen. Die Atmosphäre blieb reich an Kohlendioxid. Sauerstoff gab es nicht, und wenn er wirklich in kleineren Mengen gebildet wurde, so wurde er rasch wieder gebunden. Dabei spielte das reichlich vorhandene Eisen die ausschlaggebende Rolle. Das damals an der Erdoberfläche und im Wasser zumeist in der zweiten Oxidationsstufe vorliegende Metall kann Sauerstoff binden und geht dabei in die Oxidationsstufe drei über.

Eine völlig neue Situation entstand, als sich Organismen entwickelten, die in der Lage waren, den in der Atmosphäre und im Wasser als Kohlendioxid reichlich vorhandenen Kohlenstoff zum Aufbau körpereigener Stoffe zu erschließen. Wahrscheinlich war es am Anfang nicht die Photosynthese, sondern die Nutzung reduzierend wirkender anorganischer Quellen wie Sulfide, die eine Reduktion von Kohlensäure und den biologischen Aufbau von Kohlenwasserstoffen ermöglichte. Aber auch dafür mussten erst einmal Redoxenzyme hervorgebracht werden, die die erforderlichen Elektronenübertragungsschritte katalysieren konnten. Derartige Enzyme bestehen noch heute aus einer komplex gefalteten Polypeptidkette und einem zentralen Chelatkomplex, in dessen Zentrum ein redoxaktives Metallion steht. Es ist wahrscheinlich kein Zufall, dass Eisen als Zentralion dabei eine besonders wichtige Rolle spielt. Zum einen ist es an der Oberfläche der Erde reichlich vorhanden. Durch den möglichen Wechsel zwischen den Oxidationsstufen zwei und drei, dessen elektrochemisches Potenzial in einem Bereich liegt, in dem sich viele andere Redoxprozesse – auch an organischen Verbindungen – abspielen können, ist es zum anderen chemisch besonders gut für die Katalyse von Redoxprozessen geeignet. Die Proteinstruktur sorgt für die Modulation des Redoxpotenzials des Komplexes wie auch der Reaktivität der Reaktionspartner. Zahlreiche Enzyme des Energiestoffwechsels und das in den roten Blutkörperchen für den Sauerstoff-Transport verantwortliche Hämoglobin besitzen ein zentrales Eisenion.

Die Fähigkeit, Enzyme zur Reduktion der Kohlensäure bzw. des Kohlendioxids herzustellen, erlaubte den entsprechenden Mikroorganismen eine ungestüme Entwicklung, da Kohlendioxid in riesigem Überfluss vorhanden war. Dadurch konnte viel mehr Biomasse als zuvor produziert werden. Als Nebenprodukt dieses Prozesses fiel Sauerstoff an. Dieser stellte zunächst kein Problem dar. Solange die Reduktion von Kohlensäure und Kohlendioxid an beschränkt vorkommende chemische Quellen wie z. B. die Umgebung von unterseeischen Vulkanen gebunden war, pufferte das reichlich in den Weltmeeren gelöste zweiwertige Eisen die Sauerstoffentwicklung ab. Der Prozess erreichte jedoch am Übergang vom Archaikum zum Proterozoikum (vor etwa 2,5 Milliarden Jahren) eine neue Qualität. In dieser Zeit müssen sich Mikroorganismen herausgebildet haben, die in der Lage waren, anstelle geogener chemischer Quellen das Sonnenlicht als Energiequelle für die Reduktion zu nutzen. Mit der Ausbreitung solcher photosynthetisch aktiver Mikroorganismen konnten auf einmal überall auf der Welt in den oberen Schichten der Gewässer die Bindung von Kohlenstoff in organischer Form und die Produktion von Sauerstoff ablaufen. Zeugnis dieses Vorgangs legen die sogenannten gebänderten Eisenerze ab, die sich in flachen Gewässern – z. B. küstennahen Bereichen der Weltmeere – bei intensiver Sonneneinstrahlung bildeten. Dort wurde durch die intensive Sauerstofffreisetzung der Mikroorganismen sehr viel gelöstes zweiwertiges Eisen zu schwer löslichem dreiwertigen Eisen oxidiert, so dass dieses absank und auf dem Gewässerboden stark Eisen(III)-haltige Sedimente bildete. Dieser Prozess fand in der ersten Phase des Proterozoikums (zwischen etwa 2,5 und 1,8 Milliarden Jahren vor heute) überall auf der Erde statt, und deswegen sind derartige Eisenerze auch weit verbreitet, deren gebänderte Struktur offensichtlich den jahreszeitlichen Wechsel in der Photosyntheseaktivität und damit in der Intensität der Eisen(III)-Bildung durch die Mikroorganismen widerspiegelt.

Die in den Meeren und in den oberflächennahen Gesteinen vorhandenen Eisenmengen in niedriger Oxidationsstufe waren so groß, dass die Pufferwirkung für den gebildeten Sauerstoff über einen sehr langen Zeitraum, möglicherweise mehrere hundert Millionen Jahre, aufrechterhalten werden konnte. Schließlich war aber alles verfügbare, wasserlösliche Fe(-II) aufgebraucht. Weiter gebildeter Sauerstoff konnte nicht mehr gebunden werden und reicherte sich im Wasser und schließlich auch in der mit dem Wasser im Austausch stehenden Atmosphäre an.

Das Absinken des Eisen(II)-Gehaltes und die Anreicherung von Sauerstoff in der Atmosphäre müssen eine Umweltkatastrophe gigantischen Ausmaßes gewesen sein. Diese Katastrophe wog umso schwerer, als alle biochemischen Synthesesysteme und die dafür erforderlichen Biomoleküle an eine sauerstofffreie, stark reduzierende Umwelt angepasst waren. Mit dem Sauerstoff kam nicht nur eine chemische Spezies mit hohem Redoxpotenzial, sondern zudem noch eine mit extrem hoher Reaktivität in die Welt. Da das Sauerstoffmolekül im elektronischen Grundzustand als Biradikal vorliegt, ist es viel reaktiver als alle anderen vergleichbaren zweiatomigen Moleküle. Der freigesetzte Sauerstoff war deshalb ein schweres Zellgift – mit ansteigender Konzentration vermutlich tödlich für alle früher entwickelten Arten. Mit der Erschöpfung des Eisen(II)-Puffers vergiftete sich die Biosphäre selbst. Die Photosynthese wurde so für die alten Lebensformen zur Selbstzerstörung. Nur in Nischen, die von gelöstem Sauerstoff verschont geblieben waren, in nährstoffreichen Bodenschlämmen zum Beispiel, konnten die an anaerobe Verhältnisse angepassten Lebensformen überleben.

Die Photosynthese initiierte deshalb die Entwicklung von Stoffwechselmechanismen und Biokatalysatoren, die tolerant gegenüber Sauerstoff waren. Mit steigendem Sauerstoffgehalt entstand ein immer stärkerer Selektionsdruck in Richtung aerober Organismen. Diese Entwicklung muss alles andere als einfach gewesen sein. Die biochemischen Mechanismen mussten komplett umgestellt, praktisch alle Enzyme und die ihnen zugrunde liegenden Gene verändert werden. Der größte Teil der Organismentypen wurde durch andere ersetzt.

Wahrscheinlich beanspruchte diese höchst komplizierte Umstellung der biochemischen Mechanismen und der gesamten Lebenswelt den langen Zeitraum von rund 700 Millionen Jahren, während dessen allmählich der Sauerstoffgehalt der Atmosphäre anstieg. Innerhalb dieses langen Zeitraumes vollzog sich ein gewaltiger Umbruch in den Eigenschaften der Organismen, in den Biozönosen, der ganzen Biosphäre und der Atmosphäre. Am Ende der ersten Phase des

Proterozoikums hatte die Erde ihr Gesicht verändert. Aus der Kohlendioxid-reichen Atmosphäre war eine Sauerstoff-reiche Atmosphäre geworden.

In dieser Zeit vollzog sich noch eine weitere wichtige Neuerung. Die Biomasse wuchs enorm an, und der biologische Stoffumsatz wurde stark intensiviert. Die Zunahme von Sauerstoff in der Atmosphäre wurde von der Fixierung von biogen gebundenem Kohlenstoff in energiereichen Kohlenwasserstoffen begleitet, die in Sedimenten als organisches Material abgelagert wurden. Weiteres Kohlendioxid wurde in Carbonaten gebunden und in anorganischen Sedimenten abgelagert. Die Intensivierung des Stoffumsatzes führte dazu, dass nicht nur die Atmosphäre, sondern auch der obere Teil der Lithosphäre verändert wurde. Neben die Ergussgesteine, deren Ablagerung an der Erdoberfläche durch endogene Vorgänge bestimmt wurde, und deren Erosionsprodukte traten biogene Gesteine als dritte wesentliche Gruppe. Atmosphäre, Hydrosphäre und Geosphäre wurden dadurch mehr und mehr in ihren Eigenschaften von den biologischen Verhältnissen auf der Erde bestimmt. Die Biosphäre blieb nicht länger Produkt gegebener geologischer Verhältnisse. Vielmehr entstand durch die Lebensaktivitäten auf der ganzen Erde eine Lebensumgebung, die selbst im Wesentlichen ein Produkt der Lebensaktivität war.

Anpassung des atmosphärischen Treibhauseffektes

Neben den unmittelbaren physiologischen Bedingungen, die mit den chemischen Eigenschaften der in der Atmosphäre, im Wasser und im Boden enthaltenen Substanzen zusammenhängen, wirkten sich die Veränderungen des frühen Proterozoikums auch auf die physikalische Wechselwirkung der Erde mit ihrer kosmischen Umgebung, namentlich den Energiehaushalt der Erde, aus. Mit dem Nachlassen von Impakten im älteren Archaikum und der gleichzeitigen Abschwächung endogener Energiequellen spielte der Energieaustausch zwischen Sonne, Erde und kosmischem Hintergrund eine immer größere Rolle. Wenn man die endogene Energieerzeugung einmal außer Betracht lässt, so wird die Oberflächentemperatur der Erde im Wesentlichen durch die Energiebilanz zwischen eingestrahlter Sonnenenergie und in den kosmischen Hintergrund abgestrahlter Wärmestrahlung (Infrarotstrahlung, IR) der Erde bestimmt. Bei gleichbleibendem Energieinhalt der Erde halten sich diese beiden Energieflüsse gerade die Waage. Erhöht sich die Strahlungsleistung der Sonne, so steigt die Oberflächentemperatur der Erde an, es wird mehr und etwas energiereichere IR-Strahlung von der Erde abgegeben; erniedrigt sich die Sonneneinstrahlung, so vermindert sich die IR-Strahlungsaktivität der Erde, und es wird weniger Energie an das Weltall abgegeben.

Mit dem allmählichen Älterwerden der Sonne und der Anreicherung von Helium in ihrem Inneren vergrößert sich allmählich auch ihre Strahlungsleistung. Das führt dazu, dass der von der Erde empfangene Energiestrom immer weiter anwächst. Um eine ausgewogene Energiebilanz zu haben, muss die Erde mit einer erhöhten Oberflächentemperatur reagieren, solange sich keine anderen Parameter ändern.

Tatsächlich wird aber von der Erde nicht die gesamte Infrarotstrahlung in den Weltraum emittiert, die einer mittleren Oberflächentemperatur von ungefähr 300 Kelvin (23 Grad Celsius) entspricht. Sonst hätte sich die Erde nämlich längst abgekühlt, und es würden auf der Erde lebensfeindliche Durchschnittstemperaturen im Frostbereich herrschen. Der in der Atmosphäre enthaltene Wasserdampf und die sogenannten Treibhausgase, die in der Atmosphäre enthalten sind, sorgen dafür, dass ein Teil der von der Erdoberfläche in den Weltraum geschickten Infrarotstrahlung von der Atmosphäre wieder absorbiert wird. Dafür sind die Moleküleigenschaften des Wasserdampfes und der Treibhausgase verantwortlich. In der frühen Phase der Erdentwicklung, im Archaikum und im frühen Proterozoikum, als die Intensität der Sonnenstrahlung noch deutlich geringer war als heute, sorgten hohe Konzentrationen an Wasserdampf und Treibhausgasen dafür, dass ein großer Teil der Infrarotstrahlung reabsorbiert und damit in die Energiebilanz der Erde zurückgeführt wurde. Mit fortschreitender Zeit, in der die Sonneneinstrahlung allmählich an Intensität gewann, erniedrigte sich der Gehalt an IR-absorbierenden Gasen in der Atmosphäre. Diese Verminderung der energieaufnehmenden Gase wurde im Wesentlichen durch den biogenen Umbau der Atmosphäre hervorgerufen. Die sich entwickelnde Biosphäre sorgte dadurch – mindestens seit dem Proterozoikum – für eine Anpassung der Strahlungs- und damit der Energiebilanz der Erde als Ganzem.

So scheint es, dass nicht nur die lokalen Lebensverhältnisse und die miteinander verwobenen ökologischen Beziehungen der Lebewesen ein organisches Ganzes bilden, sondern das Leben auf der Erde diesen Planeten als Ganzes in seinen Eigenschaften bestimmt. Wie ein einziges Regelwerk bildet die Biosphäre zusammen mit der durch sie transformierten Atmosphäre, der Hydrosphäre und der Erdoberfläche eine Art globalen Superorganismus (Gaia-Hypothese).

13 Die kulturelle Evolution

Menschwerdung und Sprache

Zweifellos ist die Entstehung des Menschen ein besonderer Schritt in der Evolution. Selbst wenn er es aus biologischer oder allgemein evolutionswissenschaftlicher Sicht nicht wäre, verdiente die Entwicklung des Menschen schon wegen unseres Selbstverständnisses eine eigene Diskussion innerhalb von Betrachtungen zur Entwicklungsgeschichte.

Die Informationen über die Menschwerdung stützen sich im Wesentlichen auf paläontologische und archäologische Erkenntnisse. Erstere zeigen die Entwicklung zum aufrechten Gang, die Entwicklung des Gehirns, der Hand mit dem opponierbaren Daumen und eine Reihe weiterer morphologischer Merkmale auf, die mit der Menschwerdung einhergingen. Letztere belegen die Menschwerdung indirekt durch das Auftreten von Artefakten, von Werkzeugen, Gegenständen, die zum Zwecke eines praktischen Einsatzes in eine bestimmte Form gebracht worden sind. Beides sind nur indirekte Hinweise auf die neue Qualität, die mit dem Übergang vom Tier zum Menschen verbunden ist. Besonders aber die Anfertigung von Werkzeugen lässt auf eine Eigenschaft der frühen Menschen schließen, die von keinem anderen Lebewesen bekannt ist. Bevor ein Werkzeug entsteht, muss nicht nur seine Funktion, sondern auch seine Gestalt gedacht werden. Nicht der Gebrauch, wohl aber die Anfertigung eines Werkzeuges setzt planmäßiges Handeln und immer auch ein gewisses Maß an Abstraktionsvermögen voraus. Hierin liegt der fundamentale Unterschied zwischen Tier und Mensch, den der bearbeitete Stein noch heute nach Jahrmillionen erkennen lässt.

Planmäßiges Handeln muss sich auch in der Kommunikationsweise zwischen kooperierenden Lebewesen widergespiegelt haben.

Vom Urknall zum Cyberspace. Michael Köhler

ISBN 978-3-527-32577-1

Kommunikation und Kooperation gab es natürlich lange vor der Menschwerdung, und namentlich bei »höheren«, gesellig lebenden Säugetieren spielen Kooperation und Kommunikation eine ganz wichtige Rolle. Kommunikation ist ein ganz wichtiges Mittel zur Kopplung zwischen Individuen und damit ein Instrument zur Integration. Eine zunehmende Kommunikationsfähigkeit bedeutet deshalb automatisch auch eine verbesserte Integrationsfähigkeit. Der Aufbau von neuen und effizienten Kommunikationswegen unterstützt deshalb auch die Entstehung neuer, höherer Ebenen in funktionellen hierarchischen Strukturen.

Wenn planmäßiges Handeln bei der Anfertigung und beim Einsatz von Werkzeugen angewendet wurde, darf man annehmen, dass auch die Kooperation zwischen Menschen nach planmäßigem Handeln gestaltet wurde. Menschwerdung bedeutet deshalb zugleich eine vorausschauende Einflussnahme auf das Verhalten anderer Menschen in einer Gruppe. Dazu bedarf es einer Kommunikation, die nicht nur im Augenblick wirkt, sondern die bewusst ein Vorher und ein Nachher im Blickfeld hat, die Handlungen und Handlungsketten in Abläufe einordnet. Das gelingt nur durch die Entwicklung von Bedeutungs-Kategorien innerhalb der Kommunikation. Kategorisierung von Inhalten und logische Abfolge von Informationseinzelheiten unterscheiden menschliche Kommunikation von aller tierischen Kommunikation, sie machen Sprache aus.

Mit großer Wahrscheinlichkeit ist die Entwicklung der Sprache untrennbar mit der Entwicklung der Menschen aus dem Tierreich verbunden. Planmäßiges Handeln, Werkzeuganfertigung und Sprache sind nicht separate Kennzeichen der Menschwerdung, sondern unmittelbar miteinander zusammenhängende Aspekte dieses Prozesses.

Die Entwicklung einer Sprache aus tierischer Kommunikation kann als ein Symmetriebruch verstanden werden. Ein mögliches Szenario wird z. B. folgendermaßen beschrieben (nach Höpp): Ausgangspunkt war eine Kommunikation durch Signale. Das vom Sender-Individuum auf das Empfänger-Individuum übermittelte Signal diente der Auslösung einer Handlung beim Empfänger. Für unterschiedliche auszulösende Verhaltensweisen und aufgrund unterschiedlicher Motivationslagen waren unterschiedliche Signale erforderlich. Diese konnten Bezug zu anderen Lebewesen oder irgendwelchen anderen Objekten oder Vorgängen nehmen. Stets bildeten aber die Intention der Handlungsauslösung und die dazu im Signal mitübermittelten Informationen über Objekte, Zustände und Vorgänge der Umgebung eine Einheit. Semantisch und grammatisch waren Objektinformationen und Handlungsintention nicht voneinander zu trennen. Mit dem Anwachsen der Zahl verfügbarer und vom Empfänger unterscheidbarer Signale wächst die Möglichkeit der Analogisierung. Da die Signale semantisch Objekt- und Aktionsinhalte vereinigen, die Analogisierung aber vorzugsweise nur einen von diesen beiden Inhalten betrifft, sind jene Analogisierungen am rationellsten, die am besten zwischen Aktions- und Objektinhalt unterscheiden. In der Wirkung ihrer Signale werden sich die Sender und Empfänger der Analogisierung bewusst. Objekte und Aktionen werden als Begriffsklassen wahrnehmbar und dadurch voneinander separiert. Aus dem »Ein-Wort-Signal« ist die erste Struktur eines »Zwei-Wort-Satzes« geworden. Die Trennung von Objekten und Aktionen stellt ein Klassifikationsschema dar. Die Semantik, die der Kommunikation zugrunde liegt, erhält dadurch systematische Kategorien. Dieses ändert nicht nur die Kommunikation, sondern auch die Wahrnehmung der Umgebung jedes an der Kommunikation beteiligten Individuums, soweit diese in Beziehung zur Kommunikation steht. Die Analogisierung der Objekte in den Signalen schafft zugleich die Grundlage zur Analogisierung von Objekten im Bewusstsein. Die Unterscheidung von Objekten nach Klassen ist der erste Schritt in die Erfassung der Umwelt nach objektbezogenen Kriterien, der erste Schritt in ein Erkennen der Welt.

Die Separation von Objekten und Aktionen in der Kommunikation kann sich auch auf Handlungen von Individuen ein und derselben Kommunikationsgemeinschaft beziehen. Dadurch werden auch die Subjekte der Kommunikation selbst in die Semantik einbezogen. Auch dabei findet eine Analogisierung statt. Mit der Klassifikation von Objekten werden auch die Subjekte klassifiziert. Durch diesen Schritt wird die Analogisierung eines kommunizierenden Individuums mit anderen Individuen innerhalb einer Gruppe möglich. Der Kommunizierende begreift sich als Analogon zu den anderen Individuen der Gruppe. Damit wird er sich seiner selbst bewusst. Die Entstehung der Sprache führt damit zwangsläufig zum Phänomen des Selbstbewusstseins.

Der aus der Analogisierung von Objekten und Aktionen durch den Symmetriebruch hervorgegangene Zwei-Wort-Satz ist in seiner Qualität noch sehr weit von entwickelten Sprachen entfernt. Sein Hauptnachteil gegenüber heutiger Sprache besteht in der notwendigen Beziehung zur jeweils aktuellen Situation. Das änderte sich erst, nachdem der Aktionsteil des ursprünglichen Signals zwischen einer aktuellen Situation und einer vergangenen oder zukünftig zu erwartenden Situation unterscheiden konnte. Die Einführung eines Zeitbezugs im Aktionsteil des Zwei-Wort-Satzes stellte einen zweiten Symmetriebruch dar. Neben den Objekten und Aktionen wurde damit auch die Zeit zu einer Kategorie, die Ereignisse und Aktionen in Klassen – mindestens in zwei, nämlich ein »Vorher« und ein »Jetzt« – einzuteilen gestattete.

Die Einführung eines Zeitbezuges in die Kommunikation erweiterte diese um die Möglichkeit der situationsunabhängigen Mitteilung. Neben Signalen, die auf eine aktuelle Situation Bezug nahmen und der unmittelbaren Auslösung von Handlungen beim Empfänger dienten, konnten jetzt auch Informationen über bereits abgelaufene Vorgänge und zurückliegende Wahrnehmungen formuliert werden. Darüber hinaus konnte auch die beabsichtigte Handlungsauslösung beim Empfänger in die Zukunft verlagert werden, wenn der Zeitbezug nicht nur auf den Objektteil der Information angewendet wurde, sondern auch für den Aktionsteil hergestellt wurde. Kommunikation konnte so auch zum Berichten und zur Planung von Handlungsabläufen eingesetzt werden.

Die Fähigkeit, zukünftige Abläufe und Handlungen vorauszusehen oder vorauszudenken, war die entscheidende Voraussetzung für die Planung von Handlungsabläufen. Diese wiederum war auch die Voraussetzung für die Veränderung von Objekten, so dass sie eine gewünschte, vorgedachte Form erhielten und eine gewünschte, zukünftig zu nutzende Funktion erfüllen konnten. Zeitbezogene Kommunikation und Vorstellung wurden damit auch zur Voraussetzung für die Herstellung von Werkzeugen.

Die Einführung eines Zeitbezugs in der Semantik lief auf eine Trennung des Objektes von der aktuellen Situation hinaus. Es konnte über Objekte berichtet werden, die zum Zeitpunkt der Kommunikation nicht mehr anwesend waren. Gleichermaßen konnten Informationen übermittelt werden, die sich auf Objekte bezogen, die erst zukünftig Bezugspunkte des Handelns werden sollten. Der Zeitbezug – Vergangenheit und Zukunft – wurde zum eigenständigen Informationsinhalt. Die zeitbezogene Kommunikation löste das Signal vom Objekt. Informationen konnten damit auch langfristig weitergegeben und akkumuliert werden. Damit vollzog sich der Schritt von der Kommunikation als bloßer Abstimmung momentanen Handelns hin zum Informationsaustausch und zur Informationssammlung. Die *objektunabhängige Tradierung* wurde so zum Wesensmerkmal der Sprache.

Objektunabhängige Verständigung und Tradition

Mit der Entstehung der Sprache waren zunächst drei herausragende Neuerungen verbunden:

1. objektunabhängige Kommunikation
2. Einführung von semantischen Kategorien
3. Entstehung des Selbstbewusstseins

Diese drei Neuerungen betrafen jedes einzelne Individuum, waren zugleich aber auch Wesensmerkmale der neuen Qualität der kommunizierenden Gemeinschaft. Die Gruppe von Individuen wurde durch diese Art der Kommunikation zur Gesellschaft. Der Informationsaustausch innerhalb der Gruppe und die Fähigkeit, die kommunizierten Informationen in zeitlichen Bezug zueinander zu setzen, brachte aber im Zuge der fortschreitenden Zeit ein weiteres Phänomen hervor, das sich noch stärker als die oben genannten drei Merkmale auf die Gruppe bezog. Die permanente zeitbezogene Kommunikation führte zu einer Übertragung von Information in der Zeit. Die Erlebnisse und die Entwicklung der Gruppe konnten so Gegenstand der Informationsübertragung werden, und die vergangenen Ereignisse wurden dank der Kommunikation in der Erinnerung wachgehalten. Mit der Entwicklung einer frühen – und war sie auch noch so klein – Gesellschaft entstand eine Geschichte.

Objektunabhängige, zeitbezogene Kommunikation, d. h. Sprache, ermöglichte die Weitergabe, das Weiterleben von Informationen über zurückliegende Ereignisse und Verhältnisse. Sprache wurde so zum Medium der Tradition. Sprache erlaubte der Gruppe, eine längerfristige Identität zu entwickeln und diese Identität zu pflegen und zu bewahren.

Die Tradierung von Information brachte auch eine Akkumulation von Information mit sich. Naturgemäß häuften sich in der längerfristig, durch immer wiederkehrende Kommunikation bewahrten Information jene Fakten an, die besonders häufig gebraucht, die alltäglich oder ganz besonders wichtig für die Gemeinschaft waren. Da die Übertragung von Informationen auf das permanente Wechselspiel zwischen individueller zeitüberspannender Erinnerung und aktueller gesellschaftlicher Kommunikation angewiesen war, wirkte in der Konkurrenz der innerhalb der Kommunikation der Gemeinschaft präsenten Informationen ein starker Selektionsdruck. Einzeln auftauchende und unwichtige Informationen wurden nicht länger kommuniziert, verblassten in der Erinnerung und gingen mit den die Erinnerung tragenden Individuen unter. Demgegenüber konnten lebenswichtige Informationen und Informationen, die in besonderem Maße die Identität der Gemeinschaft prägten, langfristig überleben, da sie immer wieder wiederholt, durch die Kommunikation in der Erinnerung mehrerer Individuen aufgefrischt, dadurch redundant gesichert und damit auch zwischen den Generationen übertragen wurden. Diese Informationen wurden zum geistigen Schatz, zum gesellschaftsbestimmenden Traditionsgut.

In der Tradierung von Information über längere Zeiträume hinweg entwickelte sich ein viertes Wesensmerkmal des Menschseins. Dieses ist wie die drei erstgenannten der Einbindung des Individuums in eine kommunizierende Gemeinschaft geschuldet, ja es ist geradezu das Kernstück der Gemeinschaft, das diese von allen tierischen Gruppen unterscheidet. Die Herausbildung einer geistigen Tradition liegt genauso wie die Kategorisierung, die Fähigkeit zum Berichten und das Selbstbewusstsein im Wesen der Menschwerdung.

Subjektunabhängige Tradierung durch Schrift

Die sprachliche Kommunikation beförderte entscheidend die kooperative Wechselwirkung und verbesserte damit die Auseinandersetzung des Menschen mit seiner Umwelt. Die Anpassung des Menschen an sehr unterschiedliche Lebensräume, wie sie sich sonst bei keinem anderen Lebewesen findet, ist ohne eine arbeitsteilige Spezialisierung undenkbar. Vor allem aber ermöglichte die Sprache die Abstraktion von Informationen und damit auch eine Akkumulation von Daten über die Objekte der Umwelt, über tages- und jahreszeitliche Abläufe und die Nutzbarkeit natürlicher Ressourcen für das eigene Überleben und das Weiterleben der Gemeinschaft in ihren Nachkommen. Sprache führte dabei auch zur langfristigen Übermittlung von Informationen und zur Herausbildung von einer Tradition, die durch Weitergabe von Mund zu Mund bewahrt, aber auch variiert, selektiert und bereichert wurde. Kommunikation und Tradition wurden auch zur Basis der Entwicklung und Veränderung von Rangordnungen und subtileren sozialen Gefügen bis hin zu komplexen gesellschaftlichen Ordnungen.

Über sehr lange Zeiträume der menschlichen Existenz hinweg blieb die Vermittlung von Information und die gesamte Tradition als mündliche Überlieferung jedoch unmittelbar an die gleichzeitige Anwesenheit von Sprecher und Hörer gebunden. Der gesprochene Satz war immer zugleich abstrahierte, weitergegebene Information und Willensäußerung des Sprechers wie auch aufgenommene Information und Empfangsbereitschaft des Hörers, blieb also stets dem unmittelbaren persönlichen Verhältnis der während der Kommunikation beteiligten Personen verhaftet. Die gleichzeitige Bindung an Sprecher und Hörer war zugleich auch eine Bindung an den Augenblick. Eine zuverlässige langfristige Tradierung bedurfte der ständigen mündlichen Rekapitulation. Die Mythen der schriftlosen Völker, aber auch die einheimischen Volksmärchen und Sagen sind ein typischer Beleg für die große Bedeutung der mündlichen Tradierung. Die Bewahrung großer Informationsmengen, d.h. eines reichen Text- und Gedankengutes, bedurfte einer komplizierten Organisation der mündlichen Tradition bis hin zu klosterähnlichen Merk- und Tradierschulen und vermutlich eigens für die Erinnerung geschaffenen Anlagen. Es ist gut vorstellbar, dass aufwändige Grabanlagen der Vorgeschichte wie die Kollektivgräber und die Grabhügellandschaften des Neolithikums und der Bronzezeit, vielleicht auch Menhiranlagen wie die von Carnac, in erster Linie Erinnerungs- und Tradieranlagen einer (noch) schriftlosen Gesellschaft waren.

Mit der Erfindung der Schrift entstand ein völlig neues Verhältnis zur Informationsübertragung. Zwar bedurfte es immer eines Schreibers als Absender. Die Nutzung von Information konnte aber unabhängig vom Urheber und zu einem viel späteren Zeitpunkt als das Niederschreiben erfolgen. Die Schrift entkoppelte die Präsenz des Tradierers von seiner Information. Die objektunabhängige Tradierung durch die Sprache wurde mit der Schrift zur subjektunabhängigen Tradierung. Das als Schrift fixierte Wort, der Satz, der Sachverhalt, das geschriebene Gesetz wurde anonymisiert. Menschen an verschiedenen Orten und zu verschiedenen Zeiten konnten den gleichen Text, die gleiche Nachricht lesen. Der Text, die Nachricht stand für sich, die Bedeutung der Worte war losgelöst von ihrem Urheber.

Die Einführung der Schrift bedeutete damit auch einen höheren Abstraktionsgrad der Information. Nicht mehr der mit Intentionen und Stimmungen belegte, durch die jeweilige Umgebung in seiner Äußerung wie in seiner Wahrnehmung mitbestimmte Laut trug einen bestimmten Informationsinhalt, sondern ein stilisiertes Zeichen, dem nur noch als allgemeiner Konsens eine bestimmte Bedeutung, eine Semantik, unterlegt war.

Mit diesem Instrument konnten komplexe Rechtsverhältnisse geschaffen, feinteilig spezialisierte Handwerke und Produktionen, aufwändige Bewässerungs- und Verteidigungsanlagen und überhaupt eine reich differenzierte Gesellschaft organisiert werden. Die geschriebene Sprache wurde zum instrumentellen Fundament aller Hochkulturen und urbanen Zivilisation.

Direktionalität der Informationsübertragung

Die Entwicklung der Informationsaustauschsysteme zieht sich wie ein roter Faden durch die gesamte biologische und die gesellschaftliche Evolution und durch die moderne technische Entwicklung. Wesentliche Sprünge sind durch die Änderung der Mechanismen des Informationsaustauschs und insbesondere mit ihrer Direktionalität verbunden.

Das gesprochene Wort diente ursprünglich – und dient auch in ganz vielen Fällen noch heute – der direkten, augenblicksbezogenen Kommunikation zwischen zwei Individuen. Sprache und Schrift gaben einem Sprecher oder Schreiber aber darüber hinaus auch die Möglichkeit, sich an mehrere Adressaten zu wenden. Eine Keilschrifttafel, eine Hieroglypheninschrift oder ein Buch konnten nacheinander von vielen Lesern genutzt werden. Mit dieser nacheinander gestaffelten Aufnahme der Information blieb der handgeschriebene Text zunächst im Wesentlichen auf eine Richtung beschränkt, d. h. eine unidirektionale Kommunikation.

Um gleichzeitig viele Adressaten zu erreichen, war es nötig, die fixierte Information zu vervielfältigen. Kleine Informationseinheiten wurden schon im alten Sumer durch Stempel vervielfältigt. Die rationelle Vervielfältigung von ganzen Büchern gelang erst mit der Erfindung des Buchdrucks mit beweglichen Lettern, einer Erfindung, die am Übergang vom Mittelalter zur Neuzeit steht. Die sprachliche Kommunikation wurde von einer unidirektionalen zu einer multidirektionalen Kommunikation. In kurzer Zeit konnten auf dem Schriftweg größere Datensätze gleichzeitig von einem Absender an viele Empfänger gelangen.

Mit der Erfindung der elektrischen Signalübertragung – Tastfunk, Fernsprechen und Fernschreiben – wurden die unidirektionale und die bidirektionale Kommunikation schließlich in ein technisches Medium überführt. Die menschliche Sprache war nur noch ein Glied in der Kommunikationskette. Binärsymbole und elektrische Signale übernahmen die Funktion der Sprachübertragung und wurden so selbst zu einer Art Sprache. Auf der Basis des Fortschritts im Druckereiwesen – wie dem Bogen- und dem Rollenoffset – und durch die Einführung von Rundfunk und Fernsehen erhielt die multidirektionale Kommunikation weit gespannte und letztlich globale Dimensionen.

Eine völlig neue Qualität brachte seit den 1990er Jahren die digitale Kommunikation über das World Wide Web. Per Internet kann heute bidirektional wie am Telefon kommuniziert werden. Zugleich kann aber jeder der vielen Millionen Nutzer seine Botschaften parallel an andere Millionen von Nutzern versenden. Damit wird aus einer multidirektionalen eine omnidirektionale Kommunikation.

Die im Internet bereits in enormen Mengen gespeicherte und vernetzte Intelligenz von Millionen von Menschen entwickelt eine Qualität, die die Möglichkeiten jedes menschlichen Gedächtnisses, jeder Bibliothek weit übertrifft. Auch wenn die logische Verknüpfung und die Filterung von Daten noch eher archaisch sind, so zeichnet sich doch die Entwicklung eines Informationsaustausch- und Verarbeitungssytems ab, das das geistige Potenzial der Menschheit als Ganzes integriert. Vielleicht verbirgt sich dahinter ein technischer Ansatz, der der Vision Teilhard de Chardins von der umfassenden geistigen Vereinigung in einer *Noosphäre* genannten Geisteswelt nahekommt.

14 Grundlegende offene Fragen

Der Ursprung des Weltalls – wie und warum ist die Welt entstanden?

Mit der Erkenntnis einer Welt, die einem Entwicklungsprozess unterworfen ist, stellte sich nachdrücklich die Frage nach dem Ursprung der Welt. Die heute favorisierten naturwissenschaftlichen Hypothesen, d. h. Ansichten, die sich am besten mit den Daten aus Beobachtungen in Übereinstimmung bringen lassen, sprechen für eine Entwicklung aus einem extrem kleinen Raumelement, vielleicht einem Raumpunkt heraus. Damit haben wir zumindest einen Ansatz für die Frage nach dem Ablauf der Entwicklung des Weltalls in seiner ersten Phase.

Die Beschreibung des eigentlichen Anfangs stellt jedoch eine aller irdischen Erfahrung widersprechende Annahme dar. Der Anfang wird als Singularität beschrieben, in der nicht nur Zeit und Raum sich auf einen Anfangspunkt zusammenziehen, sondern in dem auch die Gültigkeit der fundamentalen Naturgesetze aufhört. Selbst der erste und der zweite Hauptsatz der Thermodynamik werden ungültig.

Zusammengenommen bleibt der Anfangspunkt der Weltentwicklung nach dem heute favorisierten Weltmodell unbefriedigend. Erst recht gibt es keinen wirklich plausiblen Erklärungsansatz dafür, warum sich die Welt überhaupt entwickelt haben soll. Wir wissen nicht, ob solch eine Erklärung jemals möglich sein kann oder ob hier die von der Naturwissenschaft im Allgemeinen vorausgesetzte Erkennbarkeit an eine prinzipielle, unüberwindliche Barriere stößt.

Vom Urknall zum Cyberspace. Michael Köhler

ISBN 978-3-527-32577-1

Die ersten Augenblicke – was geschah, bevor sich Elementarteilchen bildeten?

Eine Annäherung an die Ursache für die Entstehung der Welt wäre vermutlich leichter möglich, wenn es einen experimentellen Zugang zu den physikalischen Bedingungen der allerersten kosmischen Entwicklungsphase gäbe. Dem Problem hoher Energien von Einzelteilchen versucht man durch immer leistungsstärkere Beschleuniger beizukommen. Dagegen ist unklar, wie man die für die früheste Phase postulierten extremen Energie- und Materiedichten experimentell erreichen sollte. So steht die große Herausforderung, die theoretisch abgeleitete erste Phase der inflationären Entwicklung empirischer Forschung zugänglich zu machen.

Die Natur der Materie – warum gibt es Elementarteilchen?

Dank der Beobachtung und Analyse der kosmischen Strahlung, dank Teilchenbeschleunigern und Reaktortechnik und dank der theoretischen Physik gibt es heute ein relativ breites Wissen über zahlreiche Elementarteilchen. Ihre Masse, Ladung, Spin, Lebensdauer und Wechselwirkungsquerschnitte lassen sich experimentell ermitteln. Viele Teilchen können dank der Quantenmechanik und des Quark-Modells in ein einheitliches Schema eingeordnet werden.

Es gibt jedoch keine überzeugende Theorie, die erklärt, warum es Elementarteilchen gibt und warum sie gerade die beobachteten und keine anderen Eigenschaften haben. Wenn es zutrifft, dass am Anfang der kosmischen Entwicklung fundamentale Eigenschaften von Raum und Zeit gestanden haben und die verschiedenen Elementarteilchentypen erst mit der allmählichen Abkühlung und Ausdehnung des frühen Kosmos entstanden sind, so muss es eine Ursache in Raum und Zeit geben, die sowohl die Existenz der unterschiedlichen Elementarteilchen begründet als auch für deren Eigenschaften verantwortlich ist.

Während sich für Ladung und Spin der Elementarteilchen allgemeine Regeln angeben lassen, ist vor allem die Masse der Elementarteilchen, obwohl sie ganz bestimmt ein essenzieller Parameter ist, nicht verstanden. Auch für die Lebensdauer von Elementarteilchen lassen sich bisher keine überzeugenden Begründungen angeben.

Das Geheimnis der Biologie – was ist Leben?

Seit die Zelle als fundamentale Einheit lebender Systeme erkannt wurde, haben die Naturwissenschaften eine enorme Fülle von Detailkenntnissen über die Strukturen und die Mechanismen lebender Systeme erarbeitet. Alle Untersuchungen über die Entwicklung von Leben haben dabei eine Grundthese bestätigt, die besagt, dass Zellen immer aus Zellen entstehen. Es gibt bisher kein Experiment, das eine lebensfähige Zelle erzeugt, die keine Mutterzelle gehabt hätte. Die Kunst der Molekularbiologen, Zellbiologen, Chemiker und Biochemiker erlaubt, auf vielfältige Weise in Zellen einzugreifen und diese zu manipulieren. Es gibt jedoch kein einziges biologisches Experiment, das dabei nicht auf eine bereits funktionierende natürliche Zelle zurückgreifen muss.

Auch von Seiten der Theorie können zahlreiche komplexe Mechanismen biologischer und molekularbiologischer Vorgänge beschrieben werden. Es lassen sich sehr viele, auch ganz essenzielle biologische Prinzipien in mathematische Formulierungen bringen und damit der analytischen Beschreibung und der numerischen Simulation zugänglich machen. Sowohl die Entwicklung komplexer Strukturen als auch komplexer Dynamiken kann abgebildet werden. Aber es gibt keine geschlossene Theorie, die eine vollständige Beschreibung eines auch noch so minimalen Lebewesens angeben kann. Die Theorie gibt bisher eine Fülle notwendiger Bedingungen für Leben an. Aber es gibt keinen Konsens über die Formulierung eines Satzes hinreichender Bedingungen für die Entstehung von Leben.

Im Grunde genommen ist noch nicht einmal klar, ob mit den heute bekannten naturwissenschaftlichen Termini Leben beschrieben werden kann. Möglicherweise fehlt noch ein Aspekt, der Leben ausmacht, den wir trotz aller Erkenntnis bisher nicht identifiziert haben. Ganz sicher kann Leben sehr unterschiedlich komplex sein. Ganz sicher gibt es aber auch nicht nur gemeinsame Wurzeln, sondern auch gemeinsame grundlegende Mechanismen und Merkmale, die allen Zellen eigen sind.

Wir wissen nicht, wie nahe wir heute am vollständigen Verständnis von Leben sind. Die früher angenommene, eher metaphysisch gedachte Lebenskraft (*vis vitalis*) ist vielleicht aus bereits bekanntem Wissen herzuleiten, und es fehlt nur der letzte, noch aufzuklärende Zusammenhang. Vielleicht bedarf es aber auch noch eines fundamentalen, völlig neuen wissenschaftlichen Ansatzes. Ein wirklicher Beweis für das vollständige Verständnis von Leben wäre die reproduzierbare Erzeugung lebender Zellen aus abiotischer Materie im Labor. Dieser steht aus.

Die Entstehung des Lebens – wie entstand die erste Zelle?

Gäbe es eine vollständige Theorie der Zelle oder ein De-novo-Syntheseexperiment, das aus abiologischem Material zu einer lebenden Zelle führt, so wäre mit diesem Experiment ein Weg zu einer ersten Zelle gezeigt, die – da sie als lebendes System fortpflanzungsfähig ist – zu einer Mutterzelle für sehr viele Lebewesen nachkommender Generationen werden kann. Mit einem solchen Wissen wäre zwar gezeigt, dass intelligente Lebewesen wie wir Menschen Zellen schaffen können, und vielleicht können anhand der Synthesebedingungen auch Mechanismen angegeben werden, wie sich eine solche Zelle spontan gebildet haben könnte, aber wahrscheinlich lässt sich aus dem Experiment oder der vollständigen Theorie kein Beweis, vielleicht nicht einmal ein Hinweis auf den tatsächlichen Mechanismus ableiten, nach dem sich das Leben, wie wir es auf der Erde kennen, entwickelt hat.

Für das Selbstverständnis des Menschen und unser Verhältnis zur lebenden Natur und unserer belebten Erde wäre es von höchster Bedeutung zu verstehen, ob am Anfang der Entwicklung eine einzelne Zelle oder eine Population stand, ob der Prozess notwendigermaßen so ablaufen musste, wie er abgelaufen ist, ob es sich um einen streng determinierten Prozess oder vielleicht um eine Kette zufälliger Ereignisse gehandelt hat, die auch zu lebenden Systemen mit ganz anderen Merkmalen hätte führen können.

Die Klärung der tatsächlichen Historie der Lebensentstehung berührt in besonderer Weise die Frage nach der Determiniertheit von Leben und damit auch der menschlichen Existenz. Inwieweit ist unser Leben Produkt des zufälligen Zusammentreffens von Ereignissen? Inwieweit sind wir durch eine dem Kosmos am Anfang aufgeprägte Struktur und Dynamik zwangsläufig entstanden? Letztlich könnte auch die Frage nach einer direkten Einflussnahme eines anderen intelligenten Lebewesens auf den Prozess der Lebensentstehung von der Klärung der Frage, wie die erste Zelle entstand, unmittelbar berührt sein.

Leben außerhalb der Erde – wo entsteht Leben und wie breitet es sich im Weltall aus?

Die Klärung der Frage, wie Leben entstand, beantwortet noch nicht unbedingt die Frage nach dem Ort der Lebensentstehung. Wir wissen nicht, ob Leben nur einmal zustande kam, und wir wissen nicht, ob das Leben auf der Erde oder auf einem anderen Himmelskörper entstand und Zellen durch das Weltall transportiert wurden. Während früher ein Überleben von Zellen über die extrem langen Zeiträume, die für einen Transport von biologischem Material über die riesigen interstellaren oder gar intergalaktischen Entfernungen nötig sind, von vielen Wissenschaftlern für ausgeschlossen gehalten wurde, wird heute solch ein Transport grundsätzlich für möglich gehalten und damit die alte Hypothese der *Panspermie*, der Übertragung von Lebenskeimen durch den Kosmos, wiederbelebt.

Der Nachweis von Leben auf anderen Himmelskörpern wäre ein starkes Argument entweder für eine mehrmalige Entstehung von Leben oder für die Panspermie-Hypothese. Während ein positiver Beweis sich vielleicht durch interplanetare Missionen mit Forschungssonden innerhalb unseres Sonnensystems führen lässt, ist ein negativer Beweis wohl kaum zu erbringen. Auch erscheint es beim momentanen Stand von Wissenschaft und Technik als sehr unwahrscheinlich, dass Menschen einmal Leben in anderen Sonnensystemen nachweisen können, das nicht aktiv mit der irdischen Zivilisation Kontakt sucht, also nicht-intelligentes Leben ist.

Die Infrarotastronomie hat in den letzten Jahrzehnten enorme und teils sehr überraschende Befunde über die Materie im Weltall, darunter auch zur weiten Verbreitung organischer Moleküle und damit einfacher chemischer Lebensbausteine, geliefert. Rückschlüsse auf Lebewesen auf fernen Monden oder Planeten lassen sich aber daraus nicht ableiten. Dazu wären sehr viel empfindlichere und sehr viel höher auflösende Messgeräte erforderlich. Es wäre aber sehr interessant, wenn in Zukunft neue astrophysikalische Beobachtungskanäle gefunden werden würden, die uns erlaubten, Rückschlüsse auf Leben in anderen Teilen unserer Galaxis oder sogar in anderen Galaxien zu ziehen.

Vor einigen Jahren ist der Mond Europa bei der Suche nach außerirdischem Leben in das besondere Blickfeld der Aufmerksamkeit gerückt. Grund ist der glatte Eismantel, der auf die frühere Existenz eines Wasserspiegels bei höheren Temperaturen hinweist. Anstelle dieses kühlen Kandidaten verdienen heiße Himmelskörper, auf denen Wasser gerade an einigen Stellen kondensiert und flüssig existiert, besondere Aufmerksamkeit bei der Suche nach frühen Lebensformen. Nach dem oben zur Zellentstehung Gesagten sind wahrscheinlich am ehesten unter solchen thermisch hoch aktivierten Bedingungen Verhältnisse zu erwarten, die eine präbiologische Kompartimentbildung und eine sich daraus entwickelnde Zelle ermöglichen.

Außerirdische Zivilisationen – gibt es intelligentes Leben außerhalb der Erde?

Leichter als der Nachweis unintelligenten Lebens ist wahrscheinlich der Nachweis einer technischen Zivilisation zu führen. Technische Zivilisationen wie die moderne menschliche Kultur bringen Techniken hervor, die mit der Aussendung von Informationen in das Universum einhergehen. Menschen haben Sonden auf den Weg ins Weltall geschickt, und von der Erde breitet sich elektromagnetische Strahlung aus technischen Quellen und mit technischen, Kulturinformationen tragenden Mustern mit Lichtgeschwindigkeit von der Erde ins Weltall aus.

Die Wahrscheinlichkeit, dass zwei technische Zivilisationen miteinander in Kontakt treten können, kann einem Vorschlag von F. Drake zufolge durch die nach ihm benannte Gleichung abgeschätzt werden. Diese wird im Wesentlichen durch ein Produkt von Wahrscheinlichkeiten bestimmt, das beschreibt, wie solche Zivilisationen zeitlich zusammentreffen können. Eine wirklich schnelle Kommunikation scheint heute nur mit Hilfe elektromagnetischer Strahlung möglich zu sein. Problematisch ist dabei die hohe Divergenz, die von konventionellen Quellen ausgeht. Diese hat zwar den Vorteil einer Streuung der ausgesandten Information in einen großen Raumwinkel und verbessert damit die Chance, irgendeine ferne Zivilisation zu erreichen, deren Standort nicht bekannt ist. Wegen der großen Entfernungen bedeutet die Divergenz jedoch auch einen enormen Intensitätsverlust in jeder einzelnen Raumrichtung, so dass weiter entfernt liegende Objekte kaum noch ein verwertbares Signal empfangen können, die Signale über sehr lange Zeiträume akkumuliert werden müssten und die Informationen wahrscheinlich im Rauschen des Signalhintergrundes untergehen.

Bessere Bedingungen für das Signal/Rausch-Verhältnis in der interstellaren Informationsübertragung lassen sich mit extrem parallelem Laserlicht erreichen. Dessen Einsatz verlangt aber eine genaue Kenntnis des Weges, den das Licht nehmen soll. Neben der aktuellen Position des zu adressierenden Empfängers muss für die Nachrichtenübertragung auch die Beeinflussung des Weges des Lichtes durch Gravitation und deren Veränderung durch die Sternbewegung während der Übertragungszeit berücksichtigt werden. Vor allem muss aber für eine solche Kommunikationsstrategie überhaupt erst einmal eine vernünftige Hypothese für potenzielle Empfängerpositionen entwickelt werden. Die Suche nach erdähnlichen Planeten in unserer galaktischen Umgebung ist dazu ein Ansatzpunkt.

Gelänge die Kommunikation mit einer außerirdischen Zivilisation, so wäre das zweifellos ein riesiger Umbruch im Verständnis des Kosmos und im Selbstverständnis des Menschen. Es ist aber zu bedenken, dass heute kein Mechanismus bekannt ist, der Informationen mit Überlichtgeschwindigkeit überträgt, und deshalb ist rein aus Laufzeitgründen der Signale kein »Gespräch« mit anderen Zivilisationen denkbar. Zwischen Frage und Antwort werden zumindest viele Jahre, vielleicht Jahrtausende oder – wenn man an eine intergalaktische Kommunikation denkt – gar mehrere Jahrmillionen liegen.

Eine eventuelle Kommunikation mit außerirdischen Zivilisationen läuft deshalb wahrscheinlich nach einem »Nur-Senden/Nur-Empfangen-Prinzip« ab. Jeder Kommunikationspartner sendet die Informationen, von denen er glaubt, dass sie den Partner in Zukunft interessieren könnten. Wahrscheinlich ist es sinnvoll, sehr viele Informationen zu senden und dem Partner die Filterung zu überlassen. Es ist ohnehin keine kurzfristige Reaktion auf abgesendete Signale zu erwarten. Die Zeitskalen, für die eine Information relevant sein wird, sind vermutlich von mindestens der gleichen Größenordnung wie die Signallaufzeiten. Für Entfernungen von Hunderten, Tausenden oder Zehntausenden von Lichtjahren werden es z. B. Informationen über die längerfristige Klimaentwicklung, Eiszeitrhythmen, Atmosphärenentwicklung, die Entwicklung des Zentralgestirns und von Monden und Planeten des eigenen Planetensystems sein, eventuell einige allgemeine Angaben zur Flora und Fauna, zu Vegetationszonen, zur allgemeinen längerfristigen Kulturentwicklung und zu speziellen Techniken der langfristigen Informationsspeicherung, Archivierung und Biosphärensicherung, die die Kommunikationspartner interessieren könnten.

Das »Nur-Senden/Nur-Empfangen-Prinzip« ist auch mit dem Aussenden von stofflichen Informationsträgern kompatibel. Diese sind zwar langsamer als elektromagnetische Wellen, erreichen ihr Ziel aber eventuell viel gezielter als diese. Im Gegenzug zum Hinausschicken von Informationssonden mit Berichten über unsere Erde sollten wir uns Gedanken machen, wie wir mögliche stoffliche Informationsträger, die andere Zivilisation vielleicht vor langer Zeit zu unserer Erde abgeschickt haben, zwischen den vielen toten Gesteinsbrocken im interplanetaren Raum unseres Sonnensystems identifizieren, bergen und zur Erde bringen können.

Gemessen an der Zeitdauer seit der Entstehung menschlicher Hochkulturen (ca. 10^4 Jahre) und erst recht gemessen an der Lebensdauer der menschlichen Arten (ca. 10^6 Jahre) ist die bisherige Lebensdauer unserer modernen technischen, zu außerirdischer Kommunikation fähigen Zivilisation erst sehr jung (10^2 Jahre). Die heute bekannten denkbaren Kommunikationskanäle für einen Informationsaustausch zwischen Zivilisationen in unterschiedlichen Bereichen des Kosmos sind vermutlich nur ein kleiner Ausschnitt aus dem Spektrum von Informationsmechanismen, deren sich ältere, weiter entwickelte Kulturen bedienen können. Die Suche nach anderen, bisher noch unbekannten Kanälen für eine interstellare Kommunikation ist deshalb eine ganz wichtige Aufgabe der Forschung nach außerirdischen Zivilisationen.

Unendliche Synthese – sind Leben und Kultur sterblich?

Wir kennen heute zwei grundsätzlich verschiedene Typen von Leben, bezogen auf das Verhältnis zur Sterblichkeit. Es gibt zum einen Lebewesen wie uns Menschen, zu deren Wesensmerkmalen der individuelle Tod notwendigermaßen dazugehört. Der reguläre individuelle Tod ist die unausweichliche Konsequenz der genetischen Rekombination durch geschlechtliche Fortpflanzung; Liebe und Tod sind zwei Seiten derselben Medaille. Lebewesen, die ihre Gene mit Genen anderer Lebewesen mischen, um sie ihren Nachkommen weiterzugeben, müssen sterben, um den Lebensraum für die Träger der neu kombinierten Gene frei zu machen. Populationen mit genetischer Rekombination sind so flexibel in ihrer Anpassung, weil der Wechsel der Generationen ständig neue Genotypen hervorbringt.

Diesem Typ stehen Lebewesen gegenüber, die zwar auch sterben können, aber nicht notwendigerweise sterben müssen. Mikroorganismen, die sich durch Zellteilung fortpflanzen, leben nicht nur in ihren Genen weiter, sondern die Zellen selbst setzen ihre Existenz in ihren Tochterzellen fort. Auch Vielzeller, die sich ungeschlechtlich vermehren, können sich – zumindest in Gestalt von Teilen ihrer Körper – immer wieder fortpflanzen, ohne dass ein Individuum vollständig zugrunde geht.

Das Prinzip der unsterblichen Zelle ist auch in den Zellen von jedem einzelnen heute existierenden Lebewesen verwirklicht. Jede Zelle, die irgendwo als Einzelzelle oder innerhalb eines vielzelligen Organismus existiert, ist das Produkt einer sehr langen Kette von Zellteilungen, die von einer ersten Urzelle bis zu ihr geführt hat. In diesem Sinne ist der Tod erst für Zellen unausweichlich, wenn sie – etwa durch Spezialisierung – ihre Teilungsfähigkeit verloren haben. Jeder heute lebenden Zelle sind ganz viele potenziell »untersterbliche« Zellen vorausgegangen.

Im Gegensatz zu den sich geschlechtlich fortpflanzenden Individuen sind Populationen nicht an einen Lebenszyklus mit einem notwendigermaßen eintretenden Tod gebunden. Sie entsprechen in ihrer Entwicklung vielmehr dem Fortpflanzungsverhalten von Einzellern, die sich immer wieder durch Teilung verjüngen. Auch Populationen können sich teilen und in den Teilpopulationen verjüngt weiterleben.

Das Sterben von Populationen und Arten entspricht dem Absterben von Abstammungslinien. Für eine Weiterentwicklung von Leben ist es nötig, dass neue Populationen und Arten entstehen und dass andere dafür erlöschen. Nur so ist es möglich, dass ökologische Nischen freigemacht, neu besetzt und Biozönosen völlig neu organisiert werden.

Aber der Untergang von Populationen und Arten unterliegt keinem regulären Lebensrhythmus wie die Individualentwicklung. Es gibt heute neben sehr jungen Familien und Gattungen solche, die Jahrhundertmillionen ohne grundsätzliche Veränderungen überdauert haben.

Wir wissen nicht, ob und wann die menschliche Spezies zum Untergang verurteilt ist. Zwar sind die allermeisten biologischen Arten irgendwann untergegangen. Und die meisten von ihnen sind ohne Nachfolgearten geblieben. Aber es hat neben den restlos verschwundenen Populationen seit der Entstehung des Lebens immer wieder Populationen gegeben, die sich in Folgepopulationen fortgepflanzt haben.

Die Menschen haben dank ihrer Kultur und Technik als erste Art auf der Erde die Möglichkeit, vorausschauend in die Fortentwicklung der eigenen Populationen einzugreifen. Durch Nahrungsvorsorge und Hygiene, Familienplanung, Heirats- und Bevölkerungspolitik gestalten Menschen selbst die Entwicklung menschlicher Populationen. Durch Verständnis und Steuerung der genetischen Rekombination und in Zukunft – bei ausreichender technischer und ethischer Reife – vielleicht auch durch Eingriffe in die Keimbahn gestalten Menschen nicht nur die Verteilung der Gene im Genpool, sondern die Gene künftiger Generationen selbst. Wir wissen nicht, ob die menschliche Kultur in Form einer Fortpflanzung der heutigen biologischen Populationen unendlich weiterbestehen kann. Wir wissen nicht einmal, ob eine langfristige Fortentwicklung biologisch unveränderter Menschen wünschenswert und ethisch verantwortbar ist und ob die Menschen, falls sie ihre eigene Art bewusst verändern, mit solchen Veränderungen den richtigen Weg einschlagen. Mehr als die biologische Natur des Menschen ist es vielleicht seine Kultur, sind es seine moralischen, wissenschaftlichen und technischen Qualitäten, die es wert sind und die geeignet sind, in eine unendliche Synthese einzugehen. Langfristig wird es vielleicht gerade die Kultur sein, die überlebt und sich fortpflanzt, ohne dass ihre Träger als biologische Wesen in anderen Trägern weiterleben. Grundsätzlich ist der Mensch zwar sterblich, es bleibt aber die Hoffnung, dass mit der menschlichen Kultur ein Wesen entstanden ist, das über alle biologischen Limitationen hinaus unsterblich ist.

Namensliste

Clausius, Rudolf Julius Emanuel Clausius (deutscher Chemiker, 2.1.1822–24.8.1888)

Darwin, Charles Robert Darwin (englischer Biologe, 12.2.1809–19.4.1882)

Drake, Frank Donald Drake (amerikanischer Astrophysiker, geb. 28.5.1930)

Eigen, Manfred Eigen (deutscher Physikochemiker, geb. 9.5.1927)

Eldrege, Niles Eldredge (amerikanischer Paläontologe, geb. 25.8.1943)

Friedmann, Aleksandr Aleksandrowitsch Friedmann (russischer Mathematiker und Physiker, 17.6.1888–16.9.1925)

Galilei, Galileo Galilei (italienischer Naturforscher, 15.2.1564–8.1.1642)

Gamov, George Anthony Gamov (russischer Physiker, 4.3.1904–19.8.1968)

Goethe, Johann Wolfgang von Goethe (deutscher Dichter, Politiker und Naturforscher 28.8.1749–22.3.1832)

Gould, Steven Jay Gould (amerikanischer Paläontologe, 10.9.1941–20.5.2002)

Guth, Alan H. Guth (amerikanischer Kosmologe, geb. 27.2.1947)

Haeckel, Ernst Heinrich Philipp August Haeckel (deutscher Biologe, 16.2.1834–9.8.1919)

Hartle, James B. Hartle (amerikanischer Physiker, geb. 1939)

Hawking, Stephen Williams Hawking (englischer Physiker, geb. 8.1.1942)

Höpp, Gerhard Höpp (deutscher Orientalist und Sprachwissenschaftler, 4.2.1942–7.12.2003)

Hoyle, Fred Hoyle (englischer Mathematiker und Astronom, geb. 24.6.1915–20.8.2001)

Hubble, Edwin Powell Hubble (amerikanischer Astronom, 20.11.1889–28.9.1953)

Jordan, Ernst Pascual Jordan (deutscher Physiker, 18.10.1902–31.7.1980)

Kepler, Johannes Kepler (deutscher Mathematiker und Astronom, 27.12.1571–15.11.1630)

Kopernikus, Nikolaus Kopernikus (deutsch-polnischer Mathematiker und Astronom, 19.2.1473–24.5.1543)

Lamarck, Jean-Baptiste Antoine Pierre de Monet Lamarck (französischer Biologe, 1.8.1744–18.12.1829)

Linné, Carl von Linné (schwedischer Naturforscher und Mediziner, 23.5.1707–10.1.1778)

Mendel, Johann Gregor Mendel (österreichisch-mährischer Biologe, 22.7.1822-6.1.1884)

Newton, Sir Isaac Newton (englischer Mathematiker, Physiker und Astronom, 4.1.1643–31.3.1727)

Ostwald, Wilhelm Ostwald (deutscher Chemiker, 2.9.1853–4.4.1932)

Planck, Max Karl Ernst Ludwig Planck (deutscher Physiker, 23.4.1858–4.10.1947)

Prigogine, Ilya Prigogine (russisch-belgischer Physikochemiker, 25.1.1917–28.5.2003)

Vom Urknall zum Cyberspace. Michael Köhler

ISBN 978-3-527-32577-1

Rydberg, Johannes Robert Rydberg (schwedischer Physiker, 8.11.1854–28.12.1919)

Schuster, Peter Schuster (österreichischer Physikochemiker, geb. 7.3.1941)

Sommerfeld, Arnold Johannes Wilhelm Sommerfeld (deutscher Physiker, 5.12.1868–26.4.1951)

Teilhard de Chardin, Marie-Joseph Pierre Teilhard de Chardin (französischer Paläanthropologe und Philosoph, 1.5.1881–10.4.1955)

Van der Waals, Johannes Diderik van der Waals (niederländischer Physiker, 23.11.1837–8.3.1923)

Vilenkin, Alexander Vilenkin (ukrainisch-amerikanischer Physiker, geb. 1950)

Vrba, Elisabeth Vrba (amerikanische Paläontologin, geb. 27.5.1942)

Ausgewählte Literatur

Alberts, B. et al.: Molekularbiologie der Zelle (Weinheim 2004)
Blome, H.-J.; Zaun, H.: Der Urknall (München 2004)
Bryson, B.: Eine kurze Geschichte von fast allem (München 2004)
Böhme, H.; Hagemann, R.; Löther, R.: Beiträge zur Genetik und Abstammungslehre (Berlin 1976)
Cowley, C. R.: Cosmochemistry (Cambridge 1995)
Crick, F.: Das Leben selbst. Sein Ursprung, seine Natur (München 1983)
Davies, P.: Auf dem Weg zur Weltformel (München 1995)
Davies, P.: Sind wir allein im Universum (Bern, München, Wien 1996)
Davies, P.: Prinzip Chaos (München 1988)
Dawkins, R.: The Selfish Gene (1976); Das egoistische Gen (Hamburg 1996)
Dawkins, R.: The Blind Watchmaker (1986); Der blinde Uhrmacher (München 1987)
Dörfler: Grenzflächen- und Kolloidchemie (Weinheim 1994)
Ebeling, W.; Feistel, R.: Physik der Selbstorganisation (Berlin 1982)
Eldredge, N.: Unfinished Synthesis: Biological Hierarchies and Modern Evolutionary Thought (Oxford 1985)
Fahr, H.-J.: Universum ohne Urknall (Heidelberg, Berlin, Oxford 1995)
Feynman, R.: Sechs physikalische Fingerübungen (München 2003)
Gleiser, M.: Das tanzende Universum (Wien 1998)
Gould, S. J.: Wie das Zebra zu seinen Streifen kommt. Essays zur Naturgeschichte (Basel 1986)
Gould, S. J.: Zufall Mensch (München 1991)
Guth, A.: The Inflationary Universe: The Quest for a New Theory of Cosmic Origins (1998)
Hawking, S.: Eine kurze Geschichte der Zeit (Reinbek 1997)
Hawking, S.: Das Universum in der Nußschale (Hamburg 2001)
Hey, T.; Walters, P.: Quantenuniversum. Die Welt der Wellen und Teilchen (Heidelberg 1998)
Höpp, G.: Evolution der Sprache und Vernunft (Berlin 1970)
Hoyle, F.; Wickramasinghe, Ch.: Our Place in the Cosmos (London 1993)
Jahn, I. (Hrsg): Geschichte der Biologie (Jena 1982)
Kauffmann, S.: Der Öltropfen im Wasser, Chaos, Komplexität, Selbstorganisation in Natur und Gesellschaft (München 1995)
Leakey, R.: Die ersten Spuren. Über den Ursprung des Menschen (München 1997)
Macdougall, J. D.: Eine kurze Geschichte der Erde (München 1997)
Margulis, L.; Sagan, D.: Microcosmos (New York 1986)
Mohr, H.; Sitte, P.: Molekulare Grundlagen der Entwicklung (Berlin 1971)

Vom Urknall zum Cyberspace. Michael Köhler

ISBN 978-3-527-32577-1

Smoot, G.; Davidson, K.: Das Echo der Zeit (München 1993)
Townsed, C. R.; Harper, J. L.; Begon, M. E.: Ökologie (Berlin 2003)
Vilenkin, A. et al.: Many Worlds in One: The Search for Other Universes (2006).
Vrba, E. S.; Gould, S. J. (1986) The Hierarchical Expansion of Sorting and Selection, Paleobiology. 12: 217–228.
Wallace, R. A. et al.: Biology. The Science of Life (1986)
Watson, J. D.: Die Doppel-Helix (Reinbek 1997)
Young, D.: Die Entdeckung der Evolution (Basel 1994)